Sensorik

Mirko Hattaß

Sensorik

Grundlagen der Sensortechnik mit Aufgaben zur Klausurvorbereitung für Studierende technischer und naturwissenschaftlicher Fächer

Springer Vieweg

Mirko Hattaß
DHBW Stuttgart
Stuttgart, Deutschland

ISBN 978-3-662-73844-3 ISBN 978-3-662-73845-0 (eBook)
https://doi.org/10.1007/978-3-662-73845-0

Die Deutsche Nationalbibliothek verzeichnet diese Publikation in der Deutschen Nationalbibliografie; detaillierte bibliografische Daten sind im Internet über https://portal.dnb.de abrufbar.

Springer Vieweg ist ein Imprint der eingetragenen Gesellschaft Springer-Verlag GmbH, DE und ist ein Teil von Springer Nature.
Die Anschrift der Gesellschaft ist: Heidelberger Platz 3, 14197 Berlin, Germany

Vorwort

Die Sensorik gehört in vielen technischen und naturwissenschaftlichen Studiengängen zum Curriculum im Bachelor-Studium. Das Fach verbindet auf besondere Weise die physikalische mit der elektrischen Welt. Daher werden in diesem Fach viele Konzepte verwendet, die einerseits auf die Grundlagen der Elektrotechnik und Elektronik zurückgreifen. Andererseits ist für viele Details aber auch ein tieferes Verständnis der physikalischen Grundlagen oder weiterer Themen aus beispielsweise der Regelungstechnik notwendig.

Das Buch soll den Studierenden und an Sensorik Interessierten in den ersten beiden Kapiteln die wesentlichen Grundlagen aller Sensoren (Kennlinien-Parameter, Rauschen, Querempfindlichkeit) vorstellen. Danach folgt ein Überblick über die elementaren Sensorelemente und Messprinzipien. Die weiteren Kapitel beschäftigen sich mit den aus den Sensorelementen aufgebauten Sensorsystemen und deren typischen Anwendungsfällen. Diese erheben nicht den Anspruch, die Welt der Sensoren vollständig abzubilden. Dennoch wird versucht, für die Vielzahl an Messprinzipien ein Anwendungsbeispiel vorzustellen.

Zum Abschluss folgen Kapitel zu ausgewählten Auswerteschaltungen, Messwertverarbeitung und typischen Schnittstellen. Weitere Fragestellungen zu einzelnen Sensoren, die etwas mehr Rechnung erfordern, werden zum Teil in den weiterführenden Übungsaufgaben behandelt. Die Aufgaben sind dabei so ausgelegt, dass sowohl typische einfache Prüfungsfragen abgedeckt werden, als auch konkrete Fragestellungen, die in der Praxis relevant sein können. Die Lösungen zu den Aufgaben finden sich ebenfalls im Buch.

Mirko Hattaß

Danksagung Dieses Lehrbuch wäre ohne die Unterstützung zahlreicher Personen und Institutionen nicht entstanden.

Mein Dank gilt zunächst den Studierenden, die durch ihre Fragen, Rückmeldungen und kritischen Anmerkungen maßgeblich zur Weiterentwicklung der Inhalte beigetragen haben.

Ebenso danke ich meinen Kolleginnen und Kollegen aus meinen verschiedenen Stationen in Hochschule und Industrie, die mich in vielen fachlichen Diskussionen inspiriert und letztlich motiviert haben, dieses Buch zu schreiben.

Ich danke Nataša Manić und dem Universitätsklinikum Tübingen für die Erlaubnis zur Verwendung der Bilder.

Mein besonderer Dank gilt Christoph Klee für viele Gespräche zur Sensorik und Elektronik. Ihm und meiner Frau Jennifer Hattaß danke ich für die kritische Durchsicht des Manuskripts und die konstruktiven Verbesserungsvorschläge.

Dem Springer Verlag danke ich für die professionelle und unkomplizierte Zusammenarbeit in allen Phasen der Entstehung dieses Buches.

Nicht zuletzt möchte ich meiner Familie danken. Ihre Geduld, ihr Verständnis und ihre Ermutigung haben mir den nötigen Rückhalt gegeben, dieses Buch zu schreiben und zu vollenden.

Competing Interests Der/die Autor*in hat keine relevanten Interessenskonflikte im Zusammenhang mit dieser Publikation.

Inhaltsverzeichnis

Abkürzungsverzeichnis

%FS	Prozent Full Scale (Fehler)
ADC	Analog Digital Converter
AI	Artifical Intelligence
AlN	Aluminiumnitrid
AMR	Anisotropic Magneto Resistance
ANC	Active Noise Cancellation
APD	Avalanche Photo Diode
APX	Alpha Particle Induce X-Ray Spectroscopy
ASIC	Application Specific Integrated Circuit
BAP	Barometric Air Pressure
BFO	Beat Frequency Oscillator
BRDF	Bidirectional Reflectance Distribution Function
CCD	Charge Coupled Device
CDS	Correlated Double Sampling
CMRR	Common Mode Rejection Ratio
CW	Continuous Wave
DOS	Density Of States
EDX	Energy Dispersive X-Ray Spectroscopy
ESP	Elektronisches Stabilitätsprogramm
^{18}F-FDG	Fluor-18 Desoxyglucose
FIFO	First In Last Out
FIR	Finite Impulse Response
FMCW	Frequency Modulated Continuous Wave
FSR	Force Sensing Resistor
FOG	Fiber Optical Gyroscope
FoV	Field-of-View
GMR	Giant Magneto Resistance
HDPE	High-Density Polyetylene

HMI	Human Machine Interface
I^2C	Inter-Integrated Circuit
I3C	Improved Inter-Integrated Circuit
IIR	Infinite Impulse Response
INS	Inertial Navigation System
IoT	Internet of Things
IP	Internet Protocol
IR	Infrarot
ITO	Indium Tin Oxide
LED	Light Emitting Diode
LiDAR	Light Detection and Ranging
LSB	Least Significant Bit
LVDT	Linear Variable Differential Transformer
MAP	Manifold Air Pressure
MCP	Microchannel Plates
MEMS	Mikro Elektromechanisches System
MQTT	Message Queueing Telemetry Transport
MSA	Measurement System Analysis
MSB	Most Significant Bit
NDIR	Nicht-dispersiver Infrarot (Sensor)
NETD	Noise Equivalent Thermal Difference
NTC	Negative Temperature Coefficient
NV	Nitrogen Vacancy
ODR	Output Data Rate
OMM	Oberflächenmikromechanik
OPV	Operationsverstärker
PET	Positronenemissionstomografie
PDA	Personal Digital Assistant
PIN	P-dotiert, Intrisisch, N-Dotiert (Diode)
PIR	Pyroelektrischer Infrarot (Bewegungsmelder)
PLL	Phase-locked Loop
PMT	Photomultiplier Tube
PSD	Phase Sensitive Detector
Pt100	Platin Widerstand mit $R = 100\,\Omega$ bei $0\,°C$
PTC	Positive Temperature Coefficient
PWM	Pulsweitenmodulation
PZT	Blei-Zirkon-Titanat
QE	Quanteneffizienz
Radar	Radio Detection and Ranging
RLG	Ring Laser Gyroscope
RMS	Root Mean Squared

RoHS	Reduction of Hazardous Substances
SAR-ADC	Sucessive Approximation Register Analog Digital Converter
Si-PM	Silicon Photomultiplier
SMI	Self-mixing Interference
SNR	Signal-to-Noise Ratio
SPAD	Single Photon Avalanche Diode
SPI	Serial Peripheral Interface
SPL	Sound Pressure Level
THD	Total Harmonic Distortion
TKE	Temperatur Koeffizient Empfindlichkeit
TKO	Temperatur Koeffizient Offset
TMR	Tunnel Magneto Resistance
UV	Ultraviolett
VCO	Voltage Controlled Oscillator
VCSEL	Vertical-Cavity Surface-Emitting Laser
WDX	Wavelength Dispersive X-Ray Spectroscopy
XMR	Zusammenfassung von verschiedenen „Magneto Resistance"-Effekten

Einführung

1

Was ist ein Sensor? Ein Sensor führt eine spezifische Messaufgabe durch und stellt das Ergebnis für eine weitere Verarbeitung bereit. Insbesondere ermöglicht der Sensor eine Umwandlung von „physikalischen“ Messgrößen in „elektrische“. Diese Trennung ist nicht immer ganz eindeutig (Beispiel „Stromsensor“). Dem Sensor kommt damit in vielen technischen Systemen eine wichtige Rolle zu, da nur mit diesem flexibel auf sich ändernde Zustände reagiert werden kann. Jeder nicht rein elektrische Regelkreis benötigt an einer Stelle die Umsetzung eines physikalischen Signals in ein elektrisches Signal, um eine Rückkopplung zu ermöglichen (Abb. 1.1). Aber auch viele andere Systeme müssen auf Basis von Umwelteinflüssen Reaktionen auslösen, um eine bestimmte Aufgabe zu erfüllen.

Beispiele für physikalische Messgrößen sind

- Temperatur
- Druck
- Magnetfeld
- Beschleunigung
- Massenfluss
- Abstand/Länge
- Chemische Zusammensetzung

Ein Sensor ist daher von entscheidender Bedeutung in der Regelungs- und Automatisierungstechnik. Viele Anwendungen lassen sich erst durch eine geeignete Sensorik ermöglichen oder zuverlässig umsetzen.

Historisch betrachtet könnte die Entdeckung des thermoelektrischen Effekts (*Seebeck*-Effekt, ca. 1820) das erste technische Messelement der Sensorik ermöglicht haben **(Thermosäule).** Dieses erzeugt aus einer Temperaturdifferenz eine elektrische Spannung.

M. Hattaß, *Sensorik*,
https://doi.org/10.1007/978-3-662-73845-0_1

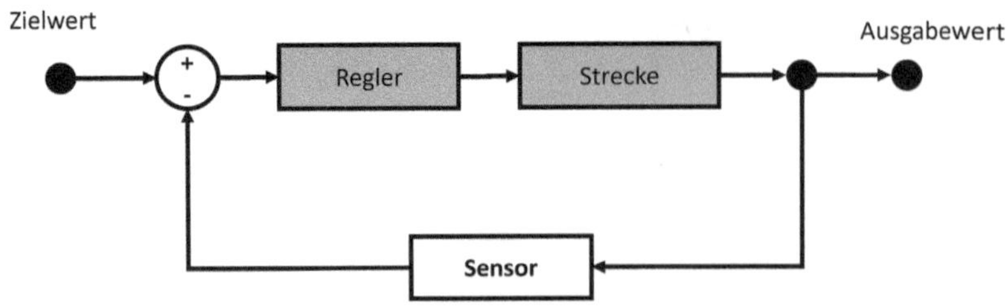

Abb. 1.1 Einfacher Regelkreis. Für die Rückführung der Ausgangsgröße auf den Eingang ist die Messung der (im Allgemeinen physikalischen) Größe durch einen Sensor notwendig

Auch **Photozellen** auf Basis von Selen, d.h. beleuchtungsabhängige Widerstände (*Willoughby Smith,* ca. 1873) sind ein erstes Beispiel für die Wandlung einer physikalischen Größe in eine elektrische. Der erste Sensor, der zur Zeit seiner Entwicklung eine zentrale neue Anwendung ermöglicht hat, war das **Mikrofon.** Die erste gut dokumentierte und funktionsfähige Version stammt von *Johann Philipp Reis* aus dem Jahr 1861 als Teil des ersten Telefons [1]. Das Prinzip basiert auf den Unterbrechungen eines elektrischen Kontaktes durch die Schwingungen einer schallempfindlichen Membran.

1.1 Einsatzbereiche von Sensoren

Die Einsatzbereiche von Sensoren sind vielfältig. Beginnend bei einfachen Alltagsanwendungen für Temperatursensoren zur Regelung eines Kühlschranks bis zu komplexen Sensorsystemen, die ihre Information erst aus der Kombination aller Messdaten erzeugen. Die Automatisierungs- und Produktionstechnik hat eine große Bandbreite von Wegaufnehmern hervorgebracht, die je nach Anwendungsfall eine andere Sensierungstechnik nutzen. Dies können hochgenaue Messungen im Sub-Mikrometerbereich, berührungslose Messungen oder Messungen über große Abstände hinweg sein.

In jedem Markt entwickeln sich ständig neue Anforderungen, die die Entwicklung neuer Technologien antreiben. Die Änderung der Anforderungen ergibt sich dabei nicht nur aus dem Ziel „genauer“ sein zu wollen. Entscheidend aus der Sicht der herstellenden Unternehmen sind immer auch die Kosten des Sensors. Lässt sich der gleiche Messwert günstiger bereitstellen, ist dies ein Wettbewerbsvorteil. Darüber hinaus können sich auch die Anforderungen an die Baugröße, Leistungsaufnahme, Störimmunität oder Zusatzfunktionen (eingebaute Algorithmen) ändern und damit die Entwicklung weiter vorantreiben.

Zwei für die Sensorik wichtige Märkte werden an dieser Stelle etwas genauer betrachtet, da hier immer wieder neue Systeme entstehen.

1.1.1 Anwendungen im Automobil

Ein Automobil ist für eine Vielzahl von Sensoren ein technisches **Ökosystem.** Durch die Komplexität eines Fahrzeugs und der implementierten Regelkreise müssen zahlreiche Messgrößen in kurzer Zeit zuverlässig erfasst und verarbeitet werden. Abb. 1.2 gibt einen (nicht vollständigen) Überblick über die verschiedenen verbauten Sensoren. Deren Einsatzzwecke reichen vom Antriebsstrang zu den Sicherheitsfunktionen und weiteren Komfortfunktionen. Sie stehen am Beginn und Ende einer Regelkette wie der Pedalweggeber und der Drehzahlfühler, detektieren kritische Zusammenstöße (Beschleunigungssensor) oder ermöglichen ein leichteres Einparken (Ultraschall-Abstandssensor).

Neben den technologischen Faktoren wie neue Funktionalitäten, kann auch die Gesetzgebung neue Impulse für die Entwicklung von Sensoren für spezielle Einsatzzwecke geben. Typische Beispiele sind die Einführung der Lambda-Sonde im Zuge der Abgasgesetzgebung oder die (Differenz-)Druckmessung über den Dieselpartikelfilter, um dessen Ladezustand zu erkennen und die Reinigung einzuleiten.

Auch in den Sicherheitsfunktionen gibt es durch Unfälle motivierte Neuentwicklungen oder neue Anwendungsfelder: Ein Beispiel ist ein Unfall, der sich im Jahr 2003 ereignete. In diesem wurde der Fahrer durch eine Fehlauslösung des Seitenairbags schwer verletzt, nachdem das Fahrzeug über ein Schlagloch gefahren war. Im Zuge der Schadenersatzklage stellte der Bundesgerichtshof fest, dass „der Hersteller bereits im Rahmen der Konzeption und Planung des Produkts diejenigen Maßnahmen zu treffen“ hat, „die zur Vermeidung

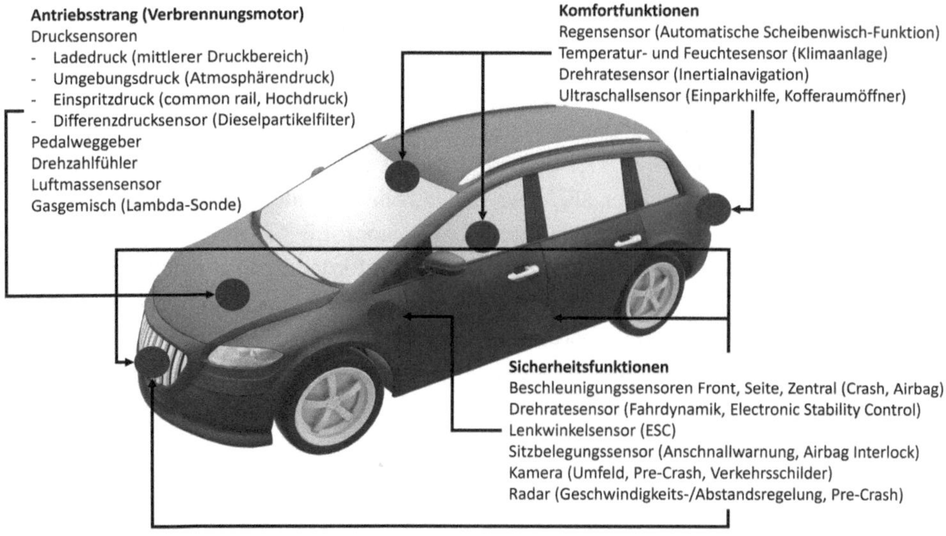

Abb. 1.2 Überblick über einige der wichtigsten Sensoren im Fahrzeug

einer Gefahr objektiv erforderlich und nach objektiven Maßstäben zumutbar sind“ (VI ZR 107/08).

Wie kann nun eine Fehlauslösung durch ein Schlagloch verhindert werden, das ähnliche Beschleunigungssignale erzeugt, wie ein tatsächlicher Zusammenstoß? Eine technische Lösung ist die Kombination mit einem Drucksensor im Volumen der Seitentür. Wird diese bei einem Crash komprimiert, kommt es zu einem Druckanstieg, der gemessen wird. Zusammen mit dem Signal des Beschleunigungssensors kann so besser plausibilisiert werden, um Fehlauslösungen zu vermeiden.

1.1.2 Anwendungen in mobilen Endgeräten

Deutlich jünger als die Sensorik im Fahrzeug ist der Einsatz in mobilen Endgeräten wie Smartphones, Tablets oder **Wearables** (am Körper getragene Elektronik wie Smartwatches oder drahtlose Kopfhörer). Beginnend mit der Verwendung von Kameras in Mobiltelefonen, wurde dieser Markt spätestens mit der Einführung des **iPhone** im Jahr 2007 ebenfalls zu einem wichtigen Ökosystem für die Sensorik. Die Funktionalitäten reichen hier von der einfachen **Portrait-Landscape**-Erkennung über Beschleunigungssensoren, Orientierung und Darstellung der Karte mit elektronischem Kompass (Magnetfeldsensor) bis zur Abstandssensorik mit LiDAR (siehe Abb. 1.3). Alleine moderne wireless in-ear Kopfhörer haben mehrere Mikrofone für die Freisprechfunktion, einen optischen Sensor **(Proximity Sensor)** zur Erkennung der Position im Ohr, Inertialsensoren für Bewegungen (**Head Tracking** für 3D Klang und Klopfunktion) und einen Beschleunigungssensor für die Spracherkennung über Schallleitung über den Kieferknochen zur Unterdrückung von Nebengeräuschen (**Active Noise Cancellation,** ANC). Aufgrund der hohen Stückzahlen verkaufter Smartphones und ähnlicher Geräte (*Milliarden* pro Jahr) und der im Vergleich zu Fahrzeugen recht kurzen Lebensspanne, ist dieser Markt ein ständiger Treiber für günstigere, kleinere und funktionsreichere Sensoren. Der Bereich der Consumer-Elektronik zeigt sehr deutlich, wie kleinere, günstigere Sensoren als Abwandlung früherer Automotive Sensoren zunächst neue Funktionen ermöglichten (z. B. Portrait-Landscape). Im Anschluss daran entstanden zahlreiche weiterer Funktionalitäten, die wieder neue Anforderungen und damit wieder neue Funktionen ermöglichten. Wireless Kopfhörer beispielsweise können nur den gleichen Funktionsumfang wie kabelgebundene bereitstellen, wenn sie über ein geeignetes User Interface verfügen (z. B. **Tap Control** mit Beschleunigungssensor). Auch die Erkennung der Position im Ohr hilft bei der Verlängerung der Batterielebensdauer, da nur dann gesendet werden muss.

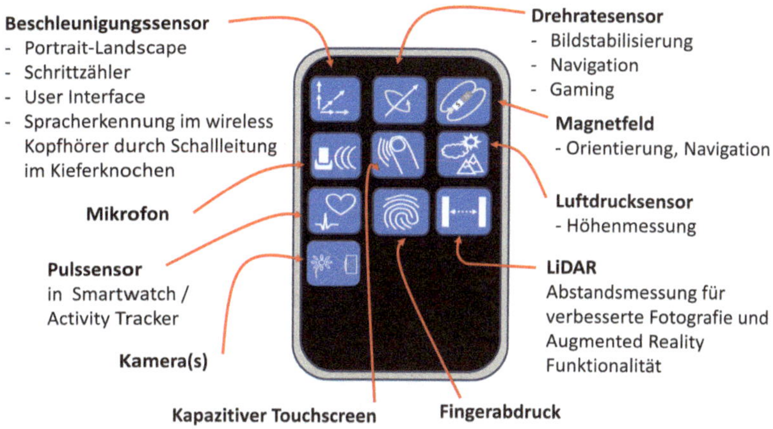

Abb. 1.3 Überblick über einige Sensoren im Mobilen Endgeräten wie Smartphones, Smartwatches, Activity Trackern oder Kopfhörern

1.2 Grundsätzlicher Aufbau von Sensoren

Die Abgrenzung, was bereits ein vollständiger Sensor ist, ist in der Literatur nicht immer ganz eindeutig. Im Rahmen dieses Buches wird ein Sensor als eine messtechnische Einrichtung verstanden, die eine spezielle Messaufgabe erfüllen soll. Dabei ist zunächst offen, wie der Messwert weiter verarbeitet werden wird.

Üblicherweise wird ein Sensor aus zwei wesentlichen Teilen aufgebaut (Abb. 1.4). Der erste Teil ist das eigentliche **Sensorelement.** Es wandelt die physikalische Größe in eine elektrische Größe um. Der zweite Teil, die Auswerteschaltung, dient zur Energieversorgung, um den Messeffekt zu ermöglichen, sowie zur Verstärkung und Verarbeitung des Messsignals. In diesem Bild wäre ein typischer temperaturabhängiger Widerstand wie ein Pt100 kein vollständiger Sensor, da die Auswerteschaltung noch nicht dabei ist. Dennoch findet man oft einen Pt100 unter dem Begriff „Temperatursensor".

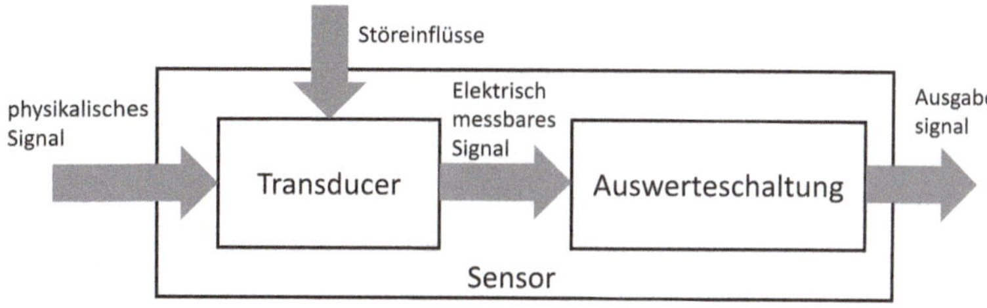

Abb. 1.4 Prinzipieller Aufbau eines Sensors aus Transducer (Umformer) und Auswerteschaltung

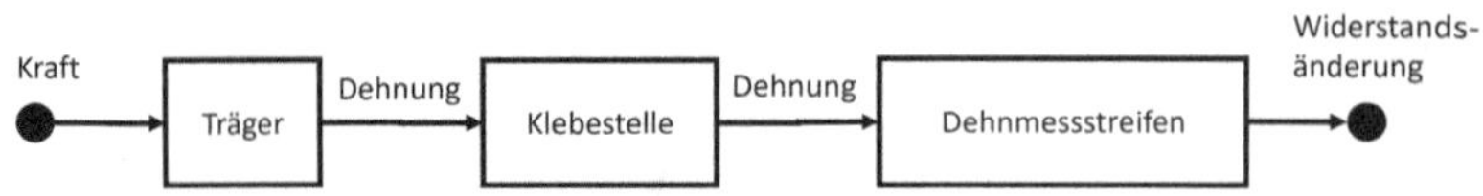

Abb. 1.5 Mehrfache Änderung des eigentlichen Messsignals (Kraft) in verschiedene Dehnungen bis zur endgültigen Widerstandsänderung am Beispiel eines Dehnmessstreifens

Das Sensorelement wird auch als **Transducer** (Wandler, Umformer) bezeichnet. Es stellt die Schnittstelle zum physikalischen Signal dar. An dieser Stelle erfolgt der erste Schritt zur Messung, indem eine Verbindung zwischen den Messgrößen hergestellt wird.

Wichtig für ein tieferes Verständnis von Sensoren ist, dass bei genauer Betrachtung die interessierende physikalische Größe *mehrfach* umgeformt wird. Dies soll hier am Beispiel eines Dehnmessstreifens dargestellt werden. Ein Dehnmessstreifen wird für Kraft- oder Drehmomentmessungen verwendet, indem ein elektrischer Widerstand durch die wirkenden mechanischen Spannungen verändert wird (Abb. 1.5). Der Dehnmessstreifen wird auf einen Träger aufgeklebt. Der Träger nimmt die zu messende Kraft auf und wird verformt. Die Verformung wirkt auch auf die Klebestelle zwischen Träger und Dehnmessstreifen ein. Erst dann wird auch der Dehnmessstreifen mechanisch verändert und eine Widerstandsänderung wird messbar.

In der Anwendung und Entwicklung von Sensoren ist das Bewusstsein für diese Art der Betrachtung wichtig, da oft neben der normalen Funktion des Sensors die **Störeinflüsse** eine wichtige Rolle spielen. Beispielsweise ist hier der Zusammenhang zwischen Kraft und Widerstandsänderung nicht alleine vom Dehnmessstreifen abhängig. Auch die mechanischen Eigenschaften des Trägers (Elastizitätsmodul) oder die der Klebestelle (Delamination) beeinflussen das Signal direkt. Je nach Einsatzzweck sind daher manche Wandlerketten besser oder schlechter geeignet.

Die **Auswerteschaltung** stellt schließlich die Verbindung zwischen dem elektrischen Signal (Änderungen in Widerstand, Kapazität, Induktivität oder auch Spannungen und Ströme) und dem Ausgangssignal her. Die Schaltung kann unterschiedliche Komplexität besitzen. Im einfachsten Fall könnte man darunter eine Brückenschaltung mit dem Messwiderstand verstehen. Anschließend wird das Signal aber noch weiter verstärkt, gefiltert oder digitalisiert bis es am Ausgang messbar wird. Oft ist die Auswerteschaltung eines Sensors exakt nur für den angeschlossenen Typ Transducer ausgelegt. Beide bilden daher eine eng aufeinander abgestimmte Einheit. Sind die elektrischen Funktionen in einen Halbleiter-Chip integriert, so bezeichnet man den Chip als *anwendungsspezifische integrierte Schaltung* oder **Application Specific Integrated Circuit (ASIC).** Typischerweise sind dies **Mixed-Signal**-Bausteine. Das heißt der Chip enthält sowohl analoge und als auch digitale Schaltungsteile. Häufig fasst man die analogen Teile, die direkt mit dem Sensorelement zusammenarbeiten, unter dem Begriff **Frontend** zusammen. Das Frontend stellt die Grundfunktionalität des Sensors her. Dagegen findet im digitalen **Backend** die weitere Signalverarbeitung statt.

Dort ist die **Schnittstelle** nach außen abgebildet und gegebenenfalls werden höhere **Algorithmen** bereitgestellt.

1.3 Sensorparameter

Unabhängig von der jeweiligen Messaufgabe, können jedem Sensor Parameter zugewiesen werden, die das Ausgabeverhalten beschreiben. Viele dieser Parameter beschreiben die Nichtidealitäten des Sensors. Ein **idealer Sensor** gibt ein Signal aus, das in einem klar definierten Zusammenhang zur physikalischen Eingangsgröße steht. Dies kann zum Beispiel ein Spannungspegel sein. Der Wert (in V) des Spannungspegels muss schließlich noch mit einem Skalierungsfaktor multipliziert werden, der das Ergebnis wieder in die Eingangsgröße umrechnet. Für einen Temperatursensor mit einem Spannungsausgang wäre das ein Faktor mit der Einheit K/V. Dennoch ist es für viele Einsatzzwecke von Sensoren notwendig, sich mit den Abweichungen von dieser Idealität zu beschäftigen.

1.3.1 Kennlinienparameter

Die wichtigste Eigenschaft von Sensoren ist, einen **eineindeutigen Zusammenhang** zwischen Eingang und Ausgang zu bilden. Je nach Anwendung kann dieser Zusammenhang linear oder auch stark nicht-linear sein (Abb. 1.6). Um aber eine sinnvoll Anwendung zu ermöglichen, ist stets die Umkehrbarkeit der Funktion notwendig. Sonst sind beim gleichen Ausgabewert verschiedene Eingangswerte möglich. Der Zusammenhang zwischen Eingangsgröße und Ausgangsgröße wird durch die **Kennlinie** des Sensors beschrieben. Im einfachsten, linearen Fall ist der Ausgang des Sensors durch die Gleichung

$$y = Sx + y_0 \tag{1.1}$$

gegeben. Dabei ist S die **Empfindlichkeit (Sensitivity)** des Sensors und y_0 der **Offset.** Grundsätzlich beschreibt die Empfindlichkeit des Sensors das Verhältnis zwischen Eingang x und Ausgang y. Im Fall eines linearen Zusammenhangs ist das die Steigung der Geraden. Wie in Abschn. 1.2 beschrieben, ist es sinnvoll, sich bei der Empfindlichkeit zu verdeutlichen, dass sich der Wert aus verschiedenen Abschnitten des Signalpfades durch den des Sensors ergibt. Zunächst wird das physikalische Signal mit dem Transducer in ein elektrisches Signal umgewandelt und anschließend in der Auswerteschaltung verstärkt. Daher finden mindestens zwei Verstärkungsvorgänge statt, die schließlich die gesamte Empfindlichkeit ergeben. Oft liefert der Transducer selbst erst eine Empfindlichkeit, die mit größeren Fehlern behaftet ist. Die Verstärkung der Auswerteschaltung wird im Herstellungsprozess später so eingestellt, damit der Zielwert für die Empfindlichkeit des gesamten Sensors erreicht wird.

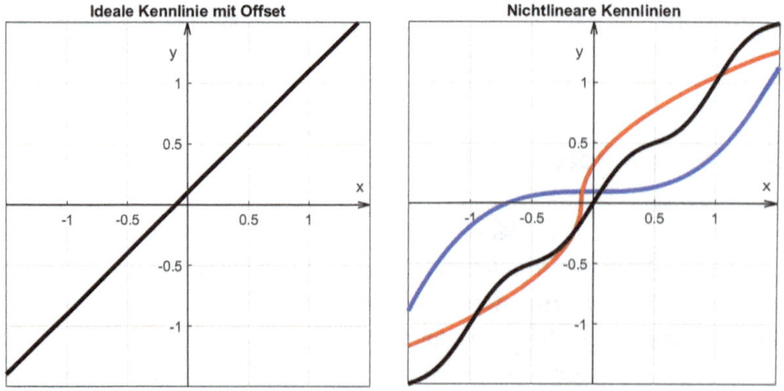

Abb. 1.6 Links: Ideale lineare Kennlinie mit nur einem Offset, Rechts: Ebenfalls gültige Kennlinien, aber mit teils hoher Nichtlinearität

Gegebenenfalls ist die Kennlinie des Sensors auch nur näherungsweise linear. In diesem Fall kann die Empfindlichkeit nur als die lokale Steigung verstanden werden

$$S = \left.\frac{dy}{dx}\right|_{x0} \tag{1.2}$$

Der Offset y_0 ist bereits eine **Störgröße.** Diese gibt die systematische Verschiebung der Kennlinie an. Insbesondere bei einem Eingangssignal von $x = 0$ kommt es zu einem Ausgangssignal von $y = y_0$. Ein Beispiel ist ein Beschleunigungssensor, der einen von „0" verschiedenen Wert ausgibt, wenn keine Beschleunigung anliegt. Für die nachfolgende Anwendung ist ein Offset oft störend, da je nach Weiterverwendung kontinuierlich ein Fehlersignal aufsummiert wird oder die relative Änderung des Signals kleiner erscheint.

Bei der Verwendung des Begriffs *Empfindlichkeit* muss beachtet werden, dass sich dieser streng genommen nur auf die *Steigung* der Kennlinie bezieht. Oft wird der Begriff „hohe Empfindlichkeit" verwendet, um auszudrücken, dass der Sensor sehr kleine Signale erkennen kann. Hierfür ist aber das **Rauschen** des Sensors wesentlicher. Dieses muss gering sein, um kleine Signale noch sicher vom Rauschen zu trennen. Eine hohe Empfindlichkeit (große Steigung) würde zunächst nichts am **Signal-Rausch-Verhältnis** ändern.

1.3.2 Linearität

Der ideale Sensor zeigt einen linearen Zusammenhang zwischen Eingangs- und Ausgangssignal. Oft ist dies aber nur näherungsweise der Fall. Die Abweichung von diesem Idealzustand wird als **Nichtlinearität** bezeichnet. Da die Form der Abweichung recht unterschiedlich sein kann, wird im Allgemeinen in der Spezifikation des Sensors nur die maximale Abweichung von der Linearität angegeben (Abb. 1.7). Konkret wird für den Punkt der realen Kennlinie

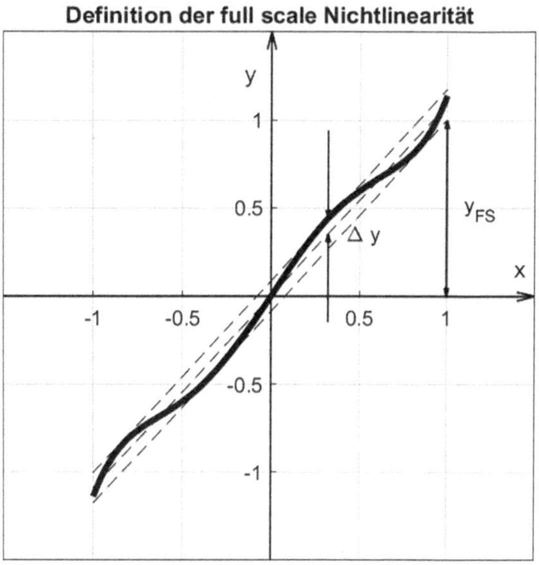

Abb. 1.7 Definition der Nichtlinearität als maximale prozentuale Abweichung um eine Ausgleichsgerade über den gesamten Messbereich

mit dem größten Abstand von der Ideallinie Δ_{max} das Verhältnis der Abweichung zum vollen Messbereich y_{FS} angegeben.

$$NL = \frac{\Delta y_{max}}{y_{FS}} \cdot 100\,\% \tag{1.3}$$

Der so angegebene Fehler findet sich im Datenblatt des Sensors unter %FS (prozentualer **Full Scale Fehler**). Als Beispiel wird für einen Drucksensor mit einem Messbereich von 0–10 bar eine Nichtlinearität von 0,5 %FS angeben. Damit kann der Messwert zu jedem Eingangswert bis zu $\pm 0{,}005$ bar abweichen. Zwar ist dann bekannt, wie groß die Abweichung *maximal* sein kann. Allerdings kann mit der Angabe keine Aussage zur genauen Form der Nichtlinearität getroffen werden. Fast alle Sensorelemente zeigen intrinsisch eine Nichtlinearität am Rand ihres Messbereichs. Daher kann es eine der Aufgaben der Auswerteschaltung sein, diese bestmöglich zu kompensieren.

1.3.3 Rauschen

Die Ausgabe des Messwertes ist meistens nicht statisch, sondern unterliegt stochastischen Schwankungen. Wesentliche Quellen sind häufig thermische Effekte in den Verstärkern und Widerständen im Signalpfad des Sensors oder auch im Sensorelement selbst. Daneben spielen je nach Sensortyp auch weitere statistische Effekte eine Rolle. Man unterscheidet je nach Frequenzverhalten des Rauschens und Ursachen verschiedene Rauschtypen. Die hierfür wesentliche Kenngröße ist die **spektrale Rauschleistungsdichte** $N(f) = dP(f)/df$, die im Allgemeinen von der Frequenz abhängig ist. Die gesamte Rauschleistung ergibt sich aus

$$P_N = \int_0^\infty N(f)\, df \qquad (1.4)$$

Weißes Rauschen

Kennzeichnend für das **weiße Rauschen** ist eine **konstante Leistungsdichte** über das gesamte Frequenzspektrum:

$$N(f) = N_0 \qquad (1.5)$$

Darin liegt aber bereits die Limitierung in der Anwendung begründet, da für eine unendliche Bandbreite auch eine unendliche Leistung entsteht, die physikalisch nicht auftreten kann. Dennoch ist das weiße Rauschen für die Modellierung von Sensorsignalen von großer Bedeutung, wenn zugleich auch die Bandbreite beschränkt wird. Am häufigsten wird hierfür die **Normalverteilung** (Gauß-Verteilung) verwendet. Zu berücksichtigen ist ferner, dass die Größe eine *Leistung* beschreibt, im praktischen Gebrauch jedoch eine *Amplituden*größe verwendet wird (Spannung, Stromstärke). Im Datenblatt eines Sensors findet sich die Kenngröße daher meist unter dem Begriff Rauschdichte **(Noise Density).** Diese wird als **eingangsbezogenes Rauschen,** also in der Einheit der zu messenden physikalischen Größe (einer Signalamplitude), angegeben. Beispielsweise

$$\frac{°\mathrm{C}}{\sqrt{\mathrm{Hz}}} \quad \text{oder} \quad \frac{\mathrm{g}}{\sqrt{\mathrm{Hz}}} \qquad (1.6)$$

1/f Rauschen

Anders als das weiße Rauschen, zeigt das **1/f-Rauschen** (auch **rosa Rauschen** oder **Flicker Noise**) ein charakteristisches Frequenzverhalten. Die Rauschleistungsdichte fällt mit der Frequenz näherungsweise linear ab. Die Ursachen hierfür können vielfältig sein und sind je nach System unterschiedlich. Prinzipiell lässt sich darunter ein langsames Driften des Signals verstehen, das auf langen Zeitskalen dominiert, während das Signal auf kurzen Zeitskalen stabil ist.

Quantisierungsrauschen

Das **Quantisierungsrauschen** entsteht durch die **endliche Abtastgenauigkeit** eines digitalen Sensor. Abb. 1.8 verdeutlicht den Ursprung. Das eigentliche Signal ist hier als Sinus dargestellt. Durch die Quantisierung nach der Analog-Digital-Wandlung kommt es zur der charakteristischen Stufung des Signals. Subtrahiert man nun das originale Signal von dem am Ausgang, entsteht das in Abb. 1.8 (unten) abgebildete Differenzsignalsignal. Anders interpretiert, kann dieses „Rauschsignal“ auch als Zusatz auf das ungestörte Signal ansehen werden.

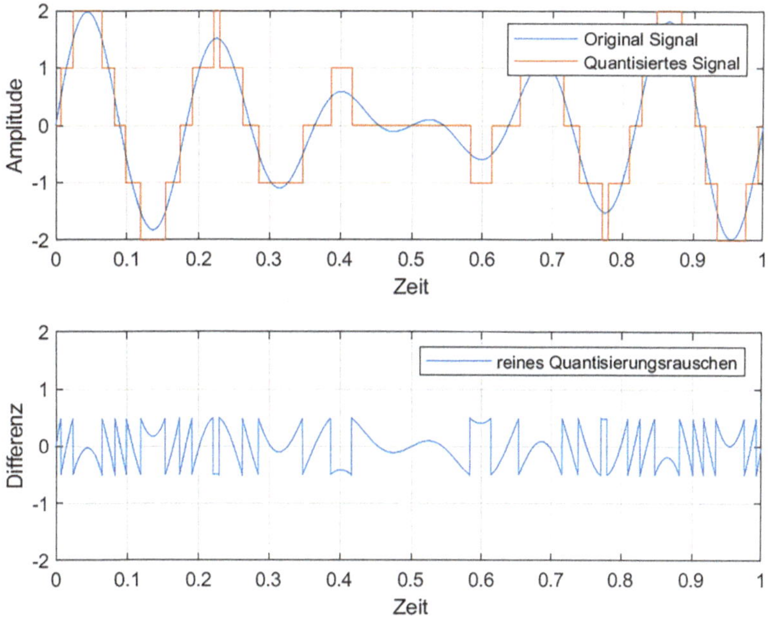

Abb. 1.8 Quantisierungsrauschen: Das Ausgangssignal erhält durch die Quantisierung im ADC diskrete Stufen (oben). Diese können als Rausch-Signal interpretiert werden, das dem Originalsignal hinzugefügt wurde (unten)

Schrotrauschen

Das **Schrotrauschen** ist eine Form des weißen Rauschen, allerdings auf der untersten physikalischen Ebene. Schrotrauschen oder **Shot Noise** entsteht durch die Quantisierung der Ladungsträger in einem Leiter bzw. beim Überschreiten einer Potentialbarriere (Widerstand). Bei sehr geringen Strömen ist diese **Quantisierung** in der Charakteristik des Rauschens erkennbar, da zu einem bestimmten Zeitpunkt nur noch einzelne Ladungsträger den Kanal passieren. Dies tritt beispielsweise auch bei empfindlichen optischen Detektoren auf, wenn die Intensität des Lichts immer weiter reduziert wird (siehe Abb. 1.9). Bei sehr niedrigen Intensitäten werden die einzelnen Photonen sichtbar. Das Rauschen verhält sich hier nach der **Poisson-Statistik.** Ein weiteres anschauliches Beispiel ist das Betreten eines Ladens durch Kunden pro Zeiteinheit, das der gleichen Statistik folgt. Bei hohen Intensitäten folgt das Rauschen im Wesentlichen wieder einer Normalverteilung.

Anwendung weißes Rauschen in der Auslegung

Wichtig für die Interpretation des Rauschwertes ist die Angabe der Frequenz-Bandbreite. Typischerweise wird ein Effektivwert (**RMS,** *Root Mean Squared*) des Rauschens mit der Bandbreite angeben (z. B. „100 Hz“). Der RMS-Wert ist identisch zur Standardabweichung

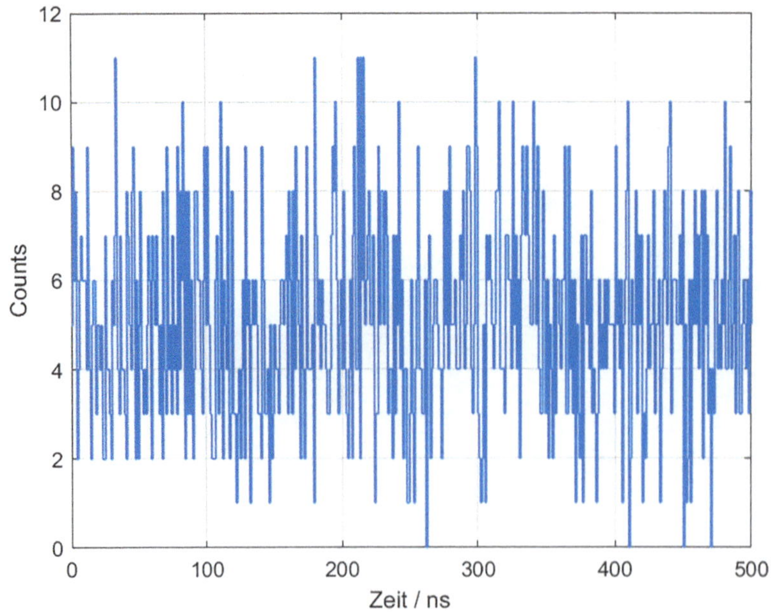

Abb. 1.9 Beispiel für das Schrotrauschen in einem empfindlichen optischen Detektor. Dargestellt ist die simulierte Anzahl von eintreffenden Photonen innerhalb einer Nanosekunde bei einem Erwartungswert von $\lambda = 5$ Photonen/ns (Poisson-Prozess). Würde der gleiche Prozess mit einer Normal-Verteilung simuliert werden, müssten zwei Parameter (Mittelwert und Standardabweichung) angegeben werden. Da die Normalverteilung symmetrisch ist, würden dann bei kleinen Mittelwerten negative Werte auftreten

der Einzelwerte am Ausgang. Um diesen berechnen zu können, ist eine Angabe der Rauschdichte notwendig.

Anwendungsbeispiel

Für einen Beschleunigungssensor ist im Datenblatt eine Rauschdichte $n_d = 180\,\mu\mathrm{g}/\sqrt{\mathrm{Hz}}$ („micro-g", $1 \cdot 10^{-6}$ der Erdbeschleunigung) angegeben. Der Sensor wird mit einer Bandbreite von $\Delta f = 100\,\mathrm{Hz}$ ausgewertet. Der RMS-Wert σ_{noise} der Ausgangsdaten beträgt dann

$$\sigma_{noise} = n_d\sqrt{\Delta f} = 180\frac{\mu\mathrm{g}}{\sqrt{\mathrm{Hz}}}\sqrt{100\,\mathrm{Hz}} = 1{,}8\,\mathrm{mg} \tag{1.7}$$

Auch die Auswirkungen des Rauschens von einzelnen Verstärkerelementen kann so berechnet werden. Ein Verstärker mit einer eingangsbezogenen Rauschdichte von $n_d = 1\,\mu\mathrm{V}/\sqrt{\mathrm{Hz}}$ wertet die Messbrücke eines Temperatursensors aus, die eine Empfindlichkeit von $S = 4\,\mathrm{mV\,K^{-1}}$ hat. Dieses Signal wird mit einer Bandbreite von $\Delta f = 10\,\mathrm{Hz}$ ausgewertet. Die Standardabweichung der Temperaturmesswerte am Ausgang kann damit berechnet werden:

$$\sigma_{noise} = \frac{n_d\sqrt{\Delta f}}{S} = 0{,}79\,\mathrm{mK}. \qquad (1.8)$$

Anzumerken ist hier noch, dass die Verstärkung keinen Einfluss auf dieses Ergebnis hat. Zwar würde das Eingangssignal verstärkt werden, gleichzeitig aber auch das Rauschen. Im Ergebnis ändert sich am Verhältnis von Signal zu Rauschen (**Signal-to-Noise Ratio,** SNR) nichts.

1.3.4 Mess- und Dynamikbereich

Unter dem **Messbereich** versteht man die Spanne der Eingangsgröße, die am Ausgang noch angezeigt werden kann. Der Messbereich eines Sensors kann aus verschiedenen Gründen begrenzt sein:

- Es stehen bei einem digitalen Sensor nur 16 Bit Stufen zur Verfügung, die auf einen definierten Wertebereich abgebildet werden (−40 °C ... 125 °C),
- das Signal erreicht nach dem Verstärker den maximalen Aussteuerbereich,
- die inneren Designbegrenzungen verhindern, dass ein größerer Messwert verarbeitet werden kann (z. B. Beschleunigungssensor ist mechanisch im Anschlag) oder
- es wird ein Sensor bei zu großer Last (durch die Eingangsgröße) beschädigt oder zerstört (Temperatursensor, Drucksensor).

Zu unterscheiden ist der Messbereich vom **Dynamikbereich.** Dieser wird im Allgemeinen in dB (Dezibel) angegeben und beschreibt das Verhältnis des kleinsten sinnvoll auflösbaren Wertes zum gesamten Messbereich. Die Auflösung bezeichnet dabei den kleinsten trennbaren Unterschied der Eingangsgröße. Hier muss ebenfalls unterschieden werden zwischen der digitalen Auflösung (etwa der „Wertigkeit" des niedrigsten Bits **(LSB, Least Significant Bit)** und dem Auflösungsvermögen, welches durch das Rauschen des Messwertes begrenzt wird. Je nachdem, welches dominiert, ist dies die Basis für den Dynamikbereich.

Beispiel
Ein Sensor liefert sein Ausgangssignal (Annahme Spannungsmessung zwischen 0 und 1 V) in 24 Bit Stufen. Damit wäre die theoretisch erreichbare Auflösung (Dynamikbereich)

$$x_{dyn} = 20\log_{10}\frac{2^{24}}{1} \approx 144{,}5\,\mathrm{dB}. \qquad (1.9)$$

Angenommen, es wird ein Messbereich von 1 V abgebildet und die Ausgabewerte streuen um 50 µV (Standardabweichung, RMS-Wert) so ist der nutzbare Dynamikbereich nur

$$x_{dyn} = 20\log_{10}\frac{1\,\mathrm{V}}{50\times 10^{-6}\,\mathrm{V}} \approx 86\,\mathrm{dB}. \qquad (1.10)$$

Im Allgemeinen ist es sinnvoll, dass das Rauschen nicht wesentlich geringer als die Quantisierungsstufen ist. Sollte das Rauschen nicht ausreichen, um das Signal immer wieder in verschiedene Quantisierugsstufen zu schieben, besteht keine Möglichkeit, durch Mittelwertbildung die tatsächliche (analoge) Auflösung des Sensors zu erreichen.

1.3.5 Allan Varianz

Zunächst wäre zu erwarten, dass mit dem Mitteln eines Signals über eine längere Zeitdauer, dieses auch „stabiler" wird. Schließlich verringert sich die Standardabweichung eines Mittelwerts mit der Anzahl der Samples N mit $1/\sqrt{N}$. In der Praxis führt eine beliebige Verlängerung des Mittelungszeitraums zu keiner weiteren Verbesserung. Die Ursache liegt unter anderem an langsamen Driften des Signals.

Um dieses Verhalten genauer zu quantifizieren, wird die Allan-Varianz Kurve verwendet (nach *David W. Allan,* auch **Allan-Variance** oder **Allan-Deviation**). Ursprünglich wurde diese Methode für die Bewertung der **Frequenzstabilität** von **Oszillatoren** eingeführt. Sie findet aber heute auch Anwendung für **Inertialsensoren.** Insbesondere für Navigationsanwendungen sind die damit verbundenen Größen von Relevanz. Die Signale von Inertialsensoren (Beschleunigung und Drehrate) müssen für die Navigation mehrfach integriert werden, so dass kleine Abweichungen im Offset schnell zu großen Fehlern in der Positionsschätzung führen. Daher ist es für die Anwendung relevant, wie genau der Offset bestimmt werden kann oder auf welcher Zeitskala er innerhalb gewisser Grenzen stabil bleibt.

Die Allan-Varianz ist definiert durch die Hälfte des Differenzquadrates zweier aufeinanderfolgender Messwerte y_{n+1} und y_n, die jeweils über die Zeit τ (auch *cluster time* genannt) gemittelt wurden:

$$\sigma^2(\tau) = \frac{1}{2}\langle(y_{n+1} - y_n)^2\rangle \tag{1.11}$$

Die Allan-Deviation ist, analog zur Varianz und Standardabweichung einer Normalverteilung, die Wurzel aus dieser Größe. Abb. 1.10 (oben) zeigt für ein simuliertes Signal das grundsätzliche Vorgehen. Die Mittelwerte werden für immer größere Zeitspannen gebildet, so dass diese sich für weißes Rauschen immer weiter näheren müssten. Abb. 1.10 (unten) zeigt die Auswertung eines simulierten Sensorsignals. Hier ist die sich ergebende Allan Deviation gegen die Mittelungszeit für die einzelnen Messwerte aufgetragen. Das Minimum der Kurve wird als **Bias Stability** bezeichnet und stellt die bestmögliche Auflösung des Sensors dar. Diese ergibt sich aus dem Zusammenspiel aus weißem Rauschen σ_{wn} und $1/f$-Rauschen $\sigma_{1/f}$. Gegebenenfalls kann für die bessere Modellierung zusätzlich ein darunter liegender sensorspezifischer Term hinzugenommen werden, die **Bias Instability** σ_{bi}. Insgesamt addieren sich die Anteile für eine gegebene **Cluster Time** zu

$$\sigma_{tot} = \sqrt{\sigma^2_{\text{wn},\tau} + \sigma^2_{\text{bi.}} + \sigma^2_{1/f,\tau}} \tag{1.12}$$

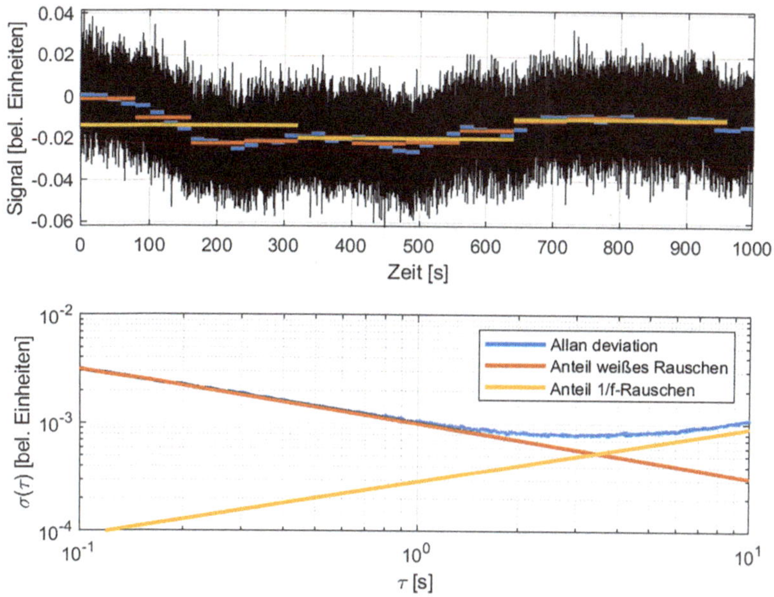

Abb. 1.10 Beispielhafte Auswertung eines simulierten Sensorsignals für eine Allan-Deviation Kurve. Oben: Simuliertes Sensorsignal mit eingezeichneten exemplarischen Mittelwerten für die jeweiligen Mittelungszeiten (*cluster time* τ). Unten: Auftragung der Standardabweichung der Mittelwerte aus dem Signal oben gegen das jeweilige τ. Ab ca. 3 s wird keine weitere Verbesserung erreicht

Die Aufnahme der Kurve zur Charakterisierung des Sensor benötigt meist eine sehr lange Messzeit und sehr genau kontrollierte Umgebungsbedingungen. Sonst stehen nicht ausreichend viele Messwerte für die langen Integrationszeiten (große Cluster Time τ) zur Verfügung oder externe Faktoren (Temperatur, Luftdruck, Feuchte, etc.) beeinflussen den Sensor.

1.4 Ansprechverhalten und transiente Signale

Die bisher beschriebenen Eigenschaften bezogen sich nur auf das statische Verhalten des Sensors. Für **transiente Signale** ist zusätzlich das **Ansprechverhalten** des Sensors relevant. Im Allgemeinen wird das physikalische Signal nur mit einer Verzögerung am Ausgang ausgegeben. Die Ursachen hierfür sind unterschiedlich und lassen sich in verschiedene Gruppen einteilen. Zunächst wird die Verarbeitung des Signals durch die physikalischen Eigenschaften des Sensorelements und seiner Anbindung an das eigentliche Signal bestimmt. Anschließend folgen die nachgeschalteten Filter in der elektronischen oder digitalen Verarbeitung des Signals. Auch diese erfordern eine **Einschwingzeit,** um das eintreffende Signal vollständig am Ausgang erscheinen zu lassen. Schließlich ergibt sich gegebenenfalls noch eine

Verzögerung aufgrund der endlichen Ausgangsdatenrate (**Output Data Rate,** ODR) der digitalen Schnittstelle.

Beispiel Temperatursensor
Ein typisches Beispiel ist die **Ansprechzeit** eines Temperatursensors. Wird dieser „spontan" in Kontakt mit dem Messmedium gebracht, muss die thermische Kapazität C_{th} des Sensors erst über einen thermischen Übergangswiderstand R_{th} gefüllt werden bis die Sensortemperatur der des Objektes entspricht. Schematisch lässt sich die Situation wie in Abb. 1.11 als **elektrisches Ersatzschaltbild** darstellen. Das Übergangsverhalten der vom Sensor messbaren Temperatur T beim Eintauchen in das Medium mit der Temperatur T_{Medium} wird durch die Differentialgleichung

$$\begin{aligned} C_{th}\dot{T} &= -\frac{1}{R_{th}}\left(T - T_{Medium}\right) \\ \dot{T} + \frac{1}{R_{th}C_{th}}T &= \frac{1}{R_{th}C_{th}}T_{Medium} \end{aligned} \tag{1.13}$$

beschrieben. Sie ergibt sich aus der Änderung des Wärmeinhalts $\dot{Q} = C_{th}\dot{T}$, die dem Wärmestrom $-1/R_{th}\,(T - T_{Medium})$ entspricht. In der Systematik der Regelungstechnik handelt es sich um ein PT_1-Glied (erster Ordnung in der Zeit und proportional zum Eingangssignal). Deren Lösung für die Anfangsbedingung $T(0) = T_{ambient}$ ist

$$T(t) = (T_{ambient} - T_{Medium})e^{-\frac{1}{R_{th}C_{th}}t} + T_{Medium} \tag{1.14}$$

In Analogie zum Aufladevorgang einer elektrischen Kapazität, ist daher die thermische Zeitkonstante τ durch

$$\tau = R_{th}C_{th} \tag{1.15}$$

gegeben. Offensichtlich führt eine hohe Wärmekapazität oder schlechte thermische Anbindung (hoher thermischer Übergangswiderstand) zu langen Verzögerungszeiten. Die thermische Anbindung ist dabei nicht unbedingt (nur) von der Bauart des Sensors abhängig, sondern auch von dem zu vermessenden Medium. Der thermische Widerstand bei Anbindung an unbewegte Luft ist deutlich größer als bei Kontakt zu einem Luftstrom oder in einer Flüssigkeit. Da auch das Sensorelement selbst noch durch eine Gehäuse vor dem direkten Kontakt mit dem Medium geschützt ist, entsteht auch hier noch ein weiterer Wärmeübergang. Typischerweise sind die Ansprechzeiten für bestimmte Anwendungsfälle im Datenblatt des Sensors angegeben. Dabei ist meist nicht die $1/e$-Zeitkonstante aufgeführt, sondern beispielsweise T_{50} oder T_{90}. Entsprechend der Zeit bis 50 % oder 90 % des Signalhubs (also der Temperatur*differenz* zwischen Start- und Endtemperatur) erfolgt ist. Um das Ansprechverhalten für andere periodische oder Nicht-Sprungfunktionen zu beschreiben, muss das volle PT_1-Verhalten des Ersatzschaltbildes berücksichtigt werden. Es kann daher auch zu **Dämpfung und Phasenverschiebung** kommen. Dies ist relevant bei der Anwendung in Regelkreisen.

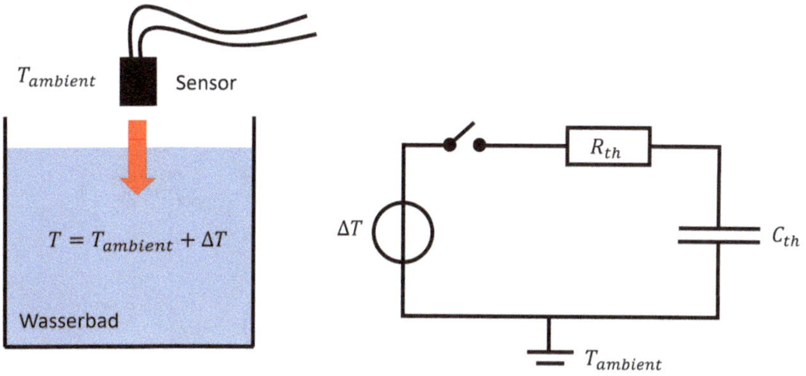

Abb. 1.11 Der instantane Kontakt eines Temperatursensors mit einer Wärmequelle kann als Aufladevorgang eines Kondensators modelliert werden. Die thermische Kapazität ergibt sich aus der Wärmekapazität des Sensormaterials und der thermische Widerstand durch den Wärmeübergang zum Medium

Beispiel Kraftmessung
Viele Sensierverfahren für mechanische Größen basieren auf einer Kraftmessung. Ein typisches Beispiel sind Beschleunigungssensoren, die eine Beschleunigung durch die Dehnung einer Feder aufgrund der Wirkung von Trägheitskräften auf eine Masse bestimmen. Für die Messung der Kraft F wird mittels einer Masse m – auf die die Kraft einwirkt – ein elastisches Element (Federkonstante k) gestaucht oder gedehnt. Die entstehende statische Auslenkung x wird gemessen und ist über das **Hooksche Gesetz**

$$F = kx \tag{1.16}$$

ein Maß für die Kraft bzw. über $F = ma_{ext}$ der wirkenden Beschleunigung a_{ext}. Für die genaue Form des Übergangs ist die Dämpfung des Systems β entscheidend. Insgesamt ergibt sich die Differenzialgleichung eines PT_2-Glieds:

$$\begin{aligned} m\ddot{x} &= -\beta\dot{x} - kx + ma_{ext} \\ \ddot{x} + \frac{\beta}{m}\dot{x} + \frac{k}{m}x &= a_{ext} \end{aligned} \tag{1.17}$$

Die Lösungen für die Anfangsbedingungen $x(0) = 0$ und $\dot{x}(0) = 0$ sind für

- **Überdämpfter Fall, Kriechfall:**

$$\left(\frac{\beta}{2m}\right)^2 > \frac{k}{m} \quad \Rightarrow \quad x(t) = x_0\left(1 - \frac{T_2}{T_1 - T_2}e^{-\frac{1}{T_1}t} + \frac{T_1}{T_1 - T_2}e^{-\frac{1}{T_2}t}\right) \tag{1.18}$$

- **schwach gedämpfter Fall:**

$$\left(\frac{\beta}{2m}\right)^2 < \frac{k}{m} \quad \Rightarrow \quad x(t) = x_0\left(1 - e^{-\gamma t}\left(\frac{\gamma}{\omega}\sin\omega t - \cos\omega t\right)\right) \tag{1.19}$$

- **aperiodischer Grenzfall:**

$$\left(\frac{\beta}{2m}\right)^2 = \frac{k}{m} \quad \Rightarrow \quad x(t) = x_0\left(1 - e^{-\frac{1}{T_1}t} - \frac{t}{T_1}e^{-\frac{1}{T_1}t}\right) \tag{1.20}$$

Dabei ist

$$\gamma = \frac{\beta}{2m}, \quad \omega = \sqrt{\frac{k}{m} - \left(\frac{\beta}{2m}\right)^2} \tag{1.21}$$

$$T_1 = \frac{2m}{\beta}, \quad T_2 = \frac{1}{\sqrt{\left(\frac{\beta}{2m}\right)^2 - \frac{k}{m}}} \tag{1.22}$$

In Tab. 1.1 sind die typischen Formen der **Sprungantworten** zusammengestellt. Abhängig von der Dämpfung des Systems kommt es im transienten Signal des Sensors zu deutlich unterschiedlichem Verhalten. Oft ist eine Auslegung des Systems nahe des aperiodischen Grenzfalls wünschenswert, da hier kein Überschwingen auftritt und das Signal schnellstmöglich auf der Zielamplitude liegt. Dennoch kann es erforderlich sein, dass das Sensorelement auf einen schwach gedämpften Fall ausgelegt wird. Dann muss die charakteristische Frequenz ω in der späteren (digitalen) Signalverarbeitung wieder aus dem Signal entfernt werden.

Laufzeitverhalten und Ausgabe-Datenrate

Um das Rauschen eines Sensorsignals zu verbessern, sind der endgültigen Ausgabe des Messwertes oft noch weitere analoge oder digitale Filter vorgeschaltet. Zusätzlich können diese der Unterdrückung von unerwünschtem transienten Signalen des Sensorelementes dienen. Das kann das Überschwingen der Signals sein, das mit einem Bandstop-Filter vermieden wird. Da auch diese Filter ein Einschwingverhalten zeigen, kann es zu weiteren Verzögerungen kommen bis eine sprunghafte Signaländerung am Ausgangs erscheint. Hierfür relevant sind die **Phasenlaufzeit** oder **Phasenverzögerung**

$$\tau_p(\omega) = -\frac{\varphi(\omega)}{\omega}. \tag{1.23}$$

Diese beschreibt, wie eine einzelne harmonische Kreisfrequenz ω verschoben wird. Zusätzlich ist die **Gruppenlaufzeit**

$$\tau_g = -\frac{d\varphi(\omega)}{d\omega} \tag{1.24}$$

von Bedeutung. Sie beschreibt die Verzögerung der Hüllkurve eines schmalbandigen Signals.

Tab. 1.1 Vergleich des typischen Ansprechverhaltens verschiedener Sensortypen

Sprungantwort	Beschreibung
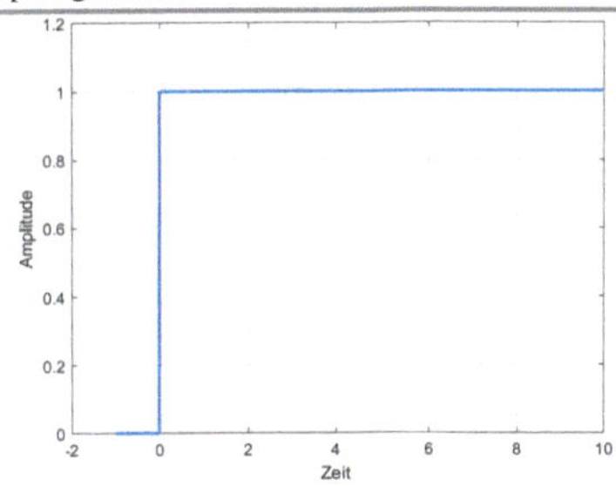	Die ideale Sprungantwort eines Sensors gibt eine stufenförmiges Eingangssignal exakt wieder und das Messsignal liegt ohne Verzögerung an
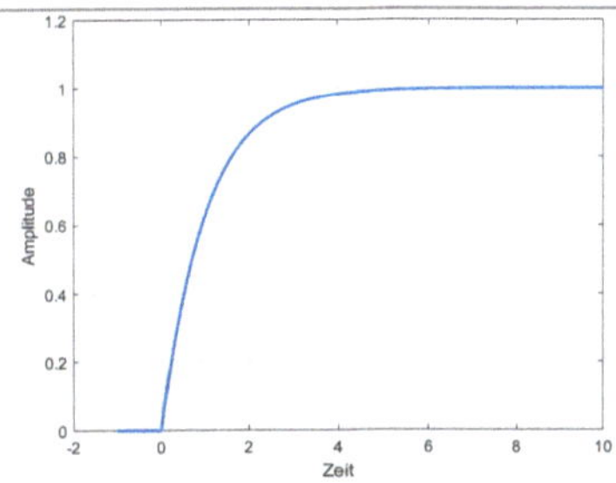	PT_1 Verhalten, das Signal beginnt mit dem Eingangssignal anzusteigen und nimmt einen statischen Endwert an. Typische Beispiele sind Temperatur- oder andere Mediensensoren (Feuchte, Gase, etc.)
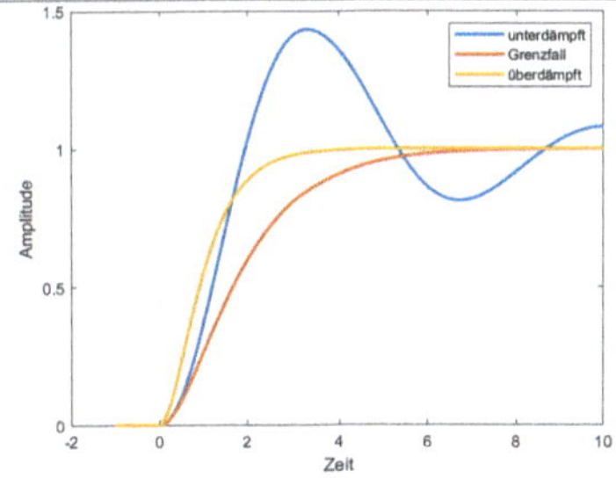	PT_2 Verhalten für unterschiedliche Dämpfungen, typisch für Beschleunigungssensoren oder andere Feder-Masse basierte Systeme
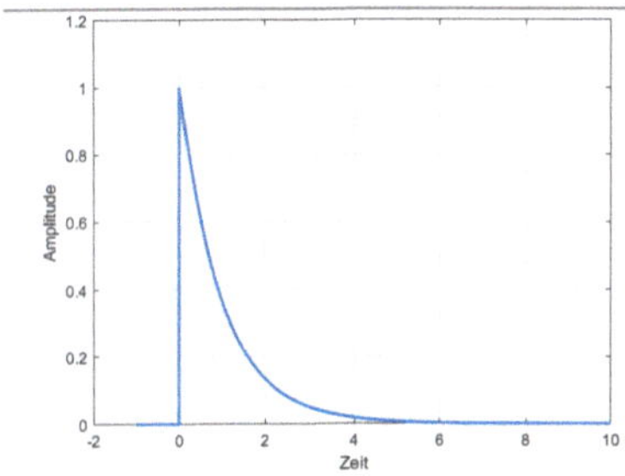	DT1 Verhalten, Sensor ist nicht DC-fähig, typisches Beispiel sind Sensoren mit piezoelektrischer Signalwandlung

Schließlich spielt für Sensoren mit einer digitalen Schnittstelle noch die Ausgabe-Datenrate eine entscheidende Rolle (**Output Data Rate,** ODR). Durch die diskrete Abtastung des Signals ist der ausgegebene Wert bis zu $\tau_{delay} = 1/ODR$ veraltet. Diese Verzögerungen werden unter dem Begriff **Latenzzeit** oder **Latency** zusammengefasst. Vor allem in Anwendungen, in denen es auf eine möglichst zeitnahe Übermittlung der Änderungen ankommt, müssen diese berücksichtigt werden. Ein Beispiel ist das Signal eines Crash-Sensors im Fahrzeug. Hier steht nur eine sehr kurze Zeitspanne zur Verfügung, um passende Massnahmen (Gurtstraffer, Airbag) einzuleiten. Auch in weniger sicherheitskritischen Anwendung wie der Bildstabilisierung von Kameras (**Optical Image Stabilization**) oder der Steuerung der Videosignale in einer VR-Brille (**Virtual Reality**) sind die Latenzzeiten der Signale der Bewegungssensoren von Bedeutung. Etwa kann eine Verzögerung der Bewegungssignale einer VR-Brille zu **Motion Sickness** bei der Nutzung führen, da Bild und Bewegung nicht übereinstimmen [2, 3].

1.5 Störeffekte auf Sensoren

Häufig reagieren Sensoren nicht nur auf den eigentlichen physikalischen Stimulus. Auch andere physikalische Größen oder chemische Stoffe, die auf das Sensorelement einwirken, können dazu führen, dass ein Signal ausgegeben oder verändert wird. Die wichtigsten Störgrößen sind Temperatur und Stress (mechanische Spannungen). Da viele Sensorelemente oder die Auswerteschaltung auf Halbleitern basieren, können Temperatureffekte die Leitfähigkeiten beeinflussen oder mechanische Spannungen zu piezoresistiven Effekten führen. Auch Licht, das den Halbleiter erreicht, kann die Schaltung über den photoelektrischen Effekt stören. Häufig wird auf der Seite des Herstellers versucht, diese Effekte zu vermeiden.

1.5.1 Temperatur- und Stresseinflüsse

Abb. 1.12 zeigt exemplarisch wie verschiedene physikalische Größen einen mikromechanischen Sensor beeinflussen können. Wichtig hierbei ist, dass die gleiche Einflussgröße auf verschiedenen **Wirkpfaden** Störungen verursachen kann. Die Temperatur beeinflusst direkt die elektrischen und mechanischen Eigenschaften des Sensorelements und der Schaltung. Das kann zum Beispiel über eine Änderung des Elastizitätsmoduls in der Mikromechanik oder des Innendrucks passieren. Gleichzeitig führen **unterschiedliche Ausdehnungskoeffizienten** ebenfalls zu einer Verformung des Schichtaufbaus und damit des Sensorelements. Durch hohe Auflösung des mikromechanischen Sensors, kann dies direkt zu sichtbaren Signaländerungen (Offsets) führen. Andere Belastungen können durch die Einlagerung von **Luftfeuchtigkeit** in das umgebende Verpackungsmaterial geschehen, was ebenfalls zu Ver-

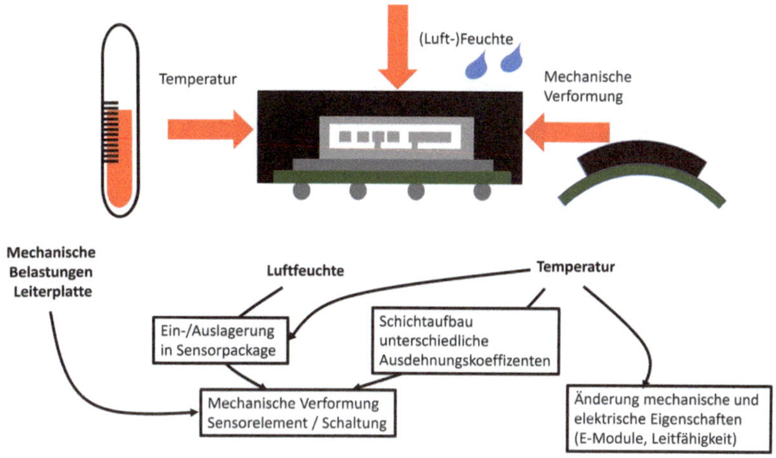

Abb. 1.12 Verschiedene externe Einflüsse können die Parameter des Sensors beeinflussen. Die Wirkpfade können sehr komplex werden und nur noch schwer zu kompensieren sein

formungen führen kann. Schließlich kann sich auch die Vorformung der Leiterplatte auf der der Sensor aufgebracht ist, auf den Sensor selbst auswirken.

1.5.2 Querempfindlichkeit

Vor allem Sensoren, die vektorielle Größen vermessen, wie Beschleunigungen oder Magnetfelder, können eine **Querempfindlichkeit (Cross Axis Sensitivity)** zeigen. Das bedeutet, dass bei Anlegen eines Stimulus entlang der x-Achse des Sensors, auch ein Signal für die y-Komponente ausgegeben wird. Dies kann unterschiedliche Ursachen haben (siehe Abb. 1.13). Die einfachste ist zunächst eine geometrisch **nicht-ideale Ausrichtung** der Sensorelemente für die einzelnen Richtungen. Stehen die Sensierachsen nicht exakt senkrecht zueinander, so wird ein Anteil $\sin\varphi$ (mit dem von 90° abweichenden Winkel φ) des Signals in die x-Richtung auch für die y-Richtung ausgegeben. Auch kann die Orientierung der Achsen zueinander fehlerfrei sein, aber das gesamte Messelement ist relativ zur äußeren Referenz des Sensorgehäuses verkippt. Weiterhin ist es möglich, dass durch ein **Übersprechen der Signalpfade** der Nachbarkanal durch einen anderen gestört wird. Dann wird möglicherweise ein dem Hauptsignal proportionales (oder gar erratisches) Signal ausgegeben. Das Übersprechen kann nicht nur durch einen rein elektrisch Effekt entstehen, sondern auch bereits innerhalb des Messelementes durch **mechanische Kopplungen und Nichtlinearitäten.** Für einen mehrachsigen Sensor ist die Sensorgleichung 1.1 daher im Allgemeinen eine Matrix (oder genauer ein **Tensor 2. Stufe**)

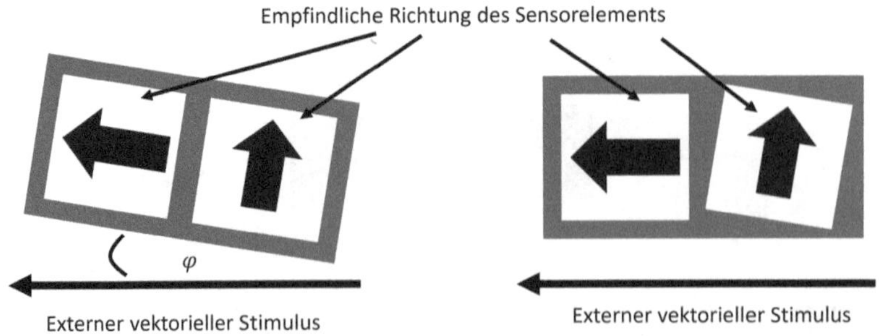

Abb. 1.13 Mögliche Ursachen für eine Querempfindlichkeit bei vektoriell messenden Sensoren. Links: Sensorelement hat Fehlwinkel zum Stimulus, rechts: Sensorelemente sind untereinander nicht perfekt orthogonal

$$\begin{pmatrix} y_1 \\ y_2 \\ y_3 \end{pmatrix} = \begin{pmatrix} S_{11} & S_{12} & S_{13} \\ S_{21} & S_{22} & S_{23} \\ S_{31} & S_{32} & S_{33} \end{pmatrix} \cdot \begin{pmatrix} x_1 \\ x_2 \\ x_3 \end{pmatrix}. \tag{1.25}$$

Dabei sind die Elemente auf der Hauptdiagonalen S_{ii} die Empfindlichkeiten der jeweiligen Achse für den direkten Stimulus und die anderen Einträge die Querempfindlichkeiten zwischen den Achsen. Die Matrix ist nicht notwendigerweise symmetrisch.

Auch chemische Sensoren können Querempfindlichkeiten aufweisen. In diesem Fall wird unter Querempfindlichkeit das Ansprechen des Sensors auf andere als die eigentlich gesuchten Stoffe verstanden. Viele Gassensoren arbeiten mit reaktiven Schichten, die den gesuchten Stoff absorbieren und dadurch ein elektrisches Signal erzeugen. Die **Selektivität** dieser Schichten ist aber oft nicht ideal, so dass auch andere Stoffe ein Signal auslösen können. Es kann auch vorkommen, dass ein Fremdstoff den gesuchten Stoff blockiert. In diesem Fall sind die Absorptionsstellen bereits besetzt.

1.6 Virtueller Sensor und Sensorfusion

Ein **virtueller Sensor** (auch **Softsensor** genannt) entsteht zumeist aus der Kombination mehrerer (physikalischer) Messgrößen, die die Beschreibung eines Systems erlauben. Dabei ist aber die eigentlich relevante Größe nicht direkt mit einem Sensor erfassbar. Das kann daran liegen, dass aus Kostengründen kein eigener Sensor für die Messgröße verwendet werden soll. Auch können Umweltbedingungen dazu führen, dass kein Sensor an der interessierenden Stelle eingebracht werden kann (sehr hohe Temperaturen, chemische Umgebung oder ähnliches). Darüber hinaus kann die gesuchte Größe auch gar keine physikalische Messgröße im eigentlichen Sinn haben, sondern eher abstrakt sein. Kennzeichnend für den Einsatz eines virtuellen Sensors ist das Wissen über das zu betrachtende System. Erst im Rahmen eines **Modells** können hinreichend eindeutige **Interpretationen** der verfügbaren Messwerte vorgenommen werden. Der Vorgang die Information zu aggregieren, um eine **kontextbezogene Aussage** zu erhalten, wird auch als **Sensorfusion** bezeichnet. Einige Beispiele hierfür sind:

- Ein Rasenmäherroboter fährt in einen Anschlag. Dies könnte über einen Kontaktsensor (einfacher Schalter/Taster) erkannt werden. Jedoch hat das den Nachteil, dass die Kollisionssituationen sehr unterschiedlich aussehen können. Daher wird stattdessen die Stromaufnahme am Motor überwacht. Sollte diese einen unerwartet hohen Wert annehmen, so arbeiten die Räder mit hohem Drehmoment gegen den Boden an. Diese Information kann genutzt werden, um eine Blockade zu erkennen und die Bewegungsrichtung wieder umzukehren.
- Ein Fitnesstracker (z. B. Smartwatch oder ähnliches) soll die Anzahl der nach oben gestiegenen Stockwerke anzeigen (Abb. 1.14). Hierfür wird sowohl ein barometrischer Drucksensor als auch ein Beschleunigungssensor verwendet. Der Beschleunigungssensor arbeitet als Schrittzähler und wertet die periodischen Impulse beim Laufen aus. Gleichzeitig stellt das Barometer eine Druck- und damit Höhenänderung fest. In der Gesamtsicht kann so auf die Anzahl der zurückgelegten Stockwerke geschlossen werden, ohne Aufzugfahrten in die Rechnung mit einzubeziehen.

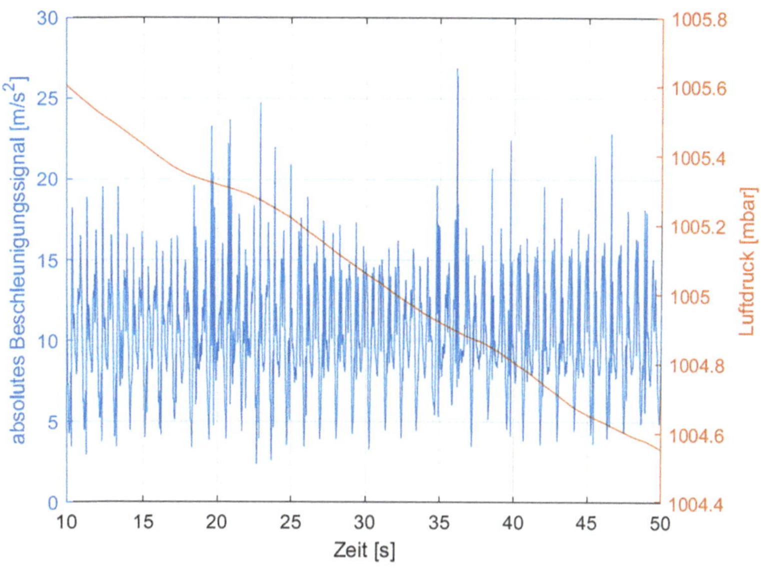

Abb. 1.14 Beispiel für die Rohdaten eines „Stockwerkszähler"-Sensors wie er in Fitness-Trackern zu finden ist. Zu sehen ist das regelmäßige Beschleunigungssignal, das durch die Laufbewegung entsteht. Gleichzeitig ist ein Druckabfall zu erkennen. Insgesamt lässt sich dies als eine (selbstständig durchgeführte) Aufwärtsbewegung interpretieren

- Eine (Elektrofahrzeug-)Batterie wird mit verschiedenen Spannungs-, Strom- und Temperaturmessungen überwacht, und aus den Daten ein Ladezustand errechnet.
- Eine sehr komplexe Anwendung ist das autonomen Fahrens. Hier muss anhand von Kamera-, Radar- und LiDAR-Daten und weiterer Sensorik eine Verkehrssituation genau erfasst werden, die wieder spezifisches Handeln erfordert.

Sensorelemente und Messprinzipien 2

Die Abbildung des Messeffekts auf einen Widerstand, gehört zu den am häufigsten genutzten Transducerprinzipien. Hierfür kann der Widerstand in einen einfachen Stromkreis eingebunden werden und mit einer konstanten Spannungs- oder Stromquelle verbunden werden. Entsprechend wird als Ausgangssignal der sich einstellende Strom oder die Spannung über dem Widerstand gemessen (Abb. 2.1). Dieses Bild ignoriert allerdings, dass die ganz konkrete Auswertung eines Widerstandes nicht unter diesen idealisierten Bedingungen stattfindet. Im Normalfall steht eben keine *ideale* Spannungs- oder Stromquelle zur Verfügung. Daher wird im Allgemeinen der Messwiderstand mit weiteren Widerständen als Messbrücke aufgebaut. Diese hat darüber hinaus noch weitere wichtige Vorteile, da oft nicht der Absolutwert, sondern die (relative) Änderung von Interesse ist. Zusätzlich bieten sie die Möglichkeit andere Störeffekte zu kompensieren.

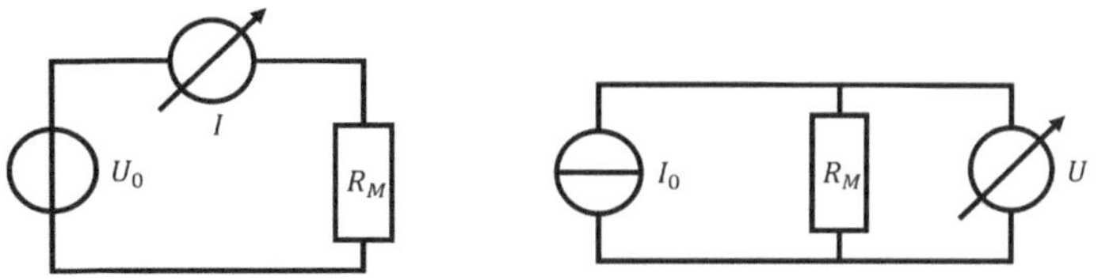

Abb. 2.1 Einfache Spannungs- oder Strommessung zur Auswertung eines veränderlichen Messwiderstands

M. Hattaß, *Sensorik*,
https://doi.org/10.1007/978-3-662-73845-0_2

2.1 Brückenschaltungen

2.1.1 Vollbrücke

Eine der wichtigsten Architekturen für Sensoren ist die Brückenschaltung. Dabei beschränkt sich die Bezeichnung **Brückenschaltung** nicht nur auf resistive Messeffekte, sondern kann auch auf kapazitive oder induktive Messverfahren erweitert werden. Im einfachsten Fall wird eine Brückenschaltung aus vier Widerständen aufgebaut (Abb. 2.2), wobei die Widerstände R_1 und R_4 so ausgewählt werden, so dass sie mit dem physikalischen Messeffekt kleiner und R_2 und R_3 größer werden. Die Spannungen an den Mittelabgriffen ergeben sich aus einem einfachen **Spannungsteiler** zu

$$U_{d+} = U_0 \frac{R_2}{R_1 + R_2} \quad \text{und} \quad U_{d-} = U_0 \frac{R_4}{R_3 + R_4}. \tag{2.1}$$

Die nachfolgende Schaltung wertet die Differenzspannung

$$\Delta U = U_{d+} - U_{d-} \tag{2.2}$$

aus. In erster Näherung kann der physikalische Effekt als lineare Variation des Widerstands modelliert werden. Damit wäre

$$R_{1,4} = R_0(1 - \alpha \Delta x), \quad R_{2,3} = R_0(1 + \alpha \Delta x), \tag{2.3}$$

wobei die Größe α für die relative Widerstandsänderung durch die Änderung der physikalischen Größe Δx gegenüber einem Referenzzustand beschreibt. Im Referenzzustand beträgt

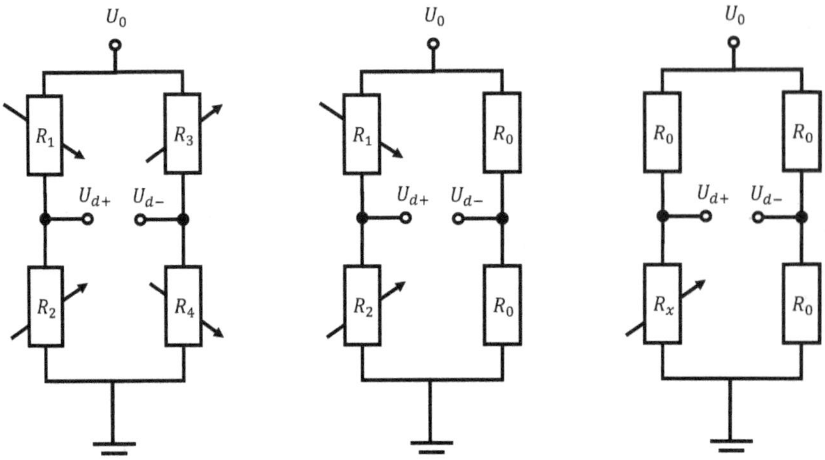

Abb. 2.2 Grundtypen der Messbrückenschaltungen. Links: Vollbrücke; Mitte: Halbbrücke, Rechts: Viertelbrücke

der Wert des Messwiderstands R_0. Wird dieses Modell für den Widerstandswert in (2.2) eingesetzt, so ergibt sich

$$\begin{aligned}\Delta U &= U_0\left(\frac{R_2}{R_1+R_2}-\frac{R_4}{R_3+R_4}\right)\\ &= U_0\left(\frac{R_0(1-\alpha\Delta x)}{R_0(1-\alpha\Delta x)+R_0(1+\alpha\Delta x)}-\frac{R_0(1+\alpha\Delta x)}{R_0(1+\alpha\Delta x)+R_0(1-\alpha\Delta x)}\right)\\ &= U_0\alpha\Delta x.\end{aligned} \tag{2.4}$$

Die Brückenspannung ist damit linear abhängig von dem physikalischen Effekt, sofern die zu Beginn gemachte Annahme einer linearen Variation des Widerstands korrekt ist. Die dargestellte Auswerteschaltung wird auch als **Vollbrücke** bezeichnet. Die Empfindlichkeit der Vollbrücke berechnet sich einfach zu

$$\frac{\mathrm{d}\Delta U}{\mathrm{d}\Delta x} = U_0\alpha \tag{2.5}$$

2.1.2 Halbbrücke

Aus Kostengründen oder weiteren Randbedingungen kann es notwendig sein, nur zwei Messwiderstände zu verwenden (Abb. 2.2 Mitte). Die zuvor variablen Widerstände $R_{3,4}$ werden nun durch Festwiderstände R_0 ersetzt oder der zu messenden physikalischen Größe nicht ausgesetzt.

$$U_{d+} = U_0\frac{R_2}{R_1+R_2} \text{ und } U_{d-} = U_0\frac{R_0}{R_0+R_0} = \frac{U_0}{2} \tag{2.6}$$

Einsetzen in (2.2) ergibt

$$\Delta U = \frac{U_0}{2}\alpha\Delta x \tag{2.7}$$

Die Messung bleibt weiterhin linear. Allerdings verringert sich die Empfindlichkeit von der physikalischen Größe um einen Faktor zwei. Die entstandene Schaltung wird als **Halbbrücke** bezeichnet.

2.1.3 Viertelbrücke

Häufig ist nur ein Widerstand verfügbar, der mit der physikalischen Größe veränderlich ist. Für die weitere Betrachtung wird angenommen, dass dies der zuvor als R_2 bezeichnete Widerstand ist.

$$\begin{aligned}\Delta U &= U_0 \left(\frac{R_0(1+\alpha \Delta x)}{R_0(1+\alpha \Delta x)+R_0} - \frac{1}{2} \right) \\ &= U_0 \left(\frac{2(R_0 + R_0\alpha \Delta x) - (R_0 + R_0\alpha \Delta x)}{4R_0 + 2R_0\alpha \Delta x} \right) \\ &= U_0 \left(\frac{R_0\alpha \Delta x}{4R_0 + R_0\alpha \Delta x} \right)\end{aligned} \tag{2.8}$$

Anders als in den zuvor beschriebenen Beispielen kürzen sich die verschiedenen Beiträge im Nenner nicht heraus. Wird angenommen, dass der variable Anteil $R_0\alpha\Delta x$ im Nenner klein gegen den Referenzwiderstand R_0 ist, vereinfacht sich das zu

$$\begin{aligned}\Delta U &= U_0 \left(\frac{R_0(1+\alpha \Delta x)}{R_0(1+\alpha \Delta x)+R_0} - \frac{1}{2} \right) \\ &\approx U_0 \frac{\alpha \Delta x}{4}.\end{aligned} \tag{2.9}$$

In vielen Fällen wird diese Betrachtung bereits ausreichen. Es ist aber sinnvoll, das Ergebnis noch etwas genauer zu untersuchen. Hierfür wird (2.8) in eine Taylor-Reihe in Δx entwickelt (zur Taylor-Reihe siehe Anhang A.1)

$$\begin{aligned}\Delta U &\approx U_0 \left(\frac{R_0(1+\alpha \Delta x)}{R_0(1+\alpha \Delta x)+R_0} - \frac{1}{2} \right) \\ &\approx U_0 \frac{\alpha}{4} \Delta x - U_0 \frac{\alpha^2}{8} \Delta x^2 + \ldots\end{aligned} \tag{2.10}$$

Offensichtlich ergeben sich auch nicht-lineare Terme, die bei großem Δx relevant werden (Abb. 2.3).

2.1.4 Verallgemeinerung: das differenzielle Messprinzip

Die zuvor besprochene Vollbrücken-Schaltung zeichnet sich durch eine **differenzielle Messung** aus: Während die Spannung am Abgriff des linken Brückenzweiges zunimmt, verringert sich die Spannung am rechten Abgriff. Die Änderungen sind jeweils gleich im Betrag und invertiert im Vorzeichen. Dieses Messprinzip soll hier noch etwas genauer untersucht und verallgemeinert werden. Anfangs wurde die Annahme getroffen, dass der physikalische Effekt linear auf den Widerstand einwirkt. Oft ist dies aber nur selten so ideal. Ganz allgemein kann der Ausgang an einer Teilschaltung eine beliebige (stetige) Funktion $f(x)$ von der einwirkenden physikalischen Größe x sein. Diese kann in eine **Taylor-Reihe** um die Null-Lage entwickelt werden

$$f(x) = f(0) + f'(0)p + \frac{1}{2} f''(0)x^2 + \ldots \tag{2.11}$$

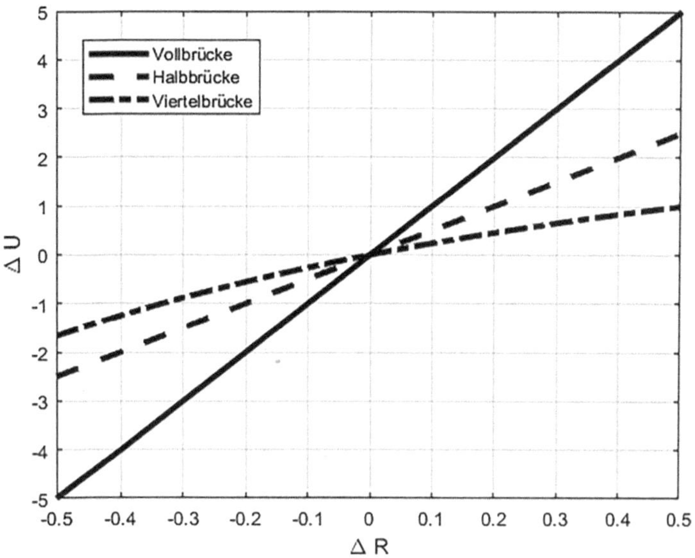

Abb. 2.3 Vergleich der Brückendifferenzspannung ΔU für verschiedene Schaltungsvarianten (angenommene Versorgungsspannung $U_0 = 10V$). Man beachte die Nichtlinearität der Viertelbrücke für große Beträge von ΔR

Wird die andere Teilschaltung so aufgebaut, dass die physikalische Größe genau **invertiert** in den gleichen Messaufbau eingegeben wird, so ergibt sich hier

$$
\begin{aligned}
f(-p) &= f(0) + f'(0)(-p) + \frac{1}{2} f''(0)(-x)^2 + \ldots \\
&= f(0) - f'(0)x + \frac{1}{2} f''(0)x^2 + \ldots
\end{aligned}
\tag{2.12}
$$

Wird von (2.11) und (2.12) die Differenz gebildet, so ergibt sich

$$
\Delta f(f) = f(x) - f(-x) = 2f'(0)p + \ldots \tag{2.13}
$$

Es werden also automatisch die zweite und alle weiteren geraden Ordnungen in der Potenzreihe eliminiert. Daher kann mit dem differenziellen Messprinzip, zumindest nahe der Ruhelage, eine deutlich verbesserte Linearität erreicht werden. Diese Grundidee findet sich in vielen praktischen Sensorkonzepten wieder (siehe auch Abb. 2.4).

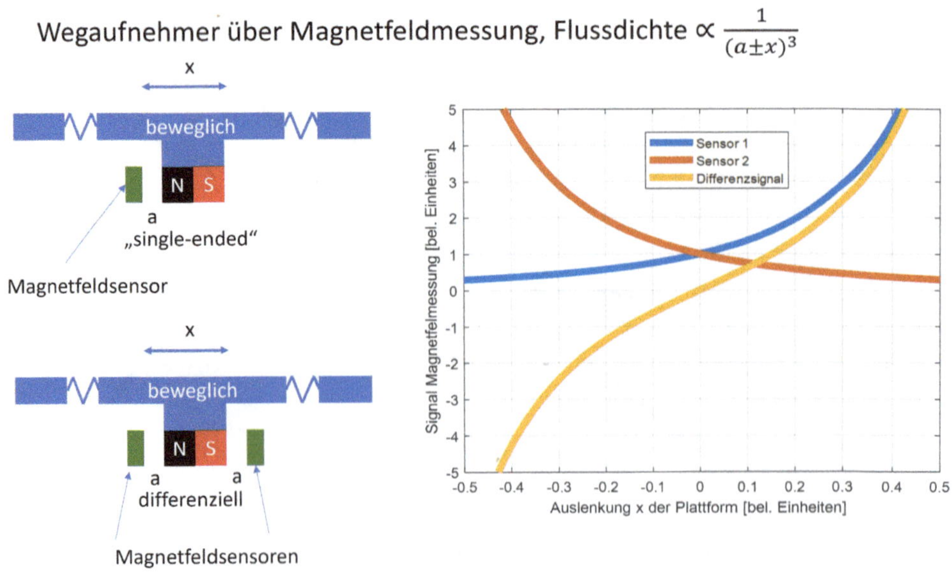

Abb. 2.4 Konzeptionelles Beispiel für eine differenzielle Messung, die eine verbesserte Linearität ermöglicht. Die beiden Magnetfeldsensoren, die über die Flussdichte den Abstand zum Permanentmagnet auf der beweglichen Plattform messen, haben jeweils eine stark nicht-lineare Kennlinie. Im Differenzsignal jedoch gleicht sich diese um die Ruhelager herum aus

2.2 Thermoresistive Sensorelemente

Grundsätzlich werden thermisch sensitive Widerstände in zwei Gruppen aufgeteilt. Je nach dem Vorzeichen der relativen Widerstandsänderung wird unterschieden zwischen

- **Kaltleitern** oder PTC-Widerständen (Positive Temperatur Coefficient) und
- **Heißleitern** oder NTC-Widerständen (Negative Temperature Coefficient).

2.2.1 PTC-Widerstände

Reine Metalle können als PTC-Widerstände verwendet werden. Die Ursache für Änderung des Widerstandes mit der Temperatur liegt bei Metallen in der mit der Temperatur abnehmenden Beweglichkeit der Ladungsträger. Durch eine zunehmende **Streuung an Gitterschwingungen** (Phononen) und **Störstellen** verkürzt sich die Zeit bis zum nächsten Zusammenstoß. Dies reduziert die **mittlere Driftgeschwindigkeit** und damit die Leitfähigkeit. Die relative lineare Widerstandsänderung mit der Temperatur α beträgt für Metalle typischerweise ca. $4 \cdot 10^{-3}\,1/\mathrm{K}$.

Für eine vollständige Beschreibung des Verhaltens über einen weiten Temperaturbereich muss die Abhängigkeit als Potenzreihe dargestellt werden. Sofern die Temperatur jedoch nicht weit von der Referenztemperatur T_0 entfernt ist oder die Genauigkeitsanforderungen begrenzt, ist für viele Anwendungen der lineare Term ausreichend:

$$R(T) = R_0(1 + \alpha(T - T_0) + \beta(T - T_0)^2 + ...) \tag{2.14}$$

In vielen industriellen Anwendungen kommen **Pt100** oder **Pt1000** Widerstände zum Einsatz ($\alpha = 3{,}85 \cdot 10^{-3}$ 1/K). Dabei steht Pt für das Element Platin und die nachfolgende Zahl für die Größe des Widerstands in Ohm bei der Referenztemperatur (0 °C). Diese Widerstände können sehr präzise hergestellt werden und zeichnen sich je nach Qualitätsstufe durch eine sehr geringe Streuung der Parameter aus. Das ermöglicht etwa ein leichtes Austauschen der Widerstände, ohne eine neue Kalibrierung durchführen zu müssen.

Auch **dotierte Halbleiter** können als PTC-Widerstände verwendet werden. Hier wird über die Störstellenkonzentration die Leitfähigkeit und deren Temperaturabhängigkeit nach Bedarf eingestellt. Sofern der zu messende Temperaturbereich innerhalb der sogenannten **Störstellen-Erschöpfung** (dies bedeutet, dass alle Donatoren ihre Elektronen abgegeben haben) liegt, bestimmt auch hier nur die Änderung der Beweglichkeit den Temperaturkoeffizienten. Der thermische Koeffizient des Widerstandes ist für solche Sensoren ungefähr eine Größenordnung größer als für reine Metalle. Allerdings ist auch die **intrinsische Nichtlinearität** mit der Temperatur größer. Ein Beispiel für diesen Sensortyp ist die KTY Reihe auf Basis von Silizium. Es existieren noch weitere PTC-Widerstände mit noch extremeren (stark nichtlinearen) Kennlinien wie Widerstände auf Basis von Bariumtitanat ($BaTiO_3$).

2.2.2 NTC-Widerstände

Das Verhalten von NTC-Widerständen ähnelt dem von reinen Halbleitermaterialien. Jedoch werden im technischen Umfeld Metalloxide (Mangan- und Nickeloxide) als thermische Widerstände verwendet. Der Ladungstransportmechanismus wird hier als *electron hopping* bezeichnet. Die Elektronen können sich nicht frei im Gitter bewegen, sondern „springen" jeweils zur nächsten freien Position. Die Sprungrate ist abhängig von der Aktivierungsenergie E_A und der Temperatur. Dies resultiert in einer typischen **Arrhenius-Abhängigkeit** in Form einer Exponentialfunktion:

$$R(T) = R_0 e^{B\left(\frac{1}{T} - \frac{1}{T_0}\right)} \tag{2.15}$$

Die Konstante B liegt meist im Bereich von 2000 K bis 5000 K. Diese lässt sich aufschlüsseln in $B = E_A/k_B$, wobei E_A für die Aktivierungsenergie der Störstelle und k_B für die Boltzmann-Konstante steht. In der konkreten Anwendung der Formel ist noch zu beachten, dass es sich bei T um die *absolute* Temperatur in Kelvin handelt. In Abb. 2.5 sind exemplarisch die drei genannten Typen von Temperaturwiderständen gegenübergestellt.

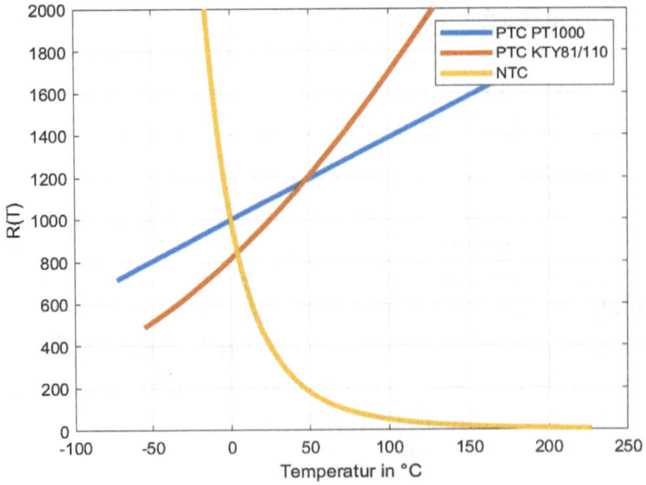

Abb. 2.5 Vergleich verschiedener temperaturabhängiger Widerstände (Daten für PTC-KTY 81/110 aus [4])

2.2.3 Ansprechzeit

Insbesondere für thermische Sensoren ist die Ansprechzeit eine zu beachtende Größe in der Anwendung. Wird der Temperatursensor (mit der Starttemperatur T_{ref}) in ein zu messendes Medium eingebracht, so kann das thermische Bild als **elektrisches Ersatzschaltbild** dargestellt werden (siehe auch Abschn. 1.4). Die Kopplung an die eigentlich zu messende Temperatur T_{mess} erfolgt über einen thermischen Widerstand R_{th}. Die Wärmekapazität C_{th} des Sensors selbst kann im Ersatzschaltbild als Kondensator modelliert werden. Die Antwort der Sensors auf eine sprunghafte Änderung der Temperatur ist daher

$$\Delta T(t) = \Delta T_{max}\left(1 - e^{-t/(R_{th}C_{th})}\right). \tag{2.16}$$

Dabei steht $\Delta_{max} = T_{mess} - T_{ref}$ für die Temperaturdifferenz zwischen Ausgangstemperatur des Sensors und Zieltemperatur. Aufgrund der unterschiedlichen thermischen Widerstände, kann für den gleichen Sensor eine deutlich unterschiedliche **Ansprechzeit** $\tau = R_{th}C_{th}$ entstehen. Je nachdem, ob der Sensor in Luft oder Flüssigkeiten eingebracht wird, oder direkt „hart“ an ein Messobjekt montiert wird. Häufig werden die Ansprechzeiten für typische Anwendungsfälle im Datenblatt angegeben. Je nach Bedingungen liegen diese Zeiten im Bereich von 0,1 s bis 10 s.

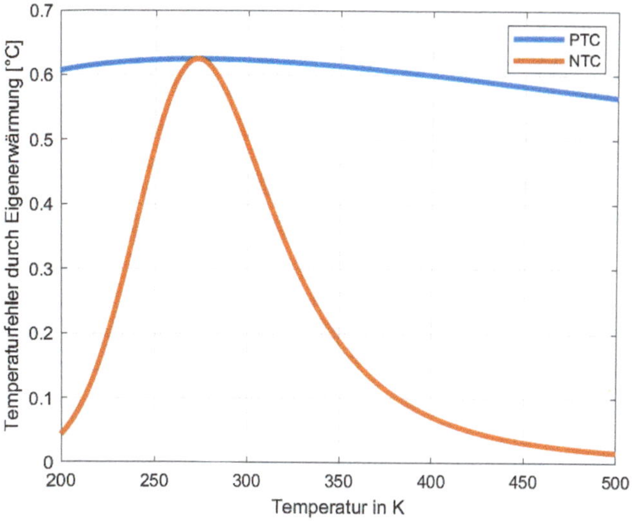

Abb. 2.6 Simulierte Selbsterwärmung für einen PTC- und NTC-Widerstand. Die thermische Anbindung beträgt in beiden Fällen $R_{th} = 100\,\mathrm{K/W}$

2.2.4 Selbsterwärmung

Ein weiterer für die Anwendung von Temperatursensoren relevanter Aspekt, insbesondere in Anwendungen mit einem hohen Genauigkeitsanspruch, ist die **Selbsterwärmung.** Offensichtlich nimmt auch der Messwiderstand Leistung in der Größe $P = U^2/R(T)$ auf. Damit wird der Sensor selbst zur Wärmequelle und verschiebt die zu messende Temperatur. In Datenblättern ist daher typischerweise ein Messstrom (meist 1 mA) angegeben, um den Effekt einzugrenzen. PTC- und NTC-Widerstände Verhalten sich hier unterschiedlich (siehe Abb. 2.6). Durch die Strombegrenzung bei niedrigen Temperaturen und dem niedrigen Widerstand bei hohen Temperaturen, entsteht im mittleren Bereich ein Maximum für die Selbsterwärmung. Da diese auch wieder vom Sensor ausgegeben wird, kann die Selbsterwärmung damit auch zu einem Linearitätsfehler führen.

2.3 Magnetoresistive Sensoren

Magnetoresistive (MR) Sensoren nutzen die Modulation der Leitfähigkeit eines Materials durch ein externes Magnetfeld aus. Im technischen Umfeld werden vor allem der *anisotrope* (AMR), *giant* (GMR) und *tunnel* magnetoresistive (TMR) Effekt ausgenutzt. Allgemein werden alle magnetoresistiven Effekte unter der Abkürzung XMR zusammengefasst. Das Magnetfeld ist anders als die Temperatur eine **vektorielle Größe.** Daher ist häufig nicht nur die absolute Stärke des Feldes von Interesse, sondern auch dessen **Orientierung.**

Durch geeignete Verschaltung und Kombination von magnetoresistiven Sensorelementen kann diese Information ebenfalls gewonnen werden. Sie werden daher häufig für die Messung von relativen Orientierungen eingesetzt (**Winkelsensor**).

2.3.1 AMR – Anisotropic Magneto Resistance

Der AMR-Effekt (**Anisotrope Magnetic Resistance**) wird in **ferromagnetischen Materialien** beobachtet. Die Ursache liegt in der Verzerrung der Atomorbitale der Hintergrundatome mit dem anliegenden Magnetfeld. Sehr vereinfacht kommt es zu einer Abweichung der Ladungsverteilung von der Kugelsymmetrie und damit einem richtungsabhängigen Streuquerschnitt für die Leitungselektronen (aufgrund der **Spin-Bahn-Wechselwirkung**). Der Streuquerschnitt beschreibt die Wahrscheinlichkeit für eine Ablenkung. Wird die Stromrichtung durch einen solchen Leiter vorgegeben (typischerweise wird **Permalloy** verwendet, eine Legierung aus 80 % Nickel und 20 % Eisen) und durch das externe Magnetfeld die relative Orientierung der Orbitale geändert, so ändert sich auch die Leitfähigkeit des Materials beziehungsweise der Widerstand des Leiterstücks. Die Abhängigkeit des spezifischen Widerstands ρ von der relativen Orientierung θ ist

$$\rho(\theta) = \rho_\perp + (\rho_\parallel - \rho_\perp)\cos^2\theta, \tag{2.17}$$

wobei $\rho_\perp$ und $\rho_\parallel$ die spezifischen Widerstände senkrecht und parallel zum Feld sind. Die Größe des AMR-Effekts durch den Winkel wird durch $\Delta\rho/\rho_\parallel = (\rho_\parallel - \rho_\perp)/\rho_\parallel)$ quantifiziert und liegt in der Größenordnung von wenigen Prozent. Wichtig ist hier noch, dass aufgrund der $\cos^2\theta$-Abhängigkeit der Widerstand bei paralleler oder anti-paralleler Orientierung identisch ist. Auch ist mit einem einzelnen Sensorelement nicht feststellbar, in welche Richtung die Verkippung stattgefunden hat.

In vielen Anwendungen für AMR-Sensoren ist jedoch die relative Orientierung des Feldes zur Stromrichtung oder der geometrischen Ausrichtung des Sensors von Interesse. Aus Abb. 2.7 ist ersichtlich, dass eine Abweichung des Winkels aus der parallelen Orientierung mit der Stromrichtung immer den gleichen Messeffekt haben würde, unabhängig davon in welche Richtung die Verkippung stattfindet. Dies kann vermieden werden, wenn statt des direkten Stromflusses eine sogenannte **Barber-Pole**-Struktur verwendet wird. Diese besteht aus mehreren leitfähigen (nicht magnetischen) Abschnitten, die unter 45° zur Orientierung des Sensors aufgebracht sind. Hierdurch wird der Strom abschnittsweise immer unter 45° durch den Leiter geführt, so dass der effektive Winkel zwischen Strom und magnetischer Orientierung um 45° moduliert wird, statt um 0° und damit ein Vorzeichenwechsel stattfindet. Allerdings beschränkt dies die Winkelmessung auf ±45°.

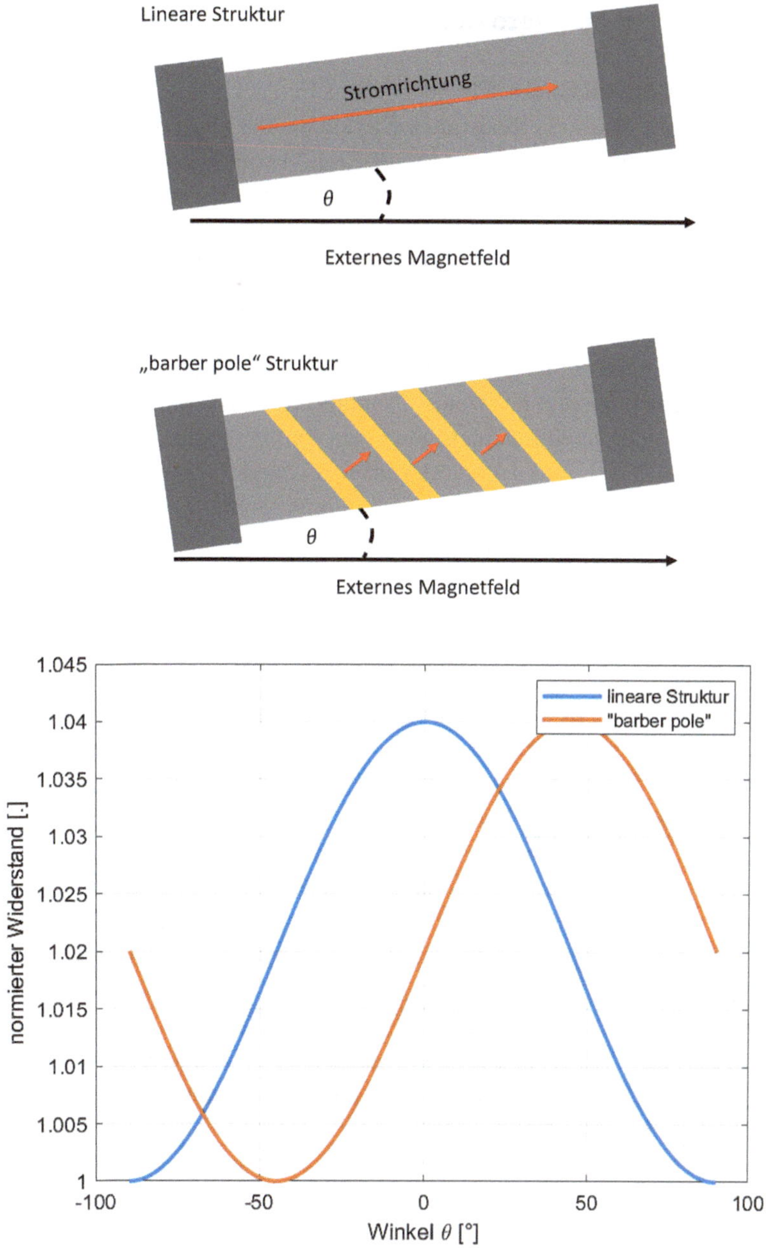

Abb. 2.7 Vergleich der beiden möglichen Ausführungen eines AMR-Sensorelementes. In einer linearen Struktur links oben ist die Richtung der Verkippung relativ zu den geometrischen Ausrichtung des Sensorelements nicht feststellbar. Mit einer barber pole Struktur wird der Strom immer unter einem Winkel zur Magnetisierungsrichtung durch die empfindliche Schicht geleitet und die Richtung der Verkippung aus der Ruhelage wird messbar

2.3.2 GMR – Giant Magneto Resistance

Eine für technische Anwendungen sehr bedeutsame Entdeckung war die des Riesenmagnetowiderstands **(Giant Magneto Resistance Effekt)** durch *Peter Grünberg* und *Albert Fert* (Nobelpreis 2007) [5–7]. Wie auch beim AMR-Effekt beruht dieser auf einem veränderten Streuquerschnitt für Elektronen in einem ferromagnetischen Material. Wichtig ist hier allerdings, dass es sich um einen Stapel aus (mindestens) **zwei ferromagnetischen Schichten** handelt, die durch eine **nicht-magnetische Zwischenschicht** getrennt sind. Das Prinzip wird in Abb. 2.8 dargestellt. Im einfachsten Fall besteht der Schichtstapel aus zwei magnetischen Schichten, die entweder parallel (links) oder antiparallel (rechts) ausgerichtet und durch eine dünne Schicht, die nicht-magnetische, aber elektrisch leitfähige ist, getrennt sind. Die Dicke der Trennschicht beträgt nur wenige Nanometer. Das Verhalten der Elektronen, die quer durch die Schichten geleitet werden, hängt nun von der relativen Orientierung des Spins der Elektronen ab. Hierfür wird der Gesamtstrom aus zwei Teilströmen mit der jeweiligen Orientierung betrachtet. Ist die Ausrichtung des Spins parallel zur magnetischen Ausrichtung der Schicht, so ist die Streuwahrscheinlichkeit geringer, während sie im antiparallelen Fall höher ist. Sind beide Schichten gleich ausgerichtet, ergibt sich für den einen Teilstrom in der Hintereinanderschaltung immer ein niedriger Widerstand. Dagegen entsteht für den anderen Teilstrom immer ein höherer Widerstand. Die Ursache für diesen Effekt liegt in der **unterschiedlichen Besetzungsdichte** der Elektronenzustände in den jeweiligen Schichten. Bei gleicher Ausrichtung, ist die Streuung der Leitungselektronen reduziert, da die möglichen Endzustände bereits besetzt sind. Ist die Ausrichtung unterschiedlich, so gibt es noch freie Plätze und die Streuung ist möglich. Im Wesentlichen steckt hier das **Pauli-Prinzip** dahinter, das jeweils nur ein Elektron (Fermion) pro Quantenzustand erlaubt. Insgesamt entsteht so für die beiden Orientierungen eine Parallelschaltung aus einem niedrigen Widerstand und einem hohen (Abb. 2.8 unten links). Der Gesamtwiderstand der Anordnung ist daher relativ gering. Für den Fall, dass die Schichten antiparallel magnetisiert sind, erfährt jeder Teilstrom (für die jeweilige Spin-Ausrichtung der Leitungselektronen) in einer Reihenschaltung einen hohen und niedrigen Widerstand. Der Gesamtwiderstand ist damit in diesem Fall höher als für die parallele Ausrichtung der Schichten.

Um einen Sensor zu erhalten, ist eine der magnetischen Schichten **hartmagnetisch mit fester Orientierung,** während die **zweite Schicht weichmagnetisch** ist und sich deren Ausrichtung durch ein externes Feld ändern lässt. Etwas anschaulicher ausgedrückt, entsteht eine Art Ventil **(Spin Valve),** das durch die Wahl der Orientierung der Schichten zueinander geöffnet und geschlossen werden kann. Die relative Widerstandsänderung erreicht beim GMR-Effekt Größenordnungen von bis zu 100 %.

Durch den großen Messeffekt konnten miniaturisierte Magnetfeldsensoren auf Basis des GMR-Effekts die **magnetischen Leseköpfe** in Festplatten deutlich verkleinern [8], die bis dahin auf dem AMR-Effekt basierten. Dies hatte einen deutlichen Anstieg der **Speicherdichte** zur Folge. Neben der Anwendung in Leseköpfen werden GMR-basierte Magnet-

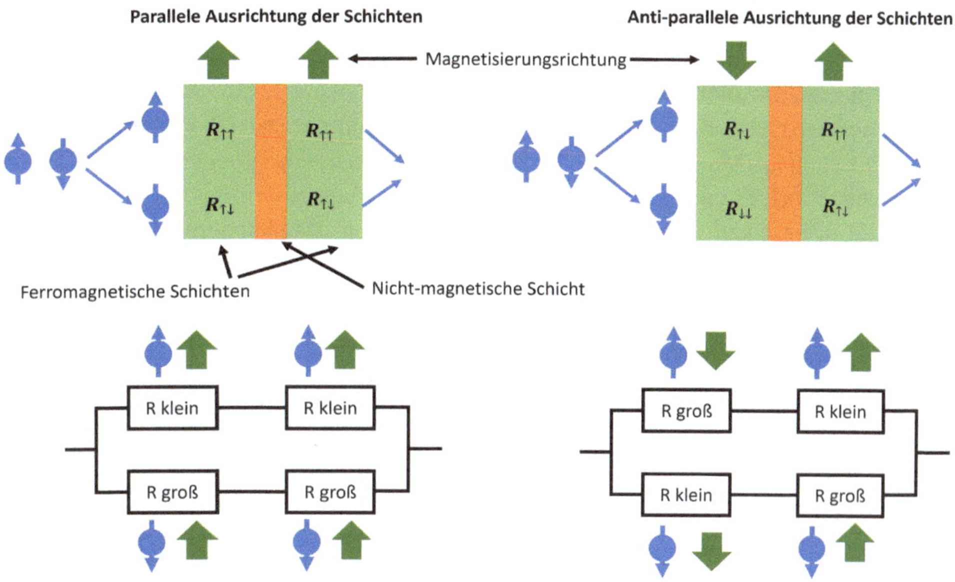

Abb. 2.8 GMR-Effekt: die Streuwahrscheinlichkeit der Elektronen in dünnen magnetischen Schichten hängt von der relativen Orientierung der Magnetisierungsrichtung ab. Die beiden Orientierungen können als Teilströme betrachtet werden, die unterschiedliche Zweige in einer Parallelschaltung nehmen. Der Gesamtwiderstand hängt schließlich davon ab, ob die Schichten parallel oder anti-parallel orientiert sind

feldsensoren auch in vielfältigen weiteren Anwendungen der Automobil- und Consumer-Elektronik eingesetzt.

2.3.3 TMR – Tunnel Magneto Resistance

Auch wenn der GMR-Effekt die frühere technische Nutzung erfahren hat, wurde der TMR-Effekt (**Tunnel Magneto Resistance**) bereits früher entdeckt[9]. Der Aufbau eines TMR-Sensorelementes ähnelt zunächst einem auf dem GMR-Effekt basierenden Element: **Zwei ferromagnetische** Schichten sind durch eine weitere Schicht getrennt. Eine der ferromagnetischen Schichten ist dabei wieder fixiert in der magnetischen Orientierung, während die andere durch das äußere Feld verändert werden kann. Der wesentliche Unterschied ist nun, dass die **trennende Schicht** zwar ebenfalls sehr dünn, aber zusätzlich **elektrisch isolierend** ist. Aufgrund des quantenmechanischen **Tunneleffekts** können Elektronen diese Barriere aber trotzdem mit einer gewissen Wahrscheinlichkeit überwinden. Ohne äußere Spannung ist die Tunnelrate (die Wahrscheinlichkeit für einen Übertritt auf die andere Seite) in beide Richtungen zunächst gleich. Wird eine Spannung über den Schichtstapel angelegt, so entsteht eine bevorzugte Transportrichtung für die Elektronen. Die Wahrscheinlichkeit für einen

Tunnelprozess ist jedoch weiterhin abhängig von der relativen Orientierung der Magnetisierungen der Schichten und der Ausrichtung der Spins der Elektronen (Abb. 2.9). Sind beide Schichten **parallel** ausgerichtet, so finden Elektronen mit gegebener Spinausrichtung auf der anderen Seite viele **energetisch passende Zustände.** Der Übergang in Richtung des elektrisch niedrigeren Potenzials ist in diesem Fall energetisch begünstigt. Müssen die Elektronen jedoch in eine Schicht mit **antiparalleler** Magnetisierungsrichtung eintreten, so ist dies insbesondere für die ursprünglich parallel zur Magnetisierung ausgerichteten Mehrheitsspin-Elektronen ungünstig: In der zweiten Schicht gehören sie nun zur Minderheit und es stehen weniger Zustände zur Verfügung. Dadurch wird die Tunnelwahrscheinlichkeit für diese Spin-Ausrichtung deutlich reduziert. Die ursprünglich antiparallel ausgerichteten Elektronen (Minderheitsspin) erfahren zwar keinen zusätzlichen energetischen Nachteil, waren aber bereits zuvor in der Minorität, sodass selbst bei erhöhter individueller Tunnelwahrscheinlichkeit nur wenige Elektronen tunneln. Insgesamt ergibt sich damit ein **höherer Widerstand** bei antiparalleler als bei paralleler Orientierung.

Heute finden sich Magnetfeldsensoren auf Basis des TMR-Effekts in vielen Anwendungen und verdrängen zunehmend Sensoren, die auf dem AMR- oder GMR-Effekt beruhen.

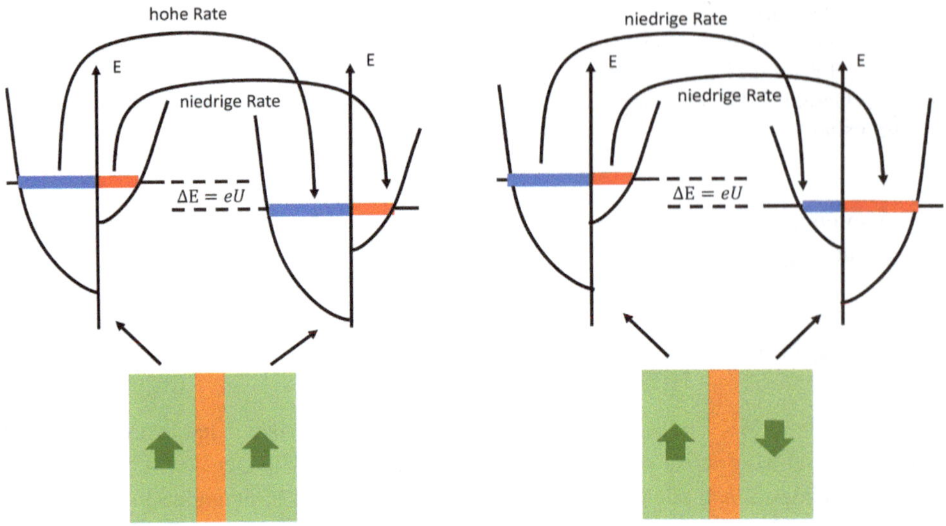

Abb. 2.9 TMR-Mechanismus: Die Diagramme stellen die Dichte der Elektronenzustände *(Density Of States, DOS)* für die jeweilige magnetische Orientierung der verschiedenen Schichten dar. Relevant für die Tunnelwahrscheinlichkeit ist die Dichte der Zustände an der Fermi-Grenze höchster besetzter Zustand. Ist die Orientierung in beiden Schichten gleich, so ändert sich die Dichte nicht. Ist die Orientierung ungleich, fehlen Zustände für die Elektronen, deren Spins zuvor parallel zur Magnetisierung waren. Für die zuvor antiparallele Ausrichtung sind nun zwar mehr Zustände vorhanden, aber es gibt in der Ausgangsschicht nur wenige Elektronen mit Spins in der passenden Ausrichtung

2.4 Piezoresistive Sensorelemente

Der **piezoresistive Effekt** basiert auf der Veränderlichkeit des Widerstands aufgrund **Zug- oder Druckstress** oder genauer der Dehnung und Stauchung des Leiters. Die relative Widerstandsänderung $\Delta R/R = \alpha$ wird dann durch

$$\alpha = \frac{\Delta R}{R} = k\varepsilon \tag{2.18}$$

beschrieben, wobei die Dehnung als $\varepsilon = \Delta l/l$ definiert ist. k ist eine Konstante für den jeweiligen Leitertyp und skaliert die Stärke des Effekts. Im Wesentlichen sind bei der Piezoresistivität **zwei verschiedene Mechanismen** zu unterscheiden. Diese lassen sich direkt an der Formel für den Widerstand eines Leiters ablesen. Diese ist

$$R = \frac{1}{\sigma}\frac{l}{A} = \frac{1}{\sigma}\frac{l}{bd}. \tag{2.19}$$

Dabei steht σ für die spezifische Leitfähigkeit des Materials und l und $A = bd$ für die Länge und Querschnittsfläche des Leiters mit Breite b und Dicke d. Zunächst kann allein die **geometrische Veränderung** des Leiterquerschnitts und der Leiterlänge eine Variation des Widerstands bewirken. Wird der Leiter gedehnt (l größer), nimmt bei Querkontraktion des Materials gleichzeitig auch der Querschnitt A ab und der Widerstand nimmt zu (siehe Abb. 2.10). Dies ist im Wesentlichen bereits qualitativ der Mechanismus in **Dehnmessstreifen.**

Ein alternativer Weg, um den Widerstand zu modifizieren, ist die Veränderung der **spezifischen Leitfähigkeit** σ des Materials. Dieser Effekt trägt wesentlich zur Piezoresistivität von (dotierten) Halbleitern bei.

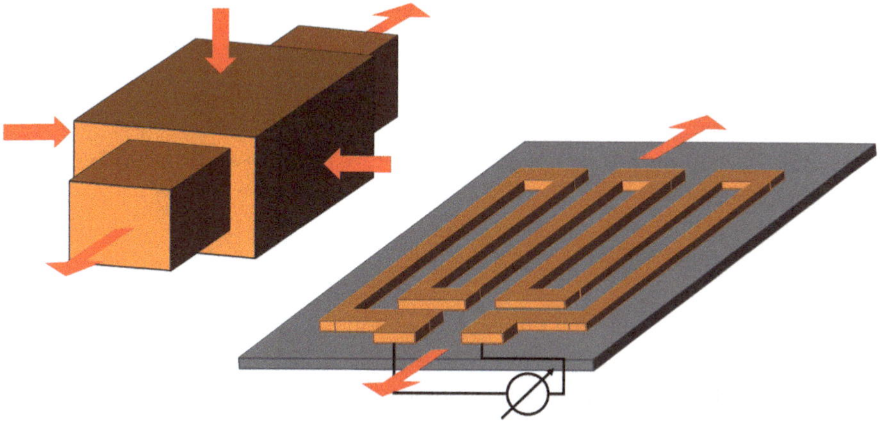

Abb. 2.10 Links: Querkontraktion bei Zugbelastung, rechts: praktische Umsetzung als Dehnmessstreifen. Der Leiter wird in Mäandern auf eine Trägerschicht aufgebracht und kontaktiert

Zuerst soll die Abhängigkeit des Widerstands aufgrund der geometrischen Variation der Leiterdimensionen näher untersucht werden. Dieser Effekt dominiert für metallische Leitermaterialien. Ausgangspunkt hierfür ist Gl. (2.19). Um den Einfluss von geometrischen Veränderungen zu untersuchen, wird das **totale Differenzial** von (2.19) gebildet:

$$\frac{\Delta R}{R} = \frac{\Delta\rho}{\rho} + \frac{\Delta l}{l} - \frac{\Delta b}{b} - \frac{\Delta d}{d} \tag{2.20}$$

mit

$$\frac{\Delta V}{V} = \frac{\Delta l}{l} + \frac{\Delta b}{b} + \frac{\Delta d}{d} \tag{2.21}$$

ergibt sich

$$\frac{\Delta R}{R} = \frac{\Delta\rho}{\rho} + 2\frac{\Delta l}{l} - \frac{\Delta V}{V} = \frac{\Delta\rho}{\rho} + 2\varepsilon - \frac{\Delta V}{V}. \tag{2.22}$$

Der spezifische Widerstand ρ in Metallen ist gegeben durch (μ: Beweglichkeit der Ladungsträger, n: Dichte der Ladungsträger, N: Absolute Anzahl der Ladungsträger)

$$\rho = \frac{1}{nq\mu} = \frac{1}{q}\frac{V}{N\mu} \tag{2.23}$$

dessen totales Differenzial ist gegeben durch

$$\frac{\Delta\rho}{\rho} = \frac{\Delta V}{V} - \frac{\Delta(N\mu)}{N\mu} \tag{2.24}$$

Damit ergibt sich zusammen mit (2.22)

$$\frac{\Delta R}{R} = 2\varepsilon - \frac{\Delta(N\mu)}{N\mu} \tag{2.25}$$

Für Metalle ist die Anzahl N und Beweglichkeit μ der Ladungsträger weitgehend unabhängig von einer Stressbelastung des Materials. Damit ergibt sich im Vergleich mit (2.18) für metallische Materialien

$$k \approx 2 \tag{2.26}$$

Für bestimmte Legierungen kann k aber auch höhere Werte bis ≈ 6 (PtIr, 90 % Platin, 10 % Iridium) einnehmen.

2.4.1 Dehnmessstreifen

Dehnmessstreifen werden in vielfältigen Anwendungen, in denen Zug, Druck oder Torsion gemessen werden soll, eingesetzt. Dabei sind diese mechanischen Belastungen häufig nicht die eigentlich interessierende Größe, sondern die Ursache der Verformungen. Zum Beispiel kann die Verformung eines Bauteils unter Last festgestellt werden und damit ein Rückschluss auf die anliegende Kraft getroffen werden. So entstehen **Kraft- oder Drehmomentsensoren.** In der praktischen Umsetzung bestehen Dehnmessstreifen aus einer dünnen, in Mäanderform strukturierten, **Metallstruktur** mit nur wenigen Mikrometer Dicke. Diese ist auf einem **Kunststoffträger** mit ca. 50 µm Dicke aufgebracht und mit zwei Anschlüssen versehen. Die Dehnung ε wird in diesem Zusammenhang häufig in **μstrain** („micro-strain") angegeben, wobei 1 μstrain einer Dehnung $\Delta l/l$ von $1 \cdot 10^{-6}$ entspricht. Ein typischer Messbereich liegt in der Größenordnung bis 1000 μstrain.

Werden vier solche Widerstandselemente in geeigneter Weise auf einen Träger aufgeklebt, so können diese als Vollbrücke verwendet werden.

Beispiel: Biegebalken mit Dehnmessstreifen und Vollbrücke

Eine typischen Anwendung ist schematisch in Abb. 2.11 dargestellt. Wird der dargestellte **Biegebalken** am freien Ende belastet, so dehnt sich die Oberseite des Balkens, während die untere Seite gestaucht wird. Für die Berechnung des Signals aus der Brückenschaltung in Abhängigkeit der anliegenden Kraft, muss eine Beziehung zwischen der Dehnung und der anliegenden Kraft aufgestellt werden. Hierfür wird zunächst das Biegemoment M berechnet:

$$M = FL \tag{2.27}$$

Der Zusammenhang mit der Spannung σ in der außen liegenden Faser ist aus der technischen Mechanik über

$$\sigma = \frac{M}{W} \tag{2.28}$$

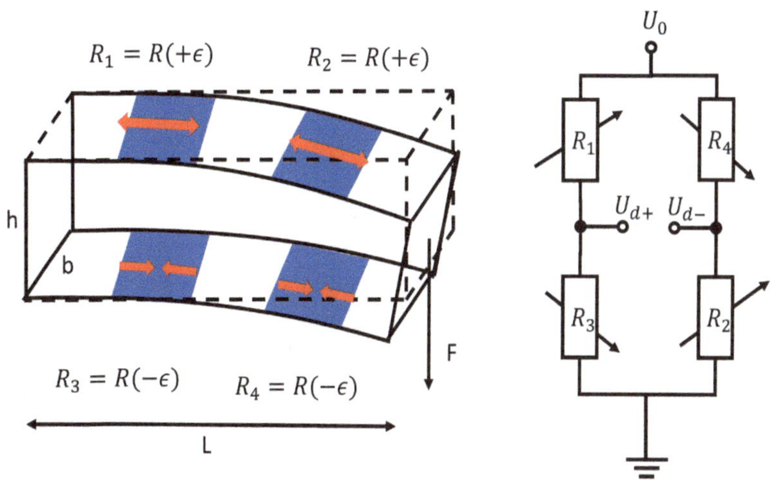

Abb. 2.11 Typischer Anwendungsfall für eine Messbrücke aus Dehnmessstreifen. R_1 und R_2 werden durch die Biegung des Balkens gedehnt und nehmen im Wert zu, während R_3 und R_4 gestaucht werden und im Wert abnehmen. Geeignet verschaltet ergibt sich eine Vollbrücke, die ein der Dehnung proportionales Signal ausgibt

gegeben, wobei W das Widerstandsmoment des Balkens ist. Dieses ist von der Geometrie des Balkens abhängig und kann aus einer Formelsammlung der technischen Mechanik entnommen werden [10]. Für einen rechteckigen Querschnitt gilt

$$W = \frac{bh^2}{6} \tag{2.29}$$

Zusätzlich gilt allgemein für den Zusammenhang zwischen Spannung σ und der Dehnung ε

$$\sigma = \varepsilon E \tag{2.30}$$

Damit lässt sich insgesamt unter Verwendung von (2.4) und $k = 2$ die Ausgangsspannung an der Vollbrücke zu

$$\Delta U = U_0 k\varepsilon = \frac{12}{E} U_0 \frac{FL}{bh^2} \tag{2.31}$$

berechnen.

Die Funktionsweise eines Kraftsensors auf Basis von Dehnmessstreifen verdeutlicht auch, wie erst mehrere Umformungen der eigentlichen physikalischen Größe (Kraft) zum Ausgangssignal (Spannung) führen:

- Die Last verformt den Balken, der individuelle Parameter (Elastizitätsmodul und dessen Temperaturgang) besitzt.
- Die Klebung und die Trägerfolie hat elastische Eigenschaften, die die Kopplung zwischen Dehnung des Balkens und Dehnung des Leiters vermitteln.
- Erst im letzten Schritt wird die Dehnung des Leiters in eine Widerstandsänderung und Spannungsänderung übersetzt.

2.4.2 Piezoresistiver Effekt in Halbleitern

Die im vorigen Abschnitt beschriebene Änderung des Widerstands eines metallischen Leiters durch mechanische Verformung ist ebenso in **Halbleitern** vorhanden. Allerdings ist hier die zuvor vernachlässigte Änderung der **Anzahl der Ladungsträger und deren Beweglichkeit** von deutlich größerem Einfluss, so dass für Halbleiter angenommen werden kann:

$$\frac{\Delta R}{R} = \frac{\Delta \rho}{\rho} \tag{2.32}$$

Die Ursache für die starke Änderung der Ladungsträgerdichte, insbesondere in **dotierten Halbleitern,** liegt in der geringen Bindungsenergie der Elektronen und Löchern. Diese werden durch geeignete Dotierstoffe eingebracht. Grundsätzlich tragen diese schon aufgrund der thermischen Anregung zur Leitfähigkeit bei. Wenn allerdings durch Zug oder Druck das Kristallgitter leicht deformiert wird, so ändern sich auch die Bindungsenergien dieser elektronischen Zustände und Ladungsträger werden noch leichter freigesetzt oder fester gebunden. Der Effekt ist insbesondere ausgeprägt bei mittleren bis kleineren Dotierstoff-Konzentrationen. Für hohe Dotierungen nähert sich das Verhalten wieder dem von Metallen an.

Sensoren, die auf dem piezoresistiven Effekt in Halbleitern basieren, nutzen meist zusätzlich noch die Richtungsabhängigkeit in Kristallen aus. Allgemein ist der Zusammenhang zwischen Stromdichte **j** und elektrischem Feld **E** durch den **Tensor der spezifischen Leitfähigkeit** verknüpft:

$$\begin{pmatrix} j_1 \\ j_2 \\ j_3 \end{pmatrix} = \begin{pmatrix} \rho_1 & \rho_6 & \rho_5 \\ \rho_6 & \rho_2 & \rho_4 \\ \rho_5 & \rho_4 & \rho_3 \end{pmatrix} \begin{pmatrix} E_1 \\ E_2 \\ E_3 \end{pmatrix}. \tag{2.33}$$

Dafür wird ausgenutzt, dass die spezifischen Widerstände nicht vom Vorzeichen des E-Feldes abhängt. Die Vektoren sind entlang der Hauptachsen des Kristalls orientiert. Für einen kubischen Kristall sind die $\rho_{1,2,3} = \rho$ und $\rho_{4,5,6} = 0$. Durch eine Zug- oder Druckspannung werden die einzelnen Einträge verändert:

$$\begin{pmatrix} \rho_1 \\ \rho_2 \\ \rho_3 \\ \rho_4 \\ \rho_5 \\ \rho_6 \end{pmatrix} = \begin{pmatrix} \rho \\ \rho \\ \rho \\ 0 \\ 0 \\ 0 \end{pmatrix} + \begin{pmatrix} \Delta\rho_1 \\ \Delta\rho_2 \\ \Delta\rho_3 \\ \Delta\rho_4 \\ \Delta\rho_5 \\ \Delta\rho_6 \end{pmatrix} \tag{2.34}$$

Für diese Darstellung wurde die sogenannte **Voigtsche Notation** verwendet. Die Änderung des spezifischen Widerstands mit den Normalspannungen $\sigma_{1,2,3}$ und den Scherspannungen $\sigma_{4,5,6}$, ist durch

$$\frac{1}{\rho} = \begin{pmatrix} \Delta\rho_1 \\ \Delta\rho_2 \\ \Delta\rho_3 \\ \Delta\rho_4 \\ \Delta\rho_5 \\ \Delta\rho_6 \end{pmatrix} = \begin{pmatrix} \pi_{11} & \pi_{12} & \pi_{12} & 0 & 0 & 0 \\ \pi_{12} & \pi_{11} & \pi_{12} & 0 & 0 & 0 \\ \pi_{12} & \pi_{12} & \pi_{11} & 0 & 0 & 0 \\ 0 & 0 & 0 & \pi_{44} & 0 & 0 \\ 0 & 0 & 0 & 0 & \pi_{44} & 0 \\ 0 & 0 & 0 & 0 & 0 & \pi_{44} \end{pmatrix} \tag{2.35}$$

gegeben. Die π_{ij} sind die **piezoresistiven Koeffizienten** und hängen sowohl von der **Dotierstoffkonzentration** als auch der Temperatur ab. Tab. 2.1 gibt einen Überblick über die typischen Wertebereiche. Offensichtlich kann die Änderung des spezifischen Widerstands stark von der Ausrichtung der Spannungen und der Richtung der Auswertung abhängen. Um ein nutzbares Sensorelement zu erhalten, möchte man erreichen, dass die Widerstände mit einer Vollbrücke ausgewertet werden können. Dafür werden Widerstände benötigt, die sich mit dem physikalischen Effekt vergrößern als auch verkleinern können. Dies ist durch eine geeignete Ausrichtung der Widerstandsbahnen relativ zu den **Kristallachsen** möglich. Für Silizium ist dies möglich, wenn der Widerstand entlang einer geeigneten Richtung im Kristall

Tab. 2.1 Piezoresistive Koeffizienten für p- und n-dotiertes Silizium (entnommen aus [11])

Material	Störstellenkonzentration (cm^{-3})	Spezifischer Widerstand (Ωcm)	Piezoresistive Koeffizienten ($10^{-11}\,m^2 N^{-1}$)		
			π_{11}	π_{12}	π_{44}
p-Silizium	$1{,}8 \cdot 10^{14}$	7,8	6,6	−1,1	138,1
n-Silizium	$6 \cdot 10^{14}$	11,7	−102,2	53,4	−13,6

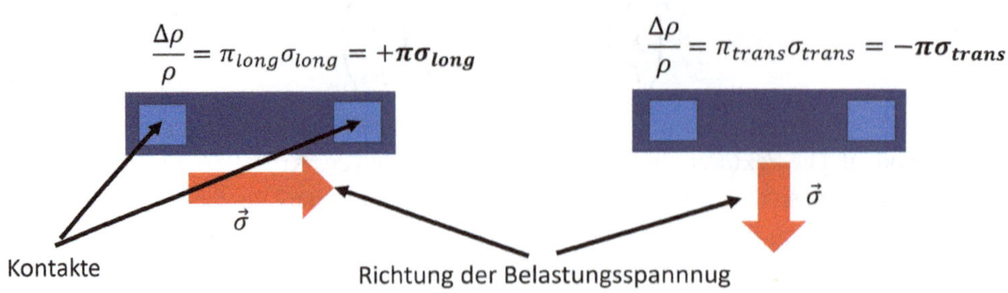

Abb. 2.12 Belastungsschema der piezoresistiven Widerstände

orientiert ist (kristallographische [110]-Richtung, [11]). In diesem Fall gilt für die Belastung des Widerstands in longitudinaler und transversaler Richtung

$$
\begin{aligned}
\pi_{long} &= \frac{1}{2}(\pi_{11} + \pi_{12} + \pi_{44}) \\
\pi_{trans} &= \frac{1}{2}(\pi_{11} + \pi_{12} - \pi_{44})
\end{aligned}
\quad (2.36)
$$

Insbesondere gilt in diesem Fall mit den Zahlenwerten für Silizium $\pi_{long} \approx -\pi_{trans}$ (siehe Abb. 2.12).

Ein typischer Anwendungsfall für diese Art von Widerstandskombination ist ein **Drucksensor.** Die Widerstände werden dafür auf einer Membran platziert und so ausgerichtet, das je zwei Widerstände bei einer zentralen Belastung durch einen externen Druck transversal oder longitudinal belastet werden (Abb. 2.13). Durch geeignete Verschaltung ergibt sich eine Vollbrücke. Weitere Details zur Umsetzung von Drucksensoren finden sich in Abschn. 5.1.

2.4.3 Kraftsensitiver Widerstand

Ein Spezialfall für Widerstände, die durch Krafteinwirkung moduliert werden, sind **Force Sensing Resistors** (FSR). Während für zuvor beschriebenen Widerstände entweder die Leitfähigkeit oder die Geometrie geändert wurde, wird in diesem Fall die Anzahl der Widerstände verändert, die parallel geschaltet sind. Praktisch umgesetzt wird der Effekt mit einem Auf-

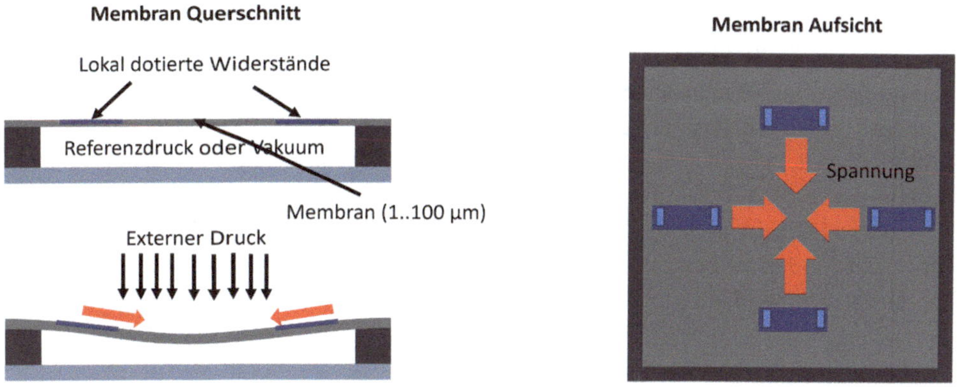

Abb. 2.13 Prinzip eines Drucksensors auf der Basis von piezoresistiven Widerständen

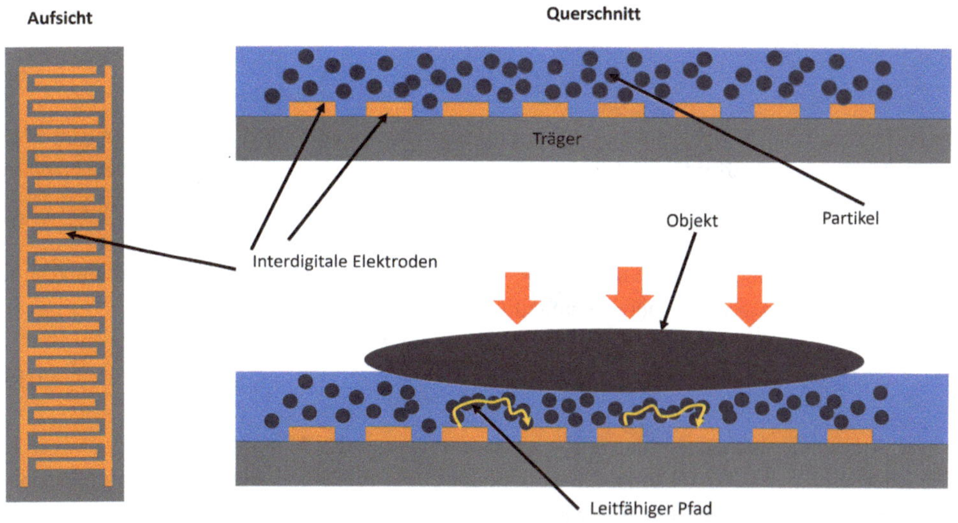

Abb. 2.14 Schematischer Aufbau eines kraftsensitiven Widerstands. Auf einem Träger sind interdigitale Elektroden angeordnet (links) auf denen eine Paste aufgebracht ist (rechts oben). Wirkt durch ein Objekt (Hand, Finger, Eingabestift) eine Kraft auf den Aufbau ein, so schließen die leitfähigen Partikel die Elektroden kurz und ein Strom kann fließen. Je mehr Druck ausgeübt wird, desto mehr leitfähige Pfade entstehen

bau wie in Abb. 2.14 dargestellt. Auf einem Träger sind zwei Leiterbahnen aufgebracht, die in einer **Kammstruktur** enden und wechselseitig ineinander greifen. Über den Elektroden befindet sich eine Schicht aus einer leitfähigen Polymerpaste. Diese erhält ihre Leitfähigkeit aus den darin verteilten Partikeln, die **zufällige Strompfade** durch das Material ermöglichen. Nach oben ist der Aufbau mit einer Folie verschlossen. Wird das Material zusammengedrückt, so bilden sich weitere leitfähige Pfade aus. Und zwar um so mehr, je mehr Druck auf die Fläche darüber aufgebracht wird. Der Widerstand zwischen den Elektroden wird damit typischerweise im Bereich von kΩ bis MΩ variiert. Aufgrund der statistischen Natur des Vorgangs, zeigen diese Widerstände eine eher hohe Variation in der Empfindlichkeit. Daher sind sie für präzise Messungen nur bedingt geeignet. Die Abhängigkeit des Widerstands bzw. des Leitwerts von der angelegten Kraft ist nur näherungsweise linear $R \propto^{-\gamma}$, mit einem Koeffizienten γ in der Nähe von 1. Auch zeigen sie eine gewisse **Hysterese,** da die Paste aufgrund der inneren Fließeigenschaften nicht sofort wieder in den Ausgangszustand zurück geht. Verwendet werden sie beispielsweise für einfachere Mensch-Maschine-Interfaces (Tasten, Touchpads oder ähnliches).

2.5 Kapazitive Sensorelemente

Ausgangspunkt für die Umsetzung eines kapazitiven Sensors ist die Kapazität eines **Plattenkondensators:**

$$C = \varepsilon_0 \varepsilon_r \frac{A}{d} \tag{2.37}$$

Je nach gesuchter physikalischen Größe wird der Messeffekt durch die Variation des Plattenabstands d, der (effektiven) Fläche A oder auch der relativen Permittivität ε_r erreicht. Abb. 2.15 und 2.16 zeigt eine Übersicht der grundlegenden Konzepte, die in kapazitiven Sensoren verwendet werden.

Eine Variation der Überdeckungsfläche $A = b\,(l_0 + x)$ mit der Auslenkung x führt damit zu einer Änderung der messbaren Kapazität nach

$$C(x) = \varepsilon_0 \frac{b(l_0 + x)}{d} \tag{2.38}$$

Diese Art der Geometrie ist allerdings nur sinnvoll, wenn der Abstand d deutlich kleiner als die Überlapplänge l_0 ist, da sonst die Randfelder einen zu großen Anteil an der gemessenen Kapazität besitzen. In diesem Fall wäre die Formel so nicht anwendbar. Alternativ ist eine Variation des Abstands der Platten mit z aus der Ruhelage möglich:

$$C(x) = \varepsilon_0 \frac{A}{d + z} \tag{2.39}$$

Diese **single-ended** Auswertung kommt aber aufgrund der deutlichen Nichtlinearität eher seltener zum Einsatz. Eine **differenzielle Auswertung** ist deutlich vorteilhafter (siehe auch Abschn. 2.1.4). Häufig wird daher ein Ansatz wie in Abb. 2.15 (rechts) gewählt. Hier bewegt sich die mittlere Elektrode zwischen zwei Festelektroden. Damit sind die Kapazitäten ober- und unterhalb durch die direkte mechanische Kopplung fest zueinander korreliert und eine Messung der Differenzkapazität ist für eine Auslenkung aus der Mittellage näherungsweise linear:

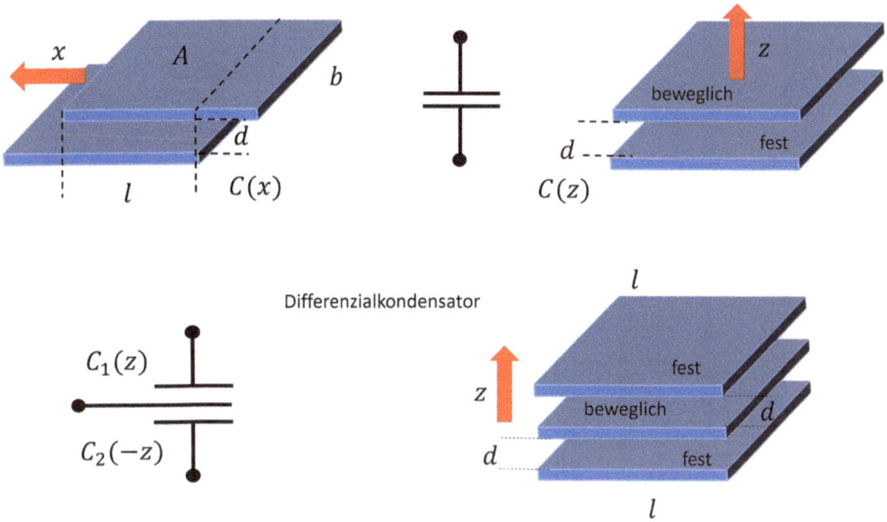

Abb. 2.15 Schematische kapazitive Sensorelemente, die durch eine Variation der geometrischen Abmessungen eines Plattenkondensators eine Abstandsmessung ermöglichen

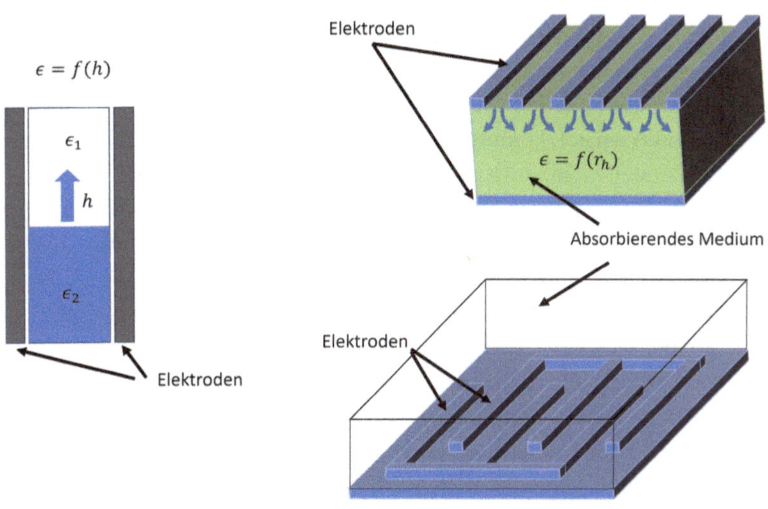

Abb. 2.16 Schematische kapazitive Sensorelemente deren Messeffekt auf einer Variation der wirksamen relativen Permittivität beruht

$$\Delta C(z) = C_1(z) - C_2(-z) = \varepsilon_0 A \left(\frac{1}{d-z} - \frac{1}{d+z}\right) \approx \varepsilon_0 \frac{A}{d^2} z. \tag{2.40}$$

Im Idealfall kann durch eine geeignete Auswerteschaltung oder Verarbeitung der Messwerte die Größe

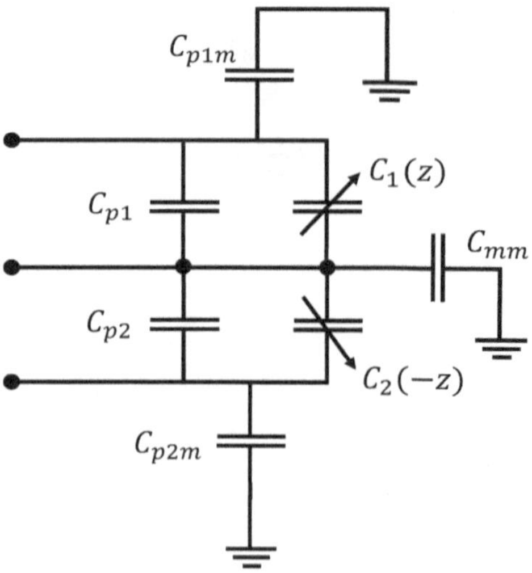

Abb. 2.17 Ersatzschaltbild eines Sensors mit Differenzialkapazität und parasitären Kapazitäten

$$\frac{\Delta C}{\Sigma C} = \frac{C_1 - C_2}{C_1 + C_2} = \frac{z}{d} \tag{2.41}$$

bestimmt werden. Diese ist nur von der relativen Auslenkung z/d abhängig. In der praktischen Umsetzung muss oft noch berücksichtigt werden, dass nicht alle Kapazitäten durch den Messeffekt verändert werden **(parasitäre Kapazitäten).** Dies betrifft die Zuleitungen. Treten hier **Asymmetrien** auf, kommt es zusätzlich zu Offsets, da sich im nicht-ausgelenkten Zustand die Kapazitäten nicht vollständig kompensieren (siehe Abb. 2.17).

Die beschriebenen kapazitiven Sensorelemente kommen insbesondere in mikromechanischen Inertialsensoren (Beschleunigungs- und Drehratesensoren) zum Einsatz (Kap. 4), aber auch in Drucksensoren (Abschn. 5.1).

Die Ankopplung der zu messenden Größe über die **relative Permittivität** ε_r ermöglicht verschiedene Mediensensoren. Als Beispiel soll hier ein Füllstandsensor und Luftfeuchtesensor gezeigt werden. Beide Sensorprinzipien beruhen darauf, dass das die relative Permittivität zwischen einer fest montierten Elektrodengeometrie verändert wird. Im Fall des Füllstandsensors kann der Kondensator in zwei parallel geschaltete Kapazitäten aufgeteilt werden. Beide haben unterschiedliche Permittivität und Plattenfläche (b: Breite, H: Höhe, h: Füllhöhe):

$$C_{gesamt} = C_{luft} + C_{liq} = \varepsilon_0 \frac{b(H-h)}{d} + \varepsilon_r \varepsilon_0 \frac{b(h)}{d} \tag{2.42}$$

Durch die für viele Stoffe stark unterschiedliche relative Permittivität, ändert sich damit die gemessene Kapazität deutlich mit der Füllhöhe.

Ein Luftfeuchtesensor hingegen besteht aus einem zwischen den Elektroden platzierten Medium, das in der Lage ist Feuchtigkeit zu absorbieren. Dieses wird der Umgebungsluft ausgesetzt und nimmt langsam Feuchtigkeit auf oder gibt sie ab bis sich ein Gleichgewicht eingestellt hat. Mit der aufgenommenen Wassermenge ändert sich die wirksame relative Permittivität zwischen den Elektroden.

2.6 Piezo- und pyroelektrische Sensorelemente

Piezo- und Pyroelektrizität sind zwei verwandte Effekte in der Festkörperphysik, die in einer bestimmten Gruppe von Kristallen auftreten können.

2.6.1 Piezoelektrische Sensorelemente

Der **piezoelektrische Effekt** beruht auf der Verschiebung von **Ladungsschwerpunkten** in Kristallen mit einer **polaren Achse.** Das bedeutet, dass der Kristall entlang dieser Achse nicht symmetrisch ist und nicht durch Umdrehen oder Spiegeln wieder auf sich selbst zurückgeführt werden kann. Er besitzt keine **Inversionssymmetrie.** Schematisch sind die Verhältnisse in Abb. 2.18 dargestellt. Wird der Kristall an der Horizontalen gespiegelt, entsteht nicht wieder das gleiche Bild. Wird auf den Kristall entlang der polaren Achse eine Kraft ausgeübt und der Kristall gestaucht (um $\epsilon = \Delta z/z$), so verschieben sich die Schwerpunkte der positiven und negativen Ladungen zueinander. Hierdurch entsteht ein elektrisches Feld $E = \alpha \Delta s/s$ oder eine Spannung $U = \alpha \Delta s$. α ist eine freie Proportionalitätskonstante. Wird der Kristall mit zwei Kontakten versehen, so kann dieser als Plattenkondensator aufgefasst werden mit $C = \epsilon_0 \epsilon_r A/s$. Schließlich kann noch mit Berücksichtigung des **Hookeschen**-Gesetzes $\Delta s/s = F/(EA)$ (F: Kraft auf die Fläche A, mit dem Elastizitätsmodul E des Kristallmaterials) ein Zusammenhang zwischen der Kraft und der induzierten Ladung aufgestellt werden:

$$Q = CU = \epsilon_0 \epsilon_r \frac{A}{s} U = \epsilon_0 \epsilon_r \frac{A}{s} \alpha \frac{F}{AE} s = dF. \tag{2.43}$$

Wobei in d sämtliche Eigenschaften (mechanisch und elektrisch) des Kristalls zusammengefasst sind. d wird als **piezoelektrischer Koeffizient** bezeichnet. Tatsächlich tritt der piezoelektrische Effekt auch unter verschiedenen Kraftrichtungen auf. Im Allgemeinen muss daher zwischen den Richtungen der Kraftaufnahme und der Elektrodenflächen unterschieden werden. d_{33} bezeichnet den Koeffizienten für eine Kraft in Richtung 3 (Abb. 2.18 unten), wenn an dieser Fläche auch die Elektroden ausgewertet werden. d_{31} gilt für eine seitlich wirkende Kraft (Richtung 1), die eine Ladung an den Flächen in Richtung 3 erzeugen. Die piezoelektrischen Koeffizienten liegen in der Größenordnung 10^{-12} As/N (alternativ wird die Einheit auch als m/V angegeben).

Verschiedene Materialien weisen einen piezoelektrischen Effekt auf. Für Oszillatoren wird oft Quarz verwendet, da während der Schwingung gleichermaßen auch ein Signal für die Verformung entsteht. So lässt sich durch Rückkopplung die Schwingung in Resonanz betreiben. In der Sensorik kommen Keramiken mit einem deutlich größeren piezoelektri-

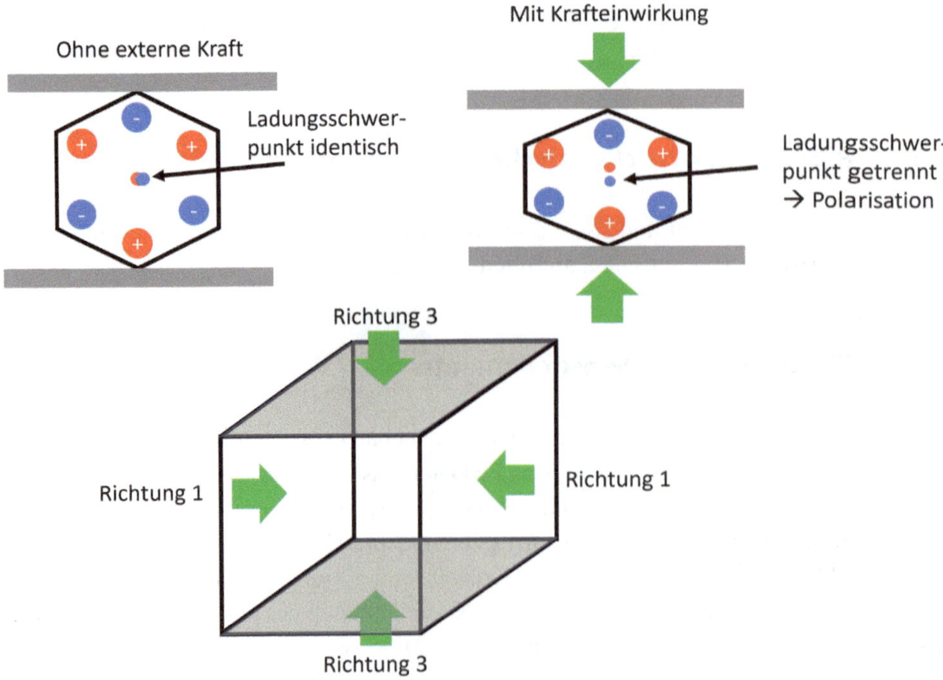

Abb. 2.18 Wesentliches Prinzip der Piezoelektrizität: Die Ionen des Kristalls besitzen ohne Krafteinwirkung den gleichen Ladungsschwerpunkt. Mit Krafteinwirkung verschieben sich die Positionen und der Ladungsschwerpunkt fällt nicht mehr zusammen. Es entsteht eine Polarisation, die an den Flächen des Kristalls messbar wird. Die Kraft kann aus verschiedenen Richtungen auf den Kristall einwirken und zu einer Polarisation führen

schen Effekt zum Einsatz. Diese sind etwa Aluminiumnitrid (AlN), Bariumtitanat ($BaTiO_3$) oder Blei-Zirkonat-Titanat (abgekürzt als PZT).

In der Sensorik kommen werden piezoelektrische Wandler vor allem bei der Messung von mechanischen Größen verwendet. Ein typisches Anwendungsfeld sind **breitbandige Beschleunigungs- und Vibrationssensoren** (Abschn. 4.4). Weiterhin werden Sie als Sender und **Empfänger für Ultraschallsensoren** verwendet (Abschn. 8.1).

2.6.2 Pyroelektrische Sensorelemente

Der **pyroelektrische** Effekt steht in enger Verbindung mit dem piezoelektrischen Effekt. Materialien, die Pyroelektrizität zeigen, sind stets auch piezoelektrisch. Hier liegt ein Material mit einer dauerhaft vorhandenen Polarisation vor. Sofern keine Änderungen der Umgebungsbedingungen (Temperatur) auftritt, wird die Polarisation durch Ladungsträger aus der Umgebung zunächst ausgeglichen. Erwärmt sich der Kristall, kommt es einerseits zu einer

Längenänderung aufgrund der thermischen Ausdehnung und damit über die verbundenen Piezoelektrizität zu einer erneuten Polarisation. Neben diesem thermo-mechanischen Pfad zu einer Polarisation, kann diese aber noch direkt durch die Temperatur verstärkt werden **(eigentlicher pyroelektrischer Effekt).** Für kleine Temperaturänderungen ΔT kann die Polarisation P (Ladung pro Fläche) beschrieben werden als

$$P = p\Delta T \tag{2.44}$$

mit der Proportionalitätskonstante p. Die Polarisation bleibt jedoch nur vorübergehend vorhanden bis sie erneut durch Leckströme ausgeglichen wird. Das Messsignal ist daher nicht statisch vorhanden, sondern reagiert nur auf die *Änderung* der Temperatur mit der Zeit. Dies wird in **Infrarot-Bewegungsmeldern** ausgenutzt (siehe auch Abschn. 6.5.2). Ein häufig in der Sensorik verwendetes pyroelektrisches Material ist Lithiumtantalat ($LiTaO_3$) [12].

2.7 Seebeck-Effekt und Thermoelektrische Sensorelemente

Der **Seebeck-Effekt** entsteht aus der Kombination zweier **unterschiedlicher Materialien.** Dies können Metalle oder unterschiedlich dotierte Halbleiter sein. An der Messstelle sind beide Materialien miteinander verbunden (siehe Abb. 2.19). Wird die Kontaktstelle relativ zu den Abgriffen erwärmt, entsteht eine messbare elektrische Spannung. Die Ursache liegt in der **Diffusion der Elektronen** von der warmen zur kalten Kontaktstelle. Diese lässt sich über die **Seebeck-Koeffizienten** der beteiligten Materialien ($S_{1,2}$) berechnen. Für kleine Temperaturdifferenzen ergibt sich der einfache Zusammenhang

$$\Delta U = (S_1 - S_2)\,\Delta T\,. \tag{2.45}$$

In der einfachsten Anwendungsform werden die Sensorelemente direkt mit einem (Hand-)Multimeter zur Temperaturmessung verwendet. Die Materialkombinationen finden sich im Handel beispielsweise unter „Typ J“ (Fe-CuNi) oder „Typ K“ (NiCr-Ni). Die Empfindlichkeit liegt bei wenigen $10\,\mu V\,K^{-1}$. Diese Messelemente haben üblicherweise einen sehr weiten Einsatzbereich von unter $-200°$ bis über $+1000°$. Der Messeffekt kann deutlich vergrößert werden, wenn mehrere Materialpaare in Reihe und die Kontaktstellen wechselweise thermisch parallel geschaltet werden. Dieser Aufbau wird auch **Thermosäule** oder **Thermopile** genannt. Insbesondere Sensoren mit einem **bolometrischen Messprinzip** nutzen Thermopiles. Hierfür wird eine thermisch möglichst gut isolierte Masse (Absorber) Wärmestrahlung ausgesetzt und dadurch erwärmt. Das Sensorelement misst fortwährend den Temperaturunterschied zwischen dem Absorber und dem Träger. In diesem Fall wird, aufgrund der guten Integration in andere Halbleiterprozesse, p- oder n-dotiertes Silizium als Materialkombination verwendet.

Die **Umkehrung** des Seebeck-Effektes, also die Abkühlung einer Kontaktstelle relativ zur anderen durch eingeprägten Strom, ist der **Peltier-Effekt.**

2.8 Optoelektronische Sensorelemente und Messprinzipien

Optische Sensoren entnehmen die physikalische Information aus der Veränderung der Lichtintensität auf einem lichtsensitiven Element. Als Sensorelemente werden dafür hauptsächlich **Photodioden** oder **Phototransistoren** verwendet. Die früher ebenfalls verbreiteten lichtempfindlichen Widerstände (LDR, **Light Dependent Resistor**) arbeiten mit einer Cadmium-Verbindung für die lichtempfindliche Schicht. Diese kommen aufgrund der geltenden **RoHS**-Richtlinien **(Reduction of Hazardous Substances)** in neuen Anwendungen nicht mehr zum Einsatz. Hinzu kommt, dass Photodioden den Lichtwiderständen in vielen Parametern überlegen sind.

2.8.1 Photodioden

Das Funktionsprinzip einer Photodiode beruht auf dem **inneren Photoeffekt.** Dies bedeutet, dass zwar kein freies Elektron außerhalb des Festkörpers erzeugt wird. Dennoch entsteht ein **Elektron-Loch-Paar,** das im Halbleiter zur Leitfähigkeit beiträgt. Die Energie, die notwendig ist, um ein freies Elektron zu erzeugen, ist (mindestens) die der **Bandlücke** des Halbleiters ($E_{bg,eV} = 1{,}12\,\text{eV}$ für Silizium). Damit ist für Silizium die Grenzwellenlänge bei ca.

$$\lambda = \frac{hc}{eE_{bg,eV}} \approx 1{,}1\,\mu\text{m} \tag{2.46}$$

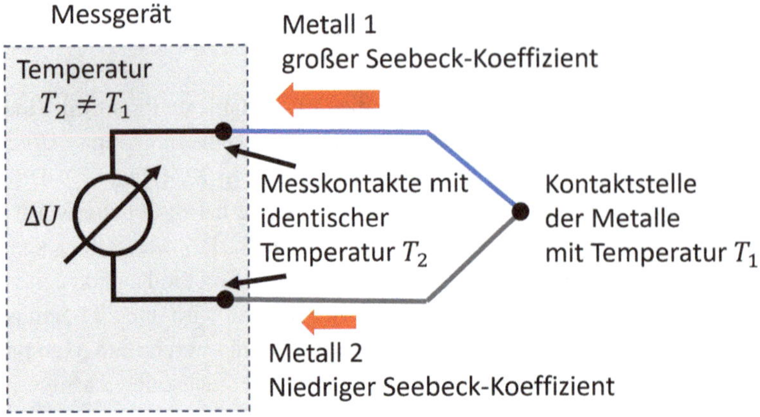

Abb. 2.19 Schematischer Aufbau einer Messung der Thermospannung. Zwei Metalle werden an der zu messenden Stelle bei der Temperatur T_1 zusammengebracht. Die unterschiedliche Diffusion in den Metallen führt zu einer Spannungsdifferenz an den Übergabepunkten im Messgerät, die sich beide auf der (bekannten) Temperatur T_2 befinden. Die Temperatur T_2 muss daher ebenfalls mit weiteren Methoden kontrolliert oder gemessen werden

(mit h: **Planckscches Wirkungsquantum,** c: Lichtgeschwindigkeit, e: Elementarladung). Dies liegt bereits außerhalb des sichtbaren Lichts im Nah-Infraroten. Für Strahlung mit noch längerer Wellenlänge sind andere Empfänger notwendig. Dies ist beispielsweise InGaAs, dessen Bandabstand sich über das Mischungsverhältnis von Indium zu Gallium einstellen lässt. Typischerweise wird InGaAs bis zu einer Wellenlänge von $1{,}7\,\mu m$ verwendet. Grundsätzlich existieren für spezifische Einsatzzwecke Photodioden mit unterschiedlich komplexem Aufbau.

einfache Photodiode

Der Aufbau einer einfachen Photodiode ist zunächst einer Gleichrichter-Diode sehr ähnlich. Es wird eine p- und n-dotierte Schicht erzeugt. Auch ohne eine äußere angelegte Spannung, führt die Diffusion der Ladungsträger in die jeweils andere Zone zu einer Diffusionsspannung über einer ladungsverarmten Zone (siehe Abb. 2.20 oben links). Die Geometrie der Photodiode ist nun so ausgelegt, dass Licht diese ladungsverarmte Zone erreichen kann. Beispielsweise ist die p- Schicht sehr dünn ausgeführt und die Kontakte liegen am Rand der Oberfläche der Diode. Werden durch eintreffende Photonen Elektron-Loch-Paare erzeugt, so werden diese im Feld der **Diffusionsspannung** getrennt. Dadurch können die positiven Ladungsträger an der Anode abgegriffen werden und über eine Messeinrichtung wieder zur Kathode zurückfließen. Da die Anzahl der Elektron-Loch-Paare direkt von der Anzahl der eintreffenden Photonen abhängig ist, ist die Messung über viele Größenordnungen linear (siehe Beispielschaltung in Abb. 2.21). Der Betrieb ist damit identisch zu dem einer Solarzelle zur Energiegewinnung. Wird die Photodiode so als **Photoelement** betrieben, ist keine zusätzliche äußere Spannung notwendig. In einem Phototransistor wird der erhaltene Strom direkt als Basisstrom für einen Bipolar-Transistor verwendet und entsprechend verstärkt.

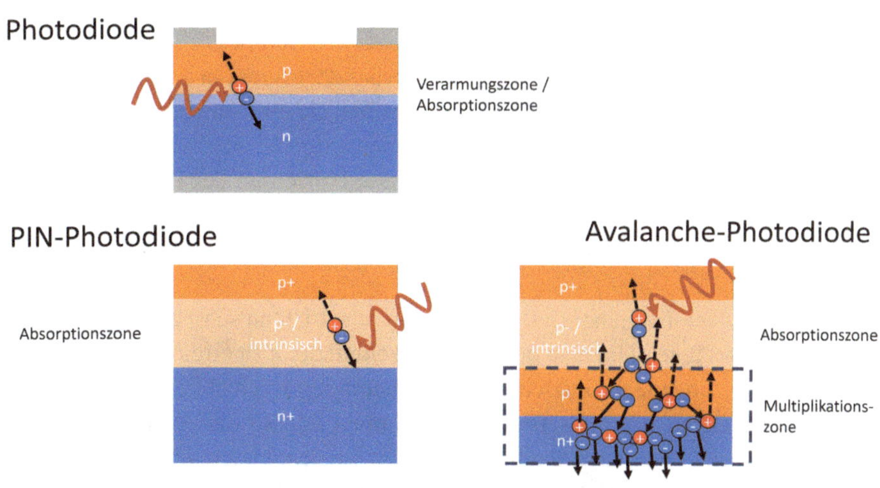

Abb. 2.20 Schematischer Aufbau verschiedener Photodioden-Typen

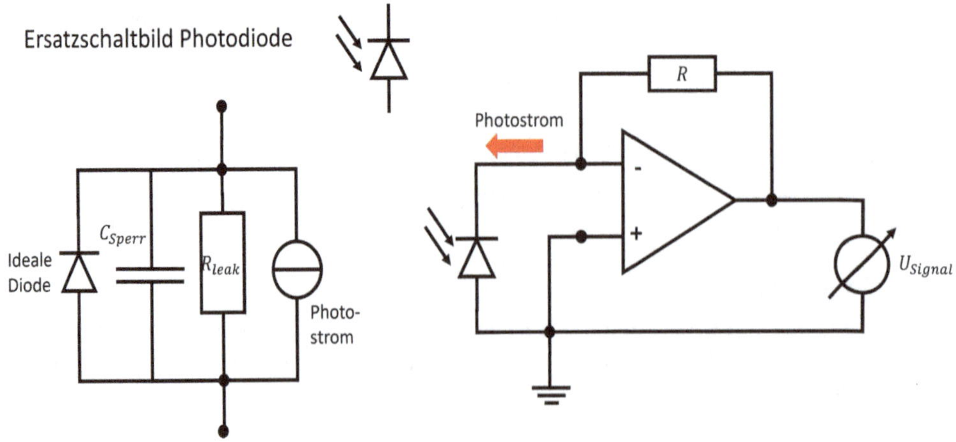

Abb. 2.21 Links: Ersatzschaltbild einer Photodiode, rechts: Betrieb einer Photodiode als lineares Sensorelement an einem Operationsverstärker

Die Betriebsart als Photoelement eignet sich insbesondere für eher langsame Messungen (<kHz, Lichtschranken) oder für hohe Linearitätsanforderungen.

In anderen Einsatzbereichen wird eine hohe Bandbreite bis in den Bereich von GHz (optische Telekommunikation) gefordert oder die Auswertung einzelner Lichtpulse. Hierfür wird die Photodiode in Sperrrichtung als **Photodetektor** betrieben (Abb. 2.22). Durch diese Art der Verschaltung vergrößert sich die **ladungsverarmte Zone,** während nur ein sehr geringer Sperrstrom ließt. Damit reduziert sich einerseits die Sperrschichtkapazität und ermöglicht damit höhere Bandbreiten. Andererseits steht so ein größeres Detektionsvolumen zur Verfügung. Trifft ein Photon in diesen Bereich, so werden ebenfalls Elektron-Loch-Paare erzeugt, die kurzzeitig die Leitfähigkeit der Diode in Sperrrichtung erhöhen (der Sperrstrom steigt an). Mit einem integrierenden Verstärker kann aus der insgesamt geflossenen Ladungsmenge auf die Menge der Photonen geschlossen werden, die im Lichtpuls vorhanden waren. Diese Betriebsart eignet sich insbesondere für schnelle Signale oder wenn die Lichtmenge in einem einzelnen Puls gemessen werden soll. Diese Betriebsart der Photodiode hat noch viele Varianten hervorgebracht, die für spezielle Anwendungszwecke optimiert sind.

PIN-Photodiode

Für den Betrieb als empfindlicher Detektor für schwache Lichtpulse ist eine einfache Photodiode noch nicht geeignet. Um eine höhere **Quanteneffizienz** zu erreichen, wird zwischen p- und n-Schicht noch eine intrinsisch leitende (undotierte) i-Schicht ergänzt (**PIN-Diode,** siehe Abb. 2.20). Damit kann das **Detektionsvolumen** und so die Ansprechwahrscheinlichkeit auf schwache Lichtpulse deutlich vergrößert werden. Durch den größeren Abstand zwischen dem p- und n-Bereich ist auch die **Sperrschichtkapazität** geringer, was eine

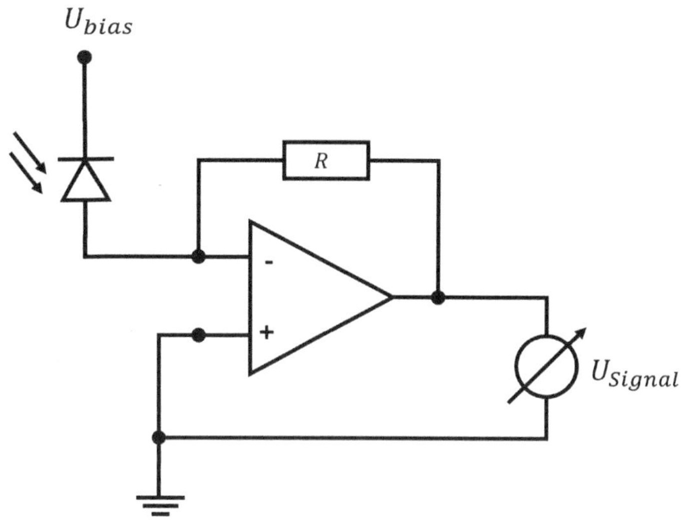

Abb. 2.22 Schaltung einer Photodiode im Sperrbetrieb als Photodetektor zur Erfassung schneller optischer Signale. Die Sperrspannung erzeugt eine breitere Verarmungszone und damit eine geringere Sperrschichtkapazität. Hierdurch wird das Zeitverhalten verbessert und Messungen mit höherer Bandbreite ermöglicht

höhere Grenzfrequenz ermöglicht. Die Sperrspannung liegt typischerweise bei PIN-Dioden maximal bei wenigen 10 V.

APD: Avalanche Photodiode

Durch den gezielten Einsatz eines **Lawineneffekts,** kann eine zusätzliche Verstärkung erreicht werden **(APD: Avalanche Photo Diode).** Nach der breiten intrinsisch leitenden Schicht wird noch ein pn-Übergang ergänzt (Abb. 2.20 unten rechts). Durch die hohe Sperrspannung (bei APDs einige 10 V bis über 100 V) entsteht hier eine sehr hohe Feldstärke. Diese beschleunigt die eintreffenden Ladungsträger, so dass es zur **Stoßionisation** kommt. Dadurch entstehen weitere Elektron-Loch-Paare, die ihrerseits Stöße ausführen können. Damit werden die primär erzeugten Elektron-Loch-Paare um einen Faktor 10..1000 verstärkt, so dass noch schwächere Lichtpulse nachgewiesen werden können. Die statistische Natur des Multiplikationsprozesses führt allerdings auch zu einem zusätzlichen Rauschen im Signal, dem **Excess Noise.** Dieses ist insbesondere vom eingestellten Verstärkungsfaktor abhängig.

SPAD: Single Photon Avalanche Photodiode

Die Verstärkung durch den Lawineneffekt kann so weit optimiert werden, dass bereits ein *einzelnes* Photon ausreicht, um eine völliges Durchbrechen der Sperrzone zu erzeugen (**SPAD: Single Photon Avalanche Photodiode,** auch **Geiger-mode-APD**). Auch diese Photodiode wird mit einer hohen Sperrspannung betrieben, die noch oberhalb der Durchbruchspannung liegt. Tatsächlich kommt es aber erst zum Durchbruch, wenn Ein Elektron-Loch-Paar erzeugt wurde und dieses in der Multiplikationszone eine Ladungslawine ausgelöst hat. Nach diesem Ereignis würde die SPAD dauerhaft leitfähig bleiben. Daher wird die SPAD über eine Lösch-Schaltung (**Passive Quenching** oder **Active Quenching**) betrieben, die die Spannung über die Diode reduziert. Dies führt zu einer Reduktion der Stromzufuhr und die Lawine kommt zum Erliegen. Eine einfache *Passive Quenching*-Schaltung ist bereits durch einen Vorwiderstand gegeben (Abb. 2.23). Wird die Diode plötzlich leitfähig, so fällt ebenfalls eine Spannung am Vorwiderstand ab, so dass die Spannung über der Diode reduziert wird. Damit stoppt die Verstärkung und die Spannung über der Diode baut sich wieder auf bis das nächste Photon eine Lawine auslöst. Je nach Quenching-Technik liegt diese Erholungs- oder **Totzeit (Dead Time)** im Bereich weniger Nanosekunden. Vereinzelt können auch thermisch angeregte Elektron-Loch-Paare eine Lawine auslösen, diese führen zu einer **Dunkelzählrate (dark count rate, DRC).** Diese Art von Photodiode wird für Messungen sehr schwacher Signale bis zu zur **Einzelphotonenzählung** verwendet. Sie eignen sich daher für die Quantenkryptografie und -kommunikation, Lumineszenz-Messungen oder LiDAR-Sensoren.

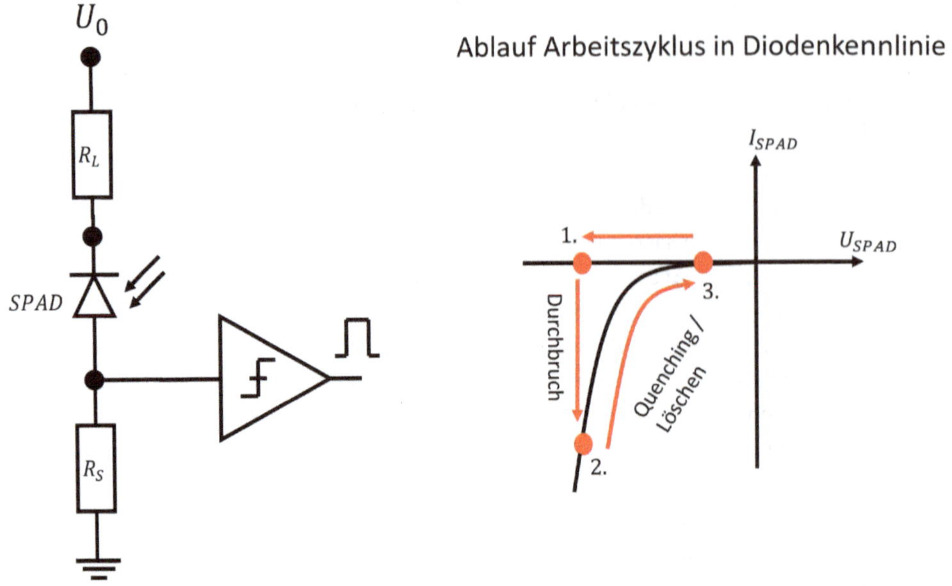

Abb. 2.23 Betriebskonzept einer SPAD. Der Betriebspunkt ohne eintreffende Photonen liegt oberhalb der Durchbruchspannung. Trifft ein Photon in die Absorptionszone und erzeugt erste Ladungsträger wird eine Ladungslawine ausgelöst. Dadurch wechselt die SPAD in auf die Durchbruchkennlinie. Gleichzeitig führt dies zu einem Spannungsabfall über den Lastwiderstand. Damit verringert sich die Sperrspannung und die Verstärkung kommt zum erliegen. Anschließend kehrt die SPAD in den Ausgangszustand zurück

2.8.2 Transmissions- und Reflexionsverfahren

Ein wesentlicher Anwendungsfall für Photodioden liegt in der Vermessung einer Strecke zwischen einem Sender (Leuchtdiode oder Laser) und der Photodiode als Empfänger. Werden Objekte in den Lichtweg eingebracht und der Strahl unterbrochen, kann dies bereits eine Vielzahl von Messgrößen ermöglichen. Je nach Bewegungsform des Objekts (linear, rotierend), können neben der reinen Detektion der „Anwesenheit" (Abb. 2.24) auch Geschwindigkeiten oder (Dreh-)Frequenzen bestimmt werden (Abb. 2.25). Diese Klasse von Sensoren kann unter dem Begriff **optische Encoder** zusammengefasst werden.

Optische Encoder liefern aber nur das digitale Signal, ob der Lichtweg frei oder blockiert ist. Wird zusätzlich die Intensität des eintreffenden Lichts oder insbesondere deren *Änderung* ausgewertet, können noch weitere Informationen über die Strecke gewonnen werden. Durchläuft der Strahl ein absorbierendes Medium, kann die Abnahme der Intensität über die Differentialgleichung

$$\frac{dI}{dx} = -\frac{1}{d}I \tag{2.47}$$

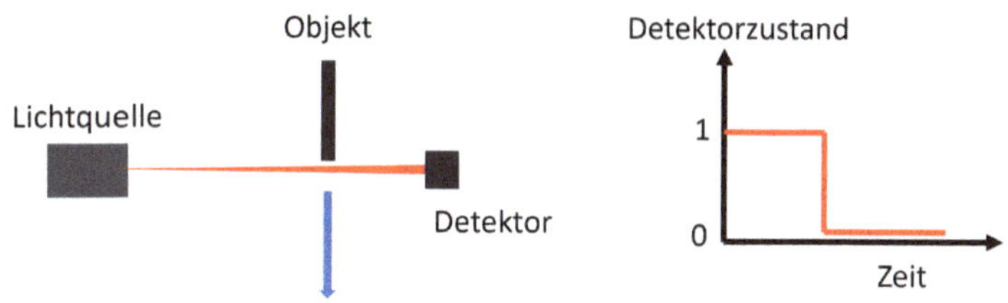

Abb. 2.24 Einfachste Umsetzung der Vermessung einer Lichtstrecke als Lichtschranke

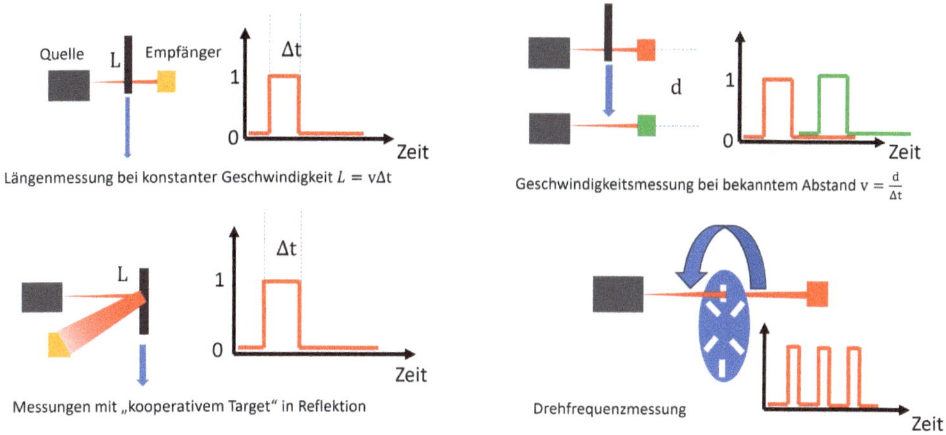

Abb. 2.25 Verschiedene Möglichkeiten zur Modulation einer Lichtstrecke

mit der Extinktionslänge d beschrieben werden. Damit ergibt sich $I(x)$ (x: durchlaufene Strecke im Medium) zu

$$I(d) = I_0 e^{-x/d}, \tag{2.48}$$

Alternativ kann dies auch als

$$\log_{10} \frac{I_0}{I(x)} = x/d = \varepsilon c x, \tag{2.49}$$

dargestellt werden, wobei $1/d = \varepsilon c s$. ε ist der **Extinktionskoeffizient** des absorbierenden Stoffes und ist im allgemeinen eine Funktion von der Wellenlänge ($\varepsilon(\lambda)$). c ist die Konzentration des absorbierenden Stoffes. Diese Abhängigkeit wird als **Lambert-Beer-Gesetz** bezeichnet. In dieser Darstellung ermöglicht es direkt die Berechnung von Stoffkonzentrationen.

Wenn eine starke Abschwächung auftritt, ist eine Messung in Transmission sinnvoll. In diesem Fall ist das verbliebene Signal $I(x)$ die relevante Information. Ein typisches Problem ist allerdings, dass die Lichtquelle keine ausreichende Stabilität aufweist. Beispielsweise kann diese nach dem Einschalten eine langsame Drift aufweisen bis eine statische Temperatur erreicht wurde. Daher wird ein Teil des Lichts über einen Strahlteiler abgezweigt und als Referenz für I_0 verwendet (Abb. 2.26 oben).

In vielen Anwendungen tritt nur eine kleine Änderungen des Lichtweges auf. Das bedeutet, es geht nur ein geringer Anteil der Strahlung für die Transmission verloren. In diesem Fall ist das Signal in Transmission jedoch oft noch zu groß, um darin eine geringe Abschwächung erkennen zu können. Dafür müsste das Sensorelement und die folgende Auswerteschaltung eine entsprechend hohe Auflösung aufweisen. Weniger aufwändig ist in diesem Fall, sofern möglich, die Anordnung in **Reflexion** auszuwerten (Abb. 2.26 unten). Das heißt, es wird nur der gestreute Anteil des Lichts ausgewertet, der in der Transmission verloren gegangen ist. Dafür wird der Lichtweg so ausgelegt, dass der direkte Strahl nach dem Durchtritt am Ende im Wesentlichen absorbiert wird. Der Empfänger ist so ausgerichtet, so dass er vom direkten Strahl abgeschattet ist. Lediglich Licht, dass auf dem Weg durch das Medium gestreut wurde, kann den Empfänger erreichen. Der hohe Untergrund des ungestörten Lichts wird damit entfernt und nur der relevante Teil des Lichts, der mit dem Medium eine Wechselwirkung hatte, wird gemessen. Daher sind hier die Anforderungen an die Auswerteelektronik leichter umsetzbar. Im Fall einer instabilen Leistung der Quelle, kann aber auch in diesem Aufbau das transmittierte Signal mitgemessen werden. Damit wird das Signal auf die Summe beider Anteile normiert:

$$I_{norm} = I_{RX}/(I_{TX} + I_{RX}). \tag{2.50}$$

So lässt sich verhindern, dass Schwankungen der Quelle als Änderungen der Transmission interpretiert werden.

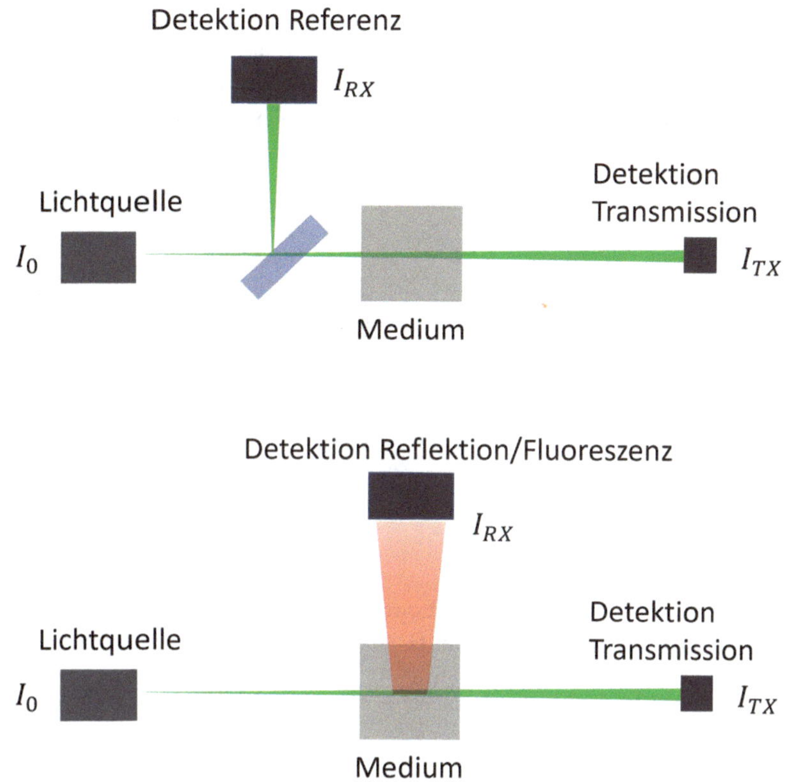

Abb. 2.26 Schematische Prinzipien in der optischen Mediensensorik. Oben: Messung eines Referenzsignals zur Normierung der eingehenden Lichtintensität zum Ausgleich von Schwankungen der Quelle. Unten: Messung der gestreuten (reflektierten) Intensität des Mediums anstatt nur der des transmittierten Signals

2.9 Hall-Effekt Sensorelemente

Der **Hall-Effekt** (nach *Edwin Hall*) gehört zu den wichtigsten industriell genutzten Messmethoden für Magnetfelder. Auf Ladungsträger wirken insgesamt die elektrostatische Kraft $q \overleftrightarrow{E}$ und die **Lorentzkraft** $q \overleftrightarrow{v} \times \overleftrightarrow{B}$

$$\overrightarrow{F} = q(\overrightarrow{E} + \overrightarrow{v} \times \overrightarrow{B}) \tag{2.51}$$

Bewegen sich die Ladungsträger in einem Leiter bei gleichzeitiger Anwesenheit eines Magnetfeldes senkrecht zur Stromrichtung, so kommt es durch die Lorentzkraft zu einer seitlichen Ablenkung der Trajektorie. Die **Ladungstrennung,** die sich im Mittel ergibt, führt zum Aufbau einer Spannung zwischen den gegenüberliegenden Seiten. Diese baut sich so lange auf, bis ein **Kräftegleichgewicht** zwischen Lorentzkraft und elektrostatischer

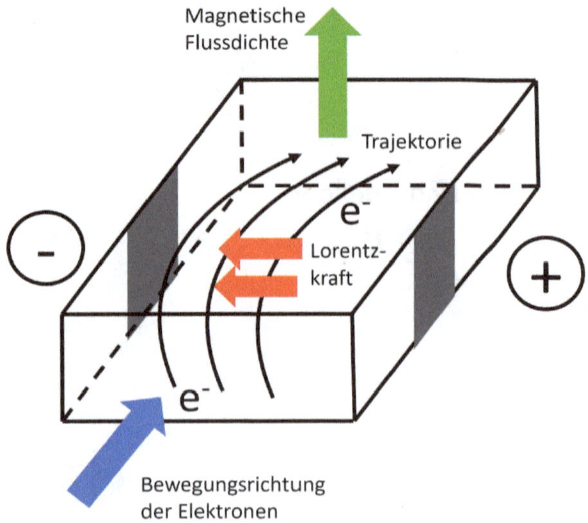

Abb. 2.27 Hall-Effekt im Leiter: die injizierten Elektronen werden durch die Lorentz-Kraft im Magnetfeld zur Seite abgelenkt, so dass eine Spannungsdifferenz zwischen den Seiten messbar wird

Kraft entsteht (siehe Abb. 2.27). Wird das Leiterinnere zwischen den Seitenflächen als Plattenkondensator interpretiert, so lässt sich das elektrische Feld als $E = U_H/b$ angeben (b: Breite des Leiters). Ist die Geometrie rechtwinklig wie abgebildet, so gilt

$$qE = q\frac{U_H}{b} = -qvB \tag{2.52}$$

Es baut sich also über die Seiten den Leiters eine Spannung U_H auf, die von der Geschwindigkeit der Ladungsträger und der magnetischen Flussdichte B abhängt. Wird die Geschwindigkeit v über die Stromdichte $J = qnv$ ausgedrückt, so ergibt sich mit $J = I/A = I/(bd)$

$$U_H = b\frac{J}{qn}B = Ib\frac{1}{qnA}B = I\frac{1}{qn}\frac{B}{d} \tag{2.53}$$

Die Spannung U_H wird **Hall-Spannung** genannt, der Vorfaktor $1/(qn)$ die **Hall-Konstante.** Die genauere Betrachtung zeigt, dass die Hall-Spannung nur auf die Komponente der magnetischen Flussdichte reagiert, die senkrecht auf der vorliegenden Stromrichtung steht. Damit ist eine vektorielle Messung des Magnetfeldes möglich. Die Abhängigkeit der Hall-Konstante vom Kehrwert der Ladungsträgerdichte n und Schichtdicke d weist bereits darauf hin, dass der Hall-Effekt in Halbleitern (niedrige Ladungsträgerdichte) und dünnen Schichten gut nutzbar ist. Weiterhin kann festgestellt werden, dass aus dem Vorzeichen der Hall-Spannung auch das Vorzeichen der **Majoritätsladungsträger** bestimmt werden kann. Sind (anders als in der Zeichnung dargestellt), die dominierenden Ladungsträger **Löcher** bei gleicher technischer Stromrichtung, so werden diese auf die gleiche Seite hin abgelenkt. Je nachdem, welche Ladungsträgerart dominiert, entsteht so ein unterschiedliches Vorzeichen für die Hall-Spannung.

Die dargestellte Geometrie ist zunächst darauf beschränkt, eine magnetische Flussdichte zu messen, die senkrecht durch die Ausdehnungsfläche des Messelementes tritt. Es ist aber auch möglich das Konzept zu erweitern, um auch Magnetfelder *in* der Ebene zu messen. Hierfür werden 5 Kontakte in einer Reihe an einem Halbleiter angebracht (s. Abb. 2.28). Der Strom wird über die äußeren Kontakte injiziert und über den mittleren Kontakt wieder abgenommen. Die beiden jeweils dazwischen liegenden Kontakte werden für die Messung verwendet. Durch die unterschiedliche Ausrichtung der Stromrichtungen vom zentralen Kontakt nach außen, werden bei einem Magnetfeld in der Ebene und senkrecht zur Stromrichtung die Ladungsträger in unterschiedliche Tiefen abgelenkt. Daher ergibt sich auch hier eine Spannungsdifferenz an den Messkontakten, die gemessen wird. Leicht lässt sich das Konzept auch in die andere Dimension ergänzen, so dass eine Messung in beide Richtungen möglich ist. Insgesamt können mit einem solchen Aufbau durch geschicktes sequentielles Verschalten der Kontakte alle drei Raumrichtungen vermessen werden. Insbesondere kann durch die Messung des Effektes mit unterschiedlichen Einspeiserichtungen die Messgenauigkeit deutlich verbessert werden, da Offsets und Temperatureffekte kompensiert werden können (**Spinning Current**-Verfahren).

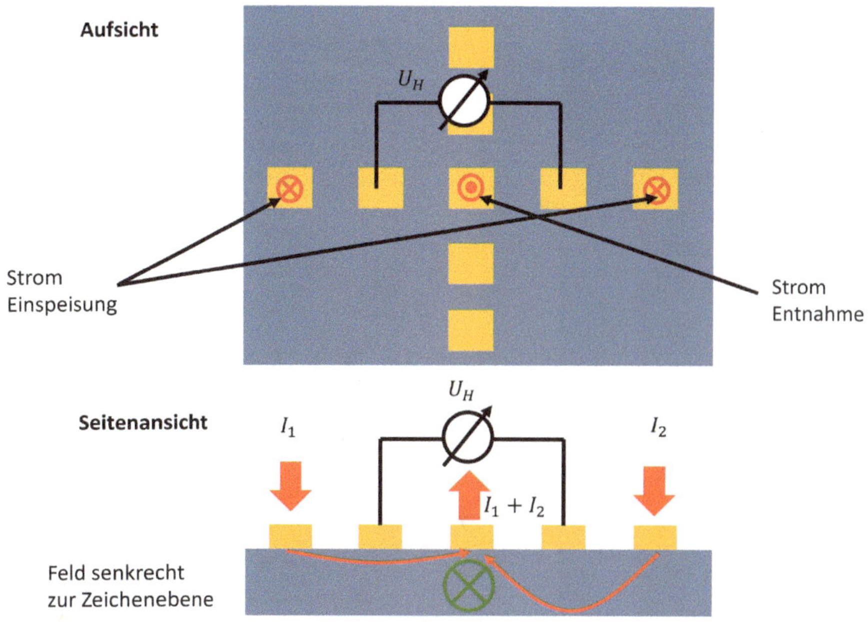

Abb. 2.28 Schematische Darstellung eines Hall-Elementes mit mehreren Kontakten, die die Messung von Magnetfeldkomponenten in der Ebene ermöglicht

Beispiele für Anwendungen von Hall-Sensoren

Oft werden Hall-Sensoren eher als **Schalter** verwendet, um die Anwesenheit eines stärkeren Magnetfeldes zu erkennen. Die Sensoren werden zum Beispiel zur **Endlageerkennung** von Maschinenteilen eingesetzt oder auch in Tablet-PCs zur Detektion des geschlossenen Displayschutzes. Das Tablet schaltet den Bildschirm aus, wenn der Sensor sich einem Magneten annähert. Sehr oft werden Hall-Sensoren in **Drehzahlfühlern** eingesetzt, um ein periodisches Signal aus einem mit einer Achse rotierenden Magneten zu erzeugen (Abschn. 3.3).

Eine weitere messtechnische Anwendung des Hall-Sensors ist die als **Stromsensor.** Hier wird aber nicht der Strom durch den Sensor gemessen, sondern das Magnetfeld, das durch den zu messenden Strom erzeugt wird. Dabei befindet sich der Hall-Sensor im Spalt eines weichmagnetischen Ringkerns, der beispielsweise Teil einer **Stromzange** ist. Das Magnetfeld des zu vermessenden Leiters ist zirkulierend um diesen ausgebildet und wird mit dem magnetischen Ringkern geführt und konzentriert. Die Flussdichte im Spalt (und damit die Hall-Spannung) ist dann dem Strom proportional. Die genaue Orientierung der Stromzange ist dabei nicht relevant, da nach dem **Ampèreschen-Gesetz** jeder Integrationsweg um den Leiter das gleiche Ergebnis bringt. Die Messmethode funktioniert sowohl bei Gleich- als auch bei Wechselstrom.

2.10 Mechanische Oszillatoren

Mechanische Oszillatoren wie beispielsweise Schwingquarze oder hebelartige Feder-Masse-Systeme (**Cantilever,** Abb. 2.29 oben) können nicht nur zur Zeitmessung verwendet werden, sondern auch als Sensorelement für Wägeverfahren. Für ein Feder-Masse-System ist die Resonanzfrequenz durch

$$f_0 = \frac{1}{2\pi}\sqrt{\frac{k}{m}} \tag{2.54}$$

gegeben (mit k: Federsteifigkeit und m: Masse). Das System wird beispielsweise durch eine piezoelektrische Anregung (und Rückmessung) in Resonanz gehalten. Ändert sich die Masse um δm zum Beispiel durch Abscheidung eines Stoffes auf dem Cantilever, so ändert sich auch die Resonanzfrequenz:

$$f_m = \frac{1}{2\pi}\sqrt{\frac{k}{m + \Delta m}} = f_0\sqrt{\frac{1}{1 + \frac{\Delta m}{m}}} \tag{2.55}$$

Da die Änderung der Masse typischerweise klein gegen die Grundmasse des Oszillators ist, lässt sich die Frequenzverschiebung Δf vereinfacht angeben zu

$$\Delta f = f_m - f_0 = f_0\sqrt{\frac{1}{1 + \frac{\Delta m}{m}}} - f_0 \approx f_0\left(\sqrt{1 - \frac{\Delta m}{m}} - 1\right) \approx -\frac{1}{2}\frac{\Delta m}{m} f_0 \tag{2.56}$$

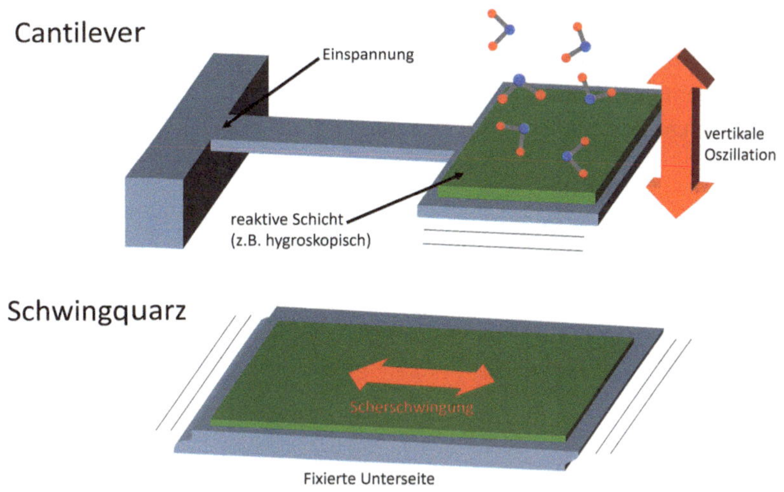

Abb. 2.29 Verschiedene Realisierungen eines Sensorelements als mechanischer Oszillator. Oben: „Cantilever"-Design, unten: Schwingquarz mit Scherschwingung

Quarz-Mikrowaage

Schwingquarze werden zum Beispiel als **Quarz-Mikrowaage** verwendet, um die Abscheidung eines Stoffes zu messen. Hierfür wird eine Quarzplatte verwendet, die zu Dickenscherschwingungen (Abb. 2.29 unten) angeregt wird [13]. Die Eigenfrequenz einer solchen Platte ist über die Transversalwellengeschwindigkeit v_t und die Dicke d gegeben. Dabei entspricht die Grundmode, die zur Messung verwendet wird, gerade der halben Wellenlänge:

$$f = \frac{v_t}{2d} \tag{2.57}$$

Da die Ober- und Unterseiten der Platte in den Maxima der Schwingungsamplituden liegen und nicht wesentlich verformt werden, ist die Steifigkeit nur durch das Innere des Quarzes gegeben. Gleichzeitig wird aber die **modale Masse** (die an der Schwingungsmode teilnehmende Masse) des Quarzes durch die Massenbelegung wesentlich mitbestimmt. Die zusätzliche Masse Δm wirkt auf die Erhöhung der Schichtdicke des Quarzes mit der auf die Quarz-Dichte ρ_Q umgerechneten Dicke (auf der Fläche A) [13]

$$\frac{\Delta f}{f} = -\frac{\Delta d}{d} = -\frac{\Delta m}{\rho_Q A d}. \tag{2.58}$$

Quarz-Mikrowaagen werden in der **Prozesskontrolle bei Beschichtungsprozessen** verwendet, um die Menge des abgeschiedenen Materials bestimmen zu können. Da der Quarz immer wieder verwendet und die abgeschiedene Schicht nicht entfernt wird, muss die Ausgangsfrequenz vor einer Messung stets neu referenziert werden.

Cantilever-Oszillatoren werden oft in Verbindung mit einer reaktiven Schicht verwendet. Diese bindet beispielsweise bestimmte Stoffe, die in der Gasphase vorliegen. Dieser Vorgang führt ebenfalls zur Erhöhung der Masse des Oszillators und damit zu einer Frequenzverschiebung, die gemessen werden kann.

Sensorsysteme für mechanische Größen 3

3.1 Wegaufnehmer

Wegaufnehmer oder **Wegsensoren** werden in der Automatisierungstechnik zur Messung von Positionen oder Verschiebungen eingesetzt. Im Rahmen dieses Buches wird der Begriff *Wegaufnehmer* als Sensor verstanden, der mit dem Messobjekt in einem mechanischen Kontakt steht. Es wäre aber auch möglich den Begriff noch weiter zu fassen und auch noch andere kontaktlose Abstandsmessverfahren hinzuzunehmen. Diese finden sich in diesem Buch unter dem Begriff der Umfeldsensorik.

Mit dieser Einschränkung ist allen Wegaufnehmern gemeinsam, dass ein Teil des Sensors beweglich und mit dem Messobjekt verschiebbar ist, während ein anderer Teil der Messeinheit fest montiert ist und die Referenz bildet. Die unterschiedlichen Typen unterscheiden sich im Wesentlichen im physikalischen Prinzip der Messung der Verschiebung.

3.1.1 Resistive Wegaufnehmer

Die Messung der Auslenkung über einen Schleifkontakt ist eine der einfachsten Möglichkeiten einen Wegsensor zu realisieren (Abb. 3.1). Der Sensor bildet dafür ein **Potentiometer** dessen Mittelabgriff mechanisch verschiebbar ist. Die Auswertung kann entsprechend einfach als Spannungsteiler gestaltet sein. Mit einer Versorgungsspannung U_0 ergibt sich eine lineare Beziehung zwischen Verschiebung und Spannung am Ausgang. Ist der Widerstand eines Teilabschnitts durch $R = \sigma x$ gegeben (mit der Verschiebung x und dem Widerstand pro Wegeinheit σ), so ist die Spannung am Ausgang U_x

$$U_x = U_0 \frac{\sigma x}{\sigma x + \sigma(l - x)} = U_0 \frac{x}{l}, \tag{3.1}$$

M. Hattaß, *Sensorik*,
https://doi.org/10.1007/978-3-662-73845-0_3

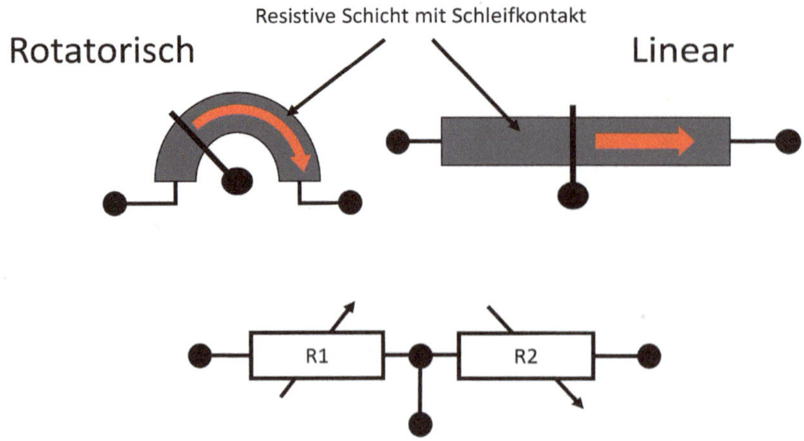

Abb. 3.1 Einfache Sensoren für Winkel und Position und Darstellung als elektrisches Ersatzschaltbild

Wobei l die gesamte Länge des Widerstandsstrecke ist. Der einfache Aufbau erlaubt auch eine direkte Auswertung über eine Messbrücke.

Von Nachteil ist aber die Reibung am Schleifkontakt, so dass im Laufe der Zeit **Verschleiß** die Funktionalität beeinträchtigen kann. Für automatisierte Messsysteme mit häufigen Messzyklen ist diese Art von Sensor daher nur bedingt geeignet.

3.1.2 Differenzialtransformatoren als Wegaufnehmer

Praktisch ohne Verschleiß arbeiten Sensoren nach dem Prinzip eines **Differenzialtransformators (Linear Variable Differential Transformer, LVDT)** Das wesentliche Funktionsprinzip ist in Abb. 3.2 gezeigt. Der Sensor besteht aus drei Spulen, die über einen ferromagnetischen Kern miteinander magnetisch gekoppelt sind. Der Kern ist dabei verschiebbar in der mittleren Spule gelagert und ragt nur zum Teil in die links und rechts montierte Spule hinein. Wird in die mittlere Spule eine Wechselstrom eingespeist, so kann an den jeweils anderen beiden Spulen eine Induktionspannung abgegriffen werden. Wird der Kern weiter nach links oder rechts geschoben, wird die Kopplung zwischen der Einspeisespule und den Aufnehmerspulen verstärkt oder abgeschwächt.

Zur Berechnung der Abhängigkeiten wird zunächst nur die Aufnehmerspule betrachtet, bei der der Kern bis zu Mitte (Position $d/2$) reicht (Abb. 3.2 unten) und von dort um die Länge x verschoben wird. Um den magnetischen Fluss in der Aufnehmerspule zu bestimmen, wird der Zusammenhang zwischen magnetischer Spannung NI (N: Anzahl der Wicklungen in der Primärspule, I: Spulenstrom), **magnetischem Widerstand** R_m und magnetischem Fluss R_m verwendet (gelegentlich auch **Ohmsches Gesetz des magnetischen Kreises** genannt,

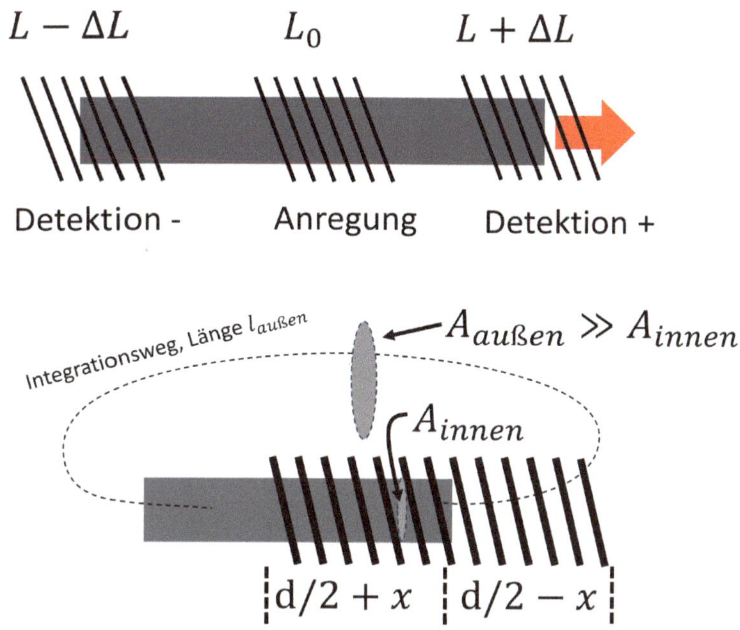

Abb. 3.2 Oben: Schematischer Aufbau eines LVDT mit einer Anregungsspule und zwei Detektionsspulen. Unten: zur Herleitung der Empfindlichkeitsformel, Details siehe Text

siehe auch [14])

$$\Phi = \frac{NI}{R_m} \tag{3.2}$$

Für diese spezielle Geometrie kann der magnetische Widerstand durch eine Reihenschaltung von Widerständen beschrieben werden. Diese bilden den Bereich der Spule mit Kern, den Bereich ohne Kern und den Rückweg der Feldlinien außerhalb der Spule (siehe auch Abb. 3.2 unten):

$$R_m = \frac{\frac{d}{2} + x}{\mu_0 \mu_r A_{innen}} + \frac{\frac{d}{2} - x}{\mu_0 A_{innen}} + \frac{l_{außen}}{\mu_0 A_{außen}} \tag{3.3}$$

Näherungsweise kann der erste und dritte Term vernachlässigt werden. Da $\mu_r \gg 1$, ist der erste Term deutlich kleiner als der zweite. Der dritte Term beschreibt den Rückweg des magnetischen Flusses durch den Außenraum. Da hier praktisch der gesamte Raum (sehr großer Querschnitt) zur Verfügung steht, ist $A_{außen} \gg A_{innen}$. Daher ist auch dieser Term viel kleiner als der zweite. Insgesamt ist der magnetische Widerstand daher näherungsweise

$$R_m \approx \frac{\frac{d}{2} - x}{\mu_0 \mu_r A_{innen}}. \tag{3.4}$$

Die Induktionsspannung in der Aufnehmerspule ist

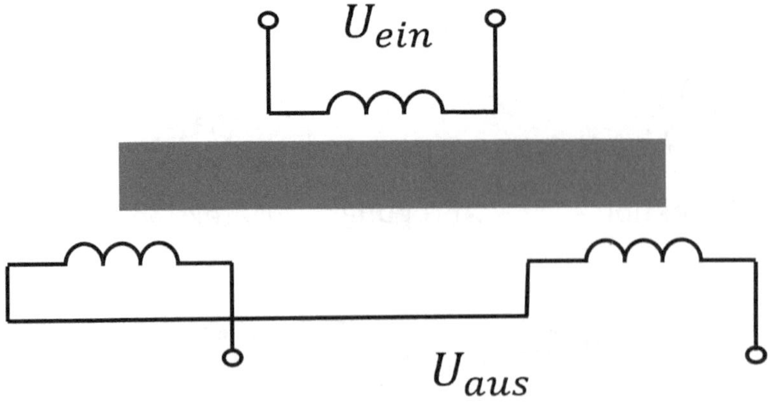

Abb. 3.3 Verschaltung der Spulen in einem LVDT-Wegaufnehmer

$$U = N_2 \frac{d\Phi}{dt} = N_2 N_1 A \frac{1}{\frac{d}{2} - x} \frac{dI}{dt}. \tag{3.5}$$

Die jeweils auf der anderen Seite liegende Aufnehmerspule wird über den gleichen Weg berechnet, nur dass die Auslenkung mit dem umgekehrten Vorzeichen eingeht. Werden die beiden Aufnehmerspulen mit dem passenden Vorzeichen zusammengeschaltet (s. Abb. 3.3), so dass die Differenz der Induktionsspannungen der linken und rechten Spule gebildet wird, ergibt sich

$$\Delta U = N^2 A \frac{dI}{dt} \left(\frac{1}{\frac{d}{2} - x} - \frac{1}{\frac{d}{2} + x} \right) = N^2 A \frac{dI}{dt} \left(\frac{2x}{\left(\frac{d}{2}\right)^2 - x^2} \right) \approx\propto \frac{dI}{dt} x. \tag{3.6}$$

LVDT-Sensoren werden mit Frequenzen im Bereich von einigen kHz betrieben. Da das Signal zunächst als amplitudenmodulierte Wechselspannung vorliegt, muss sich auf der Seite der elektronischen Auswertung eine Demodulation etwa mit einem (*Phase Sensitive Detektor* (PSD), siehe auch Abschn. 11.5.1) anschließen, um auf einen statischen Pegel zu kommen.

Der Messbereich ist durch die sinnvoll realisierbaren Verfahrwege gegeben. Diese liegen im Bereich von wenigen mm bis einigen 100 mm. Da die Tauchspulen grundsätzlich die Verfahrwege abbilden müssen, wächst der Sensor entsprechend mit. Daher sind sehr große Verfahrwege damit nicht sinnvoll umsetzbar. Die erreichbare Auflösung in der Positionierung liegt teils deutlich unterhalb von 1 µm. LVDTs sind weit verbreitet in der Automatisierungs- und Prüftechnik.

3.1.3 Magnetostriktive Wegaufnehmer

Neben den Differenzialtransformatoren als Wegaufnehmer für lineare Verfahrwege haben sich auch **magnetostriktive Sensoren** etabliert. Das Funktionsprinzip nutzt das Phänomen der **Magnetostriktion** (zu übersetzen etwa als „magnetische Anspannung"). Dieses beruht auf der Verformung eines Materials durch ein Magnetfeld. Die Verformung des Materials im Magnetfeld entsteht durch die Änderung der Ausrichtung der **Weissschen Bezirke** eines ferromagnetischen Materials. Dieser Effekt führt durch die periodische Ummagnetisierung unter anderem zum „Brummen" eines Transformators mit der (doppelten) Netzfrequenz. Eine Wegmessung mit Hilfe des magnetostriktiven Effekts kann mit einem Aufbau in Abb. 3.4 erreicht werden. Durch den zentralen Leiter wird ein kurzer Strompuls geleitet. Dieser erzeugt ein zirkulares Magnetfeld um den Leiter, das durch die Magnetostriktion in dem umgebenden Material eine Verformung hervorruft. Wird an einer Stelle entlang des Leiters ein Permanentmagnet angebracht, so wird das Material an dieser Stelle durch das statische Feld bereits vorgespannt. Damit kann sich die durch den Strompuls erzeugte mechanische Verformung an dieser Stelle nicht ungehindert ausbreiten. Es kommt zur Erzeugung eines mechanischen Impulses, der sich in beide Richtungen um die Störstelle fortsetzt. Der Impuls wandert mit der Schallgeschwindigkeit des Materials zu den Enden. Aufgrund der Änderung der *mechanischen* Spannungen, wandert aber auch ein leicht verändertes Magnetfeld

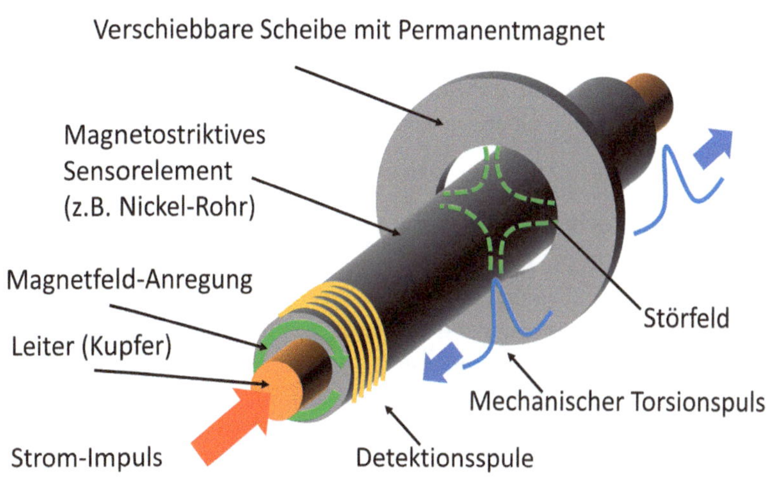

Abb. 3.4 Schematischer Aufbau eines magnetostriktiven Wegaufnehmers. Ein Strom-Impuls durch den inneren Kupferleiter erzeugt ein zirkulares Magnetfeld, das in einem Material hoher magnetischer Permeabilität (Nickel) konzentriert wird. An der Position des Permanentmagneten wird der magnetostriktive Effekt durch den Anregungsimpuls gestört, was zu einem mechanischen Torsionsimpuls führt, der von der Störstelle in beide Richtungen ausgesendet wird. Die mechanische Verspannung geht ihrerseits mit einer Änderung des Magnetfeldes einher, die mit der Detektionsspule über Induktion messbar wird

entlang des Stabes, das schließlich über Induktion gemessen werden kann. Der Abstand d zum Magnet ergibt sich damit aus der **Laufzeit** des mechanischen Pulses t auf dem Leiter

$$d = c_{mech} t \tag{3.7}$$

mit der Schallgeschwindigkeit c_{mech}. Diese liegt für Metalle in der Größenordnung von $\approx 3000\,\mathrm{m\,s^{-1}}$. Die Zeit bis das Magnetfeld durch den Strompuls an der Störstelle angekommen ist, kann dabei vernachlässigt werden, da dieser sich praktisch mit Lichtgeschwindigkeit ausbreitet ($3 \cdot 10^8\,\mathrm{m\,s^{-1}}$). Die Wegmessung wird so über eine Zeitmessung ermöglicht. Kommerzielle Sensoren erreichen Abstandsmessungen mit Fehlern im Bereich von μm auf Verfahrwege von wenigen Metern.

Ein Störeinfluss für dieses Messprinzip kann die Temperatur des Systems sein, da die Schallgeschwindigkeit im Festkörper davon abhängig ist. Dieser Einfluss kann unterdrückt werden, wenn der mechanische Puls, der in die Gegenrichtung läuft, ebenfalls mitgemessen wird. Die Laufzeit für den Puls über die Gesamtlänge l von der Position x aus benötigt für die beiden Richtungen (1: vorwärts, 2: rückwärts)

$$t_1 = \frac{x}{c(T)} \quad \text{und} \quad t_2 = \frac{l - x}{c(T)}. \tag{3.8}$$

Aus den Messdaten wird die Größe

$$\frac{t_1}{t_2 + t_1} = \frac{x}{l} \tag{3.9}$$

berechnet. Damit kann die relative Position unabhängig von der aktuellen (temperaturabhängigen) Schallgeschwindigkeit angegeben werden.

3.2 Schichtdickensensor

Das Prinzip der veränderlichen magnetischen Kopplung zweier Spulen bildet, ähnlich wie beim LVDT-Wegaufnehmer, ebenfalls die Grundlage für **induktive Schichtdickensensoren.** Erzeuger- und Aufnehmerspule sind hier fest auf einer magnetischen Flussführung montiert. Allerdings ist die Rückführung des magnetischen Flusses unterbrochen und wird erst durch das zu vermessende Prüfobjekt geschlossen. Der schematische Aufbau ist in Abb. 3.5 dargestellt. Zur Messung der nicht-magnetischen Schichtdicke muss diese auf einem magnetischen Träger aufgebracht sein. Dies kann zum Beispiel der Lack eines Fahrzeugs auf einem Blech sein. Die Dicke d der nicht-magnetischen Schicht definiert in dieser Geometrie den Spalt des magnetischen Kreises. Sie wirkt daher als **magnetischer Widerstand.** Der magnetische Fluss in der Anordnung ergibt sich aus

$$\Phi = B A_{eff} = \frac{NI}{R_{m,Führung} + R_{m,Schicht}} A_{eff}, \tag{3.10}$$

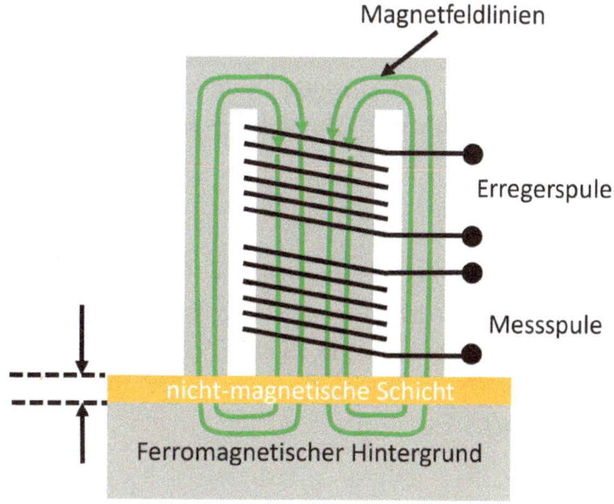

Abb. 3.5 Induktiver Schichtdickensensor

wobei A_{eff} der effektive Querschnitt, NI die Wicklungszahl mal der Stromstärke und $R_{m,Führung}$ und $R_{m,Schicht}$ die magnetischen Widerstände von Flussführung (im Sensor und in der magnetischen Hintergrundschicht) und nichtmagnetischer Schicht sind. Diese ergeben sich aus

$$R_{m,Führung} = \frac{1}{\mu_0 \mu_r} \frac{l_{Führung}}{A_e ff} \quad \text{und} \quad R_{m,Schicht} = \frac{1}{\mu_0} \frac{l_{Führung}}{A_e ff}. \tag{3.11}$$

Dabei wurde berücksichtigt, dass die relative Permeabilität der Schicht praktisch 1 beträgt. Da μ_r für die eigentliche Flussführung im Bereich von $\approx$ 1000 liegt, ist die Summe des magnetischen Widerstands auch bei einer geringen Schichtdicke deutlich von dieser abhängig. Daher kann bei Verwendung eines Wechselstroms als Anregungssignal, ein Detektionssignal in der Messspule aufgenommen werden, welches von der Schichtdicke abhängig ist.

3.3 Drehzahlfühler

Das wohl häufigste Verfahren zur Messung einer Drehzahl ist das einfache Zählen der Umdrehungen eines Bauteils innerhalb einer vorgegebenen Zeitspanne. Hierfür muss auf dem rotierenden Teil eine Struktur vorhanden sein, die periodisch an einem geeigneten Detektor auf dem statischen Teil des Sensors vorbeigeführt wird. Jede Passage führt zu einem Puls, der gezählt wird. Die Dauer, für die das Zählwerk die Pulse zählt, wird auch **Torzeit** genannt. Unabhängig davon, welche Struktur und welche Art von Detektion verwendet wird, können Überlegungen zur Genauigkeit durchgeführt werden. Diese sind notwendig, um die Dauer der Torzeit zu definieren. Wie lang muss die Torzeit gewählt werden, um die Drehzahl auf 1 % genau zu messen? Sofern kein Schlupf beim Zählen auftritt (Zählpuls wurde nicht detektiert), ist die Torzeit im ungünstigsten Fall knapp zu kurz, um gerade noch den nächsten Puls zu zählen. Der absolute Fehler liegt also stets bei „1". Wird pro Umdrehung nur ein Puls aufgezeichnet, so dauert es bis 100 Pulse eingelaufen sind

$$T_{tor} = 100\frac{1}{f_{rot}}. \tag{3.12}$$

Offensichtlich wird die erforderliche Torzeit um so kürzer, um so schneller das Bauteil rotiert. Für praktische Anwendungen kann diese Zeit aber noch zu lang sein. In diesem Fall wird die rotierende Achse nicht nur an einer Stelle, sondern n Stellen mit Zählstrukturen ausgestattet. Entsprechend erhöht sich die am Detektor wahrgenommene Frequenz und reduziert sich die erforderliche Torzeit um den Faktor n

$$T_{tor} = 100\frac{1}{nf_{rot}}. \tag{3.13}$$

Die Methoden zur Detektion der Struktur können unterschiedlich sein. Beispielsweise kann eine optische Messstrecke verwendet werden. Hier besitzt die rotierende Scheibe mehrere Löcher und unterbricht regelmäßig die Beleuchtung einer Photodiode. Deren Signal wird schließlich nach einer Schwellwertmessung digital ausgegeben.

Anstatt eines optischen Verfahrens kommen auch oft magnetische Prinzipien zum Einsatz. Eine einfache Möglichkeit wäre, einen Permanentmagneten rotieren zu lassen und dessen Vorbeiziehen induktiv mit einer Spule aufzunehmen. Da aber die Höhe der induzierten Spannung von der Rotationsgeschwindigkeit abhängen wird, ist diese Methode nur in Grenzen einsetzbar. Wenn die Drehfrequenz zu gering wird, so fällt das Primärsignal zu klein aus und kann nicht mehr sicher detektiert werden. Daher wird an dieser Stelle vorzugsweise ein Magnetfeld-Sensor eingesetzt.

Beispiel: Drehzahlfühler mit magnetischer Detektion
Ein typisches Detektionsverfahren für die rotierende Struktur beruht auf einer **Modulation eines Magnetfeldes** (Abb. 3.6). Hierfür wird ein Magnetfeldsensor nahe eines ferromagnetischen Zahnrades montiert. Hinter dem Sensor befindet sich ein kleiner Permanentmagnet (**Back Bias**-Magnet). Ist der Spalt zwischen Permanentmagnet und dem ferromagnetischen Zahnrad klein, kommt es zu einem starken Anstieg des magnetischen Flusses bzw. der Flussdichte. Diese wird vom Sensor gemessen und nach Vorverarbeitung mit einem Schwellwertschalter als digitaler Puls ausgegeben.

Alternativ kann statt eines Back-Bias Magneten auch direkt ein magnetisch strukturiertes Rad (**Polrad**) verwendet werden (Abb. 3.7). Die genauere Betrachtung zeigt zusätzlich, dass die Drehfrequenz-Messung unabhängig von der Dreh*richtung* ist. Für manche Anwendungen kann diese allerdings relevant sein. Daher kann statt einem Magnetfeldsensor auch noch ein zweiter verwendet werden, der leicht versetzt zum ersten montiert ist. Beide Sensoren

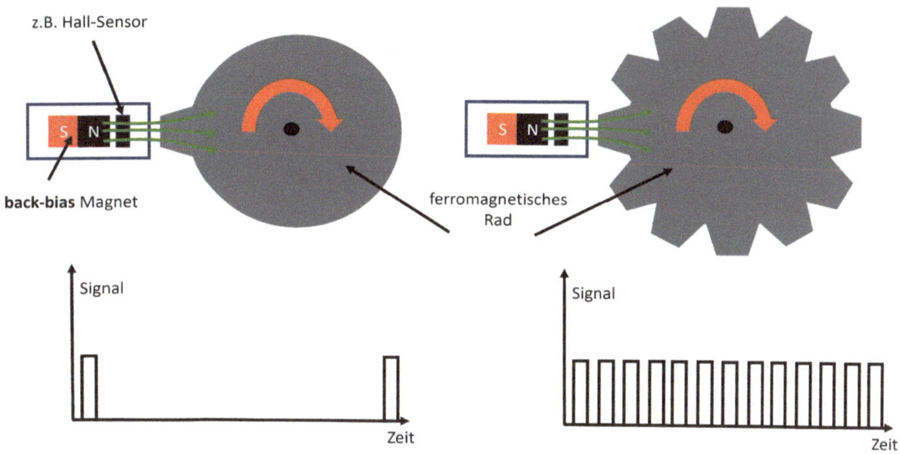

Abb. 3.6 Funktionsprinzip eines magnetischen Drehzahlfühlers. Zusammen mit dem **back bias** Magnet wird beim passieren des ferromagnetischen Zahns ein kurzer Anstieg der Flussdichte im Hall-Sensor gemessen. Die Messfrequenz lässt sich durch einen umlaufenden Zahlkranz deutlich erhöhen und damit die notwendige Torzeit reduzieren

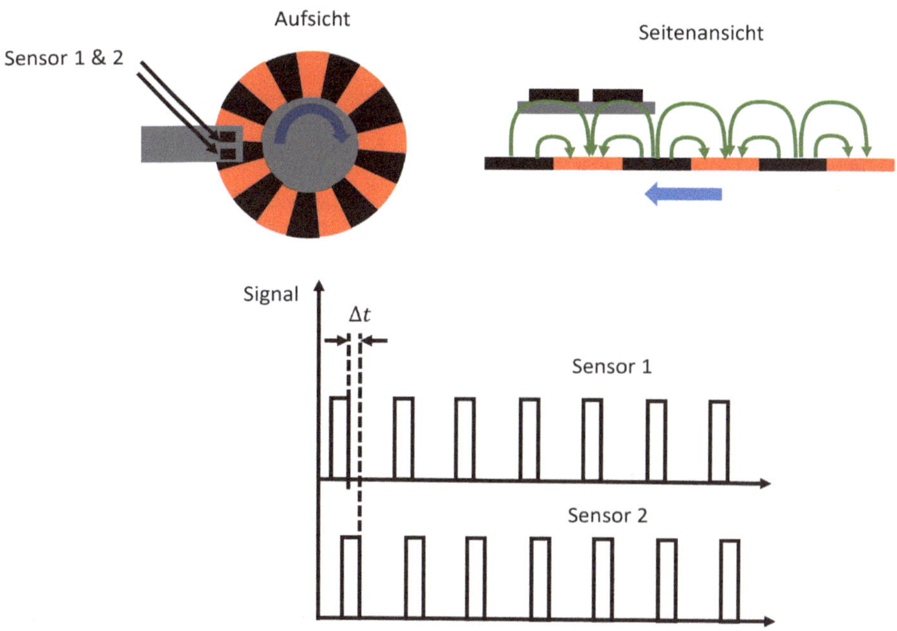

Abb. 3.7 Drehzahlfühler mit magnetisch strukturiertem Rad. Die Verwendung von zwei versetzten Magnetfeld-Sensoren ermöglicht die Bestimmung der Drehrichtung aufgrund der unterschiedlichen Phasenverschiebung der Signale je nach Laufrichtung

zeigen dann ein leicht phasenverschobenes Signal. Das Vorzeichen der Phasenverschiebung ermöglicht die Erkennung der Drehrichtung.

3.4 Winkelsensoren

In Abgrenzung zu einem Drehzahlfühler versteht man unter einem **Winkelsensor** eine Messung des Drehwinkels statt der Drehgeschwindigkeit. Grundsätzlich ließe sich zwar ein Winkelsensor auf Basis eines (deutlich einfacher aufgebauten) Drehzahlfühlers realisieren. Dafür müssten lediglich die gemessenen Pulse integriert werden, um den gesamten durchlaufenen Winkel zu erhalten. Dennoch ist das für viele Anwendungen nicht ausreichend. Zumeist muss ein **Absolutwinkel** ermittelt werden und nicht nur eine Winkel*änderung*. Dies würde aber immer wieder eine Referenzfahrt des Sensors erfordern, um den Ausgangspunkt zu finden. Daher werden zur Ermittelung eines Absolutwinkels andere Verfahren verwendet, die im folgenden beschrieben werden.

3.4.1 Absolutwinkelgeber – magnetisch

Die Funktionsweise der in Abschn. 2.3 beschriebenen GMR-Sensorelemente eignet sich sehr gut, um die Orientierung eines ansonsten konstanten Magnetfelds zu bestimmten. Insbesondere bietet dies die Möglichkeit einen Drehwinkelgeber zu realisieren. Der schematische Aufbau ist in Abb. 3.8 gezeigt. Ein Permanentmagnet mit einer horizontalen Ausrichtung der Magnetisierungsrichtung erzeugt ein Dipol-Feld. Der Magnetfeldsensor ist in dem Raumbereich montiert, in dem die Feldlinien auf dem Weg vom Nord- zum Südpol des Magneten horizontal verlaufen. Diese magnetisieren die freie weichmagnetische Schicht des Sensors in der gleichen Richtung. Findet eine Drehung des Magneten um die vertikale Achse statt, so ändert sich auch die Magnetisierungsrichtung der freien Schicht und der Gesamtwiderstand wird entsprechend der relativen Orientierung zu festen Schicht verändert. Der Sensor kann so sofort einen Winkel ausgeben, ohne vorher eine Referenzfahrt durchzuführen.

Offensichtlich führt das Messprinzip aber zu einer Beschränkung auf eine 180° Drehung, da sich anschließend die Messwerte wiederholen. Zusätzlich kann so auch nicht die Drehrichtung oder das Vorzeichen des Winkels ermittelt werden.

Diese Einschränkung lässt sich vermeiden, wenn der Aufbau noch durch einen zweiten Magnetfeldsensor ergänzt wird. Im ersten Schritt wird zusätzlich noch unter 90° zur Ausrichtung des ersten Sensors, ein zweiter platziert. So kann die Phase korrekt bestimmt werden und ein Messbereich von 360° abgedeckt werden.

Manche Anwendungen erfordern es jedoch, einen noch größeren Winkelbereich als 360° zu erfassen. Ein Beispiel hierfür ist der **Lenkwinkel-Sensor,** der Umdrehungen > 360° noch vermessen können soll. In diesem Fall wird der Messbereich durch ein **Nonius-Verfahren** erweitert. Hierfür werden zwei 360° fähige Sensoren verwendet, die über Zahnräder mecha-

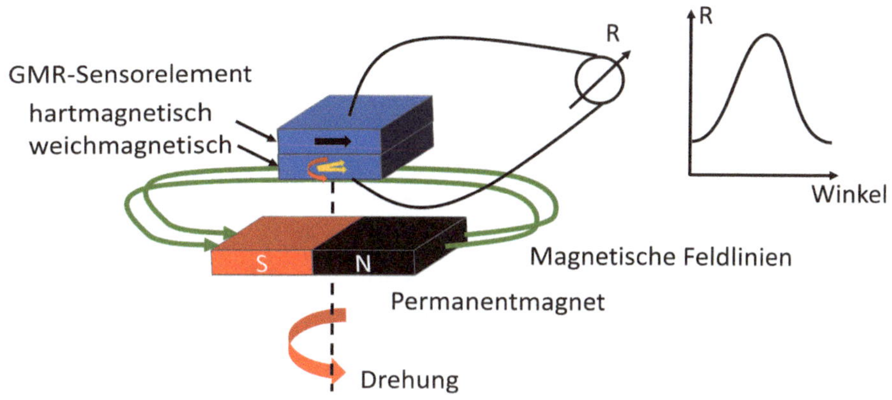

Abb. 3.8 Funktionsprinzip eines magnetischen Drehwinkelgebers. Der relativ zum Magnetfeldsensor drehbar gelagerte Permanentmagnet erzeugt Feldlinien, die im Raumbereich des Sensors parallel zu dessen Orientierung sind. Die weichmagnetische Schicht des GMR-Sensorelements folgt dabei der des äußeren Feldes während die hartmagnetische Schicht fixiert bleibt. Daher wird bei Drehungen der Widerstand des GMR-Schichtstapels moduliert, so dass der Winkel berechnet werden kann

nisch mit der zu vermessenden Achse gekoppelt sind (Abb. 3.9). Dabei ist die Kopplung mit *unterschiedlichen* Übersetzungsverhältnissen ausgeführt. Etwa führt für eine Umdrehung der Hauptachse der erste Winkelsensor 10 Umdrehungen durch, während der zweite 11 Umdrehungen erfährt. Durch die mit unterschiedlicher Geschwindigkeit laufende Phasenlage der beiden Teilsensoren zueinander, kann die Vorwärts- und Rückwärtsdrehung unterschieden werden. In beiden Richtungen wiederholt sich der gleiche Messwert erst nach einer 360° Drehung der Hauptachse. Damit kann insgesamt ein Messbereich von ±360° abgedeckt werden.

3.4.2 Absolutwinkelgeber – optisch

Neben der Möglichkeit, die Winkelinformation über eine Orientierung von magnetischen Feldern zu vermessen, können auch optische Prinzipien genutzt werden. Diese haben insbesondere Vorteile hinsichtlich der Störbarkeit, etwa durch externe Magnetfelder, große Temperaturschwankungen oder Alterung der Permanentmagneten. Optische Absolutwinkelgeber (auch lineare Wegaufnehmer) nutzen das Prinzip eines optischen **Encoders.** Optische Encoder übersetzen die physikalische Information (Winkel oder Strecke) direkt in ein digitales Signal. Hierfür werden mehrere Lichtstrecken parallel aufgebaut, die in einem definierten Muster geöffnet oder geschlossen werden. Die Lichtstrecke wird mit einem codierten Lineal oder einer Scheibe je nach Stellung verdeckt. Die Information über den Drehwinkel der Scheibe oder die Verschiebeposition des Lineals ergibt sich aus der Kombination der aktivierten oder deaktivierten Lichtstrecken. Entsprechend der Anzahl der Lichtstrecken

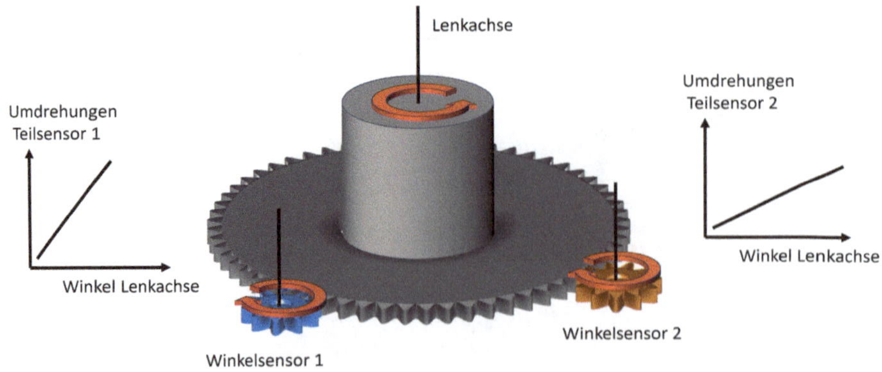

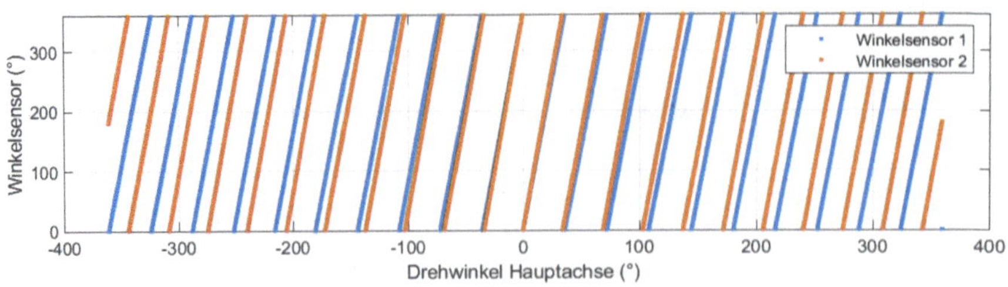

Abb. 3.9 Funktionsprinzip eines Lenkwinkelsensors mit Messbereich $> 360°$. Die Stellung der beiden kleinen Zahnräder werden mit einzelnen Winkelsensoren vermessen. Die kleinen Zahnräder haben eine unterschiedliche Anzahl von Zähnen, so dass bei Drehung der großen Achse sich beide mit unterschiedlicher Geschwindigkeit drehen. Aus der Kombination der Informationen kann der Winkel der großen Achse berechnet werden

(n) können damit 2^n Positionen codiert werden. Anders als bei einem Inkrementalgeber, der über das Zählen einzelner Pulse die Position bestimmt, steht auch hier die Information sofort zur Verfügung. Eine Referenzfahrt zur korrekten Feststellung der Ausgangsposition kann damit entfallen.

Grundsätzlich könnten die Positionen einfach im **Binärcode** codiert sein (Abb. 3.10 und 3.11 links). In der Praxis entstehen allerdings Probleme mit dem Binärcode. Es könnten beim Übergang zwischen den codierten Positionen undefinierte Zwischenzustände entstehen, da der Lichtstrahl einen endlichen Durchmesser hat. Beim Übergang von Position 1 zu 2 könnten Bit 1 und Bit 2 möglicherweise gleichzeitig aktiviert werden, statt sofort das korrekte Ergebnis auszugeben. Das würde bei der Auswertung als Position 3 interpretiert werden. Um dieses Problem zu lösen, wird der **Gray-Code** verwendet (Abb. 3.10 und 3.11 rechts). Dieser enthält die gleiche Anzahl von Positionen und Bitmustern. Allerdings sind diese so angeordnet, damit immer nur ein Bit den Wert ändert, wenn die Position wechselt.

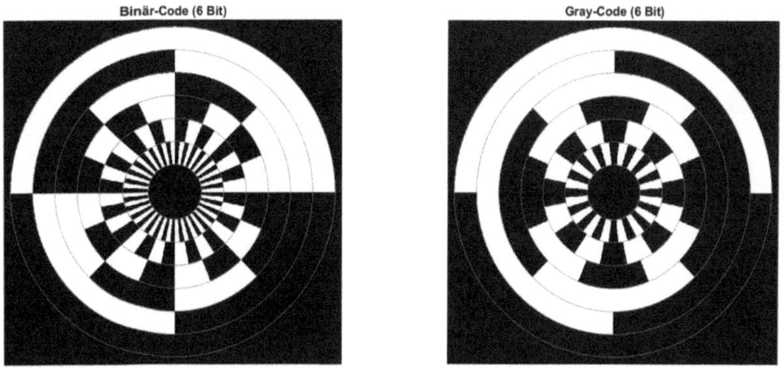

Abb. 3.10 Optische Encoder-Scheibe, links mit Binärcode, rechts mit Gray-Code

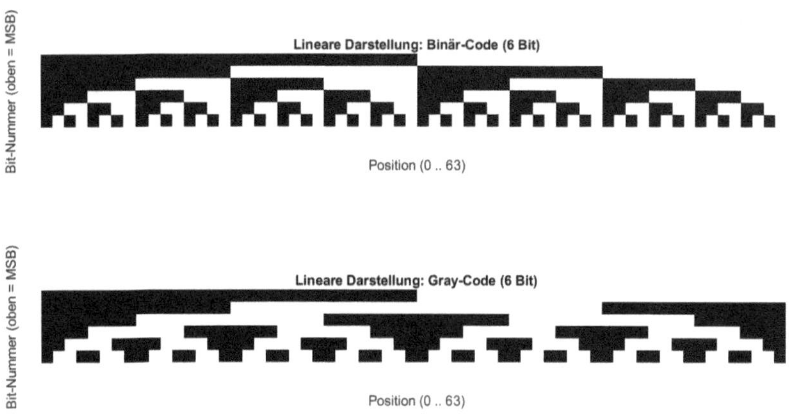

Abb. 3.11 Linearer Encoder mit Binärcode (links) und Gray-Code (rechts)

Darüber hinaus sind auch noch andere Codierungsverfahren möglich wie ein Nonius-Verfahren oder Pseudozufallsfolgen. Letztere werden statt mit mehreren Spuren *nebeneinander,* auf einer Spur *hintereinander* ausgelesen.

Inertialsensoren

4

Inertialsensoren messen **Trägheitskräfte,** die auf eine Testmasse einwirken. Diese Kräfte entstehen durch eine externe Beschleunigung auf das System, in dem der Sensor montiert ist. Diese treten unter anderem bei der Beschleunigung (oder dem Abbremsen) eines Fahrzeugs auf oder aber durch die **Lage des Systems im Gravitationsfeld.** Sie sind daher geeignet, um die Lage oder Bewegung von Objekten zu erfassen. Inertialsensoren sind neben dem Einsatz in Fahrzeugen zur **Crash-Erkennung** oder als universeller Sensor im Smartphone (Ausrichtung des Bildschirms oder viele weitere, die Interaktion unterstützende, Anwendungen) von großer Bedeutung in der Navigation. Durch mehrfache Integration der Beschleunigung und Drehbewegungen kann die Ausrichtung eines Systems und dessen Position berechnet werden. Daher verwenden viele bemannte oder unbemannte Fahrzeuge Inertialsensoren zur Positionsbestimmung. Insbesondere, wenn eine Satellitennavigation nicht möglich ist oder ausfällt, dienen sie als Rückfallebene. Dies betrifft sowohl Militär- und Verkehrsflugzeuge oder Drohnen, als auch autonome Fahrzeuge.

4.1 Beschleunigungssensoren

Das Funktionsprinzip eines Beschleunigungssensors ist stets die Messung der Kraft F auf eine Probemasse m aufgrund der anliegenden Beschleunigung a.

$$F = ma \tag{4.1}$$

Diese Kraft F dehnt oder staucht ein **Federelement** mit Federsteifigkeit k. Die sich damit ergebende Auslenkung der seismischen Masse wird als Maß für die Beschleunigung verwendet. Die Auslenkung beträgt, sofern das Federelement als linear angesehen werden kann, nach dem *Hookschen*-Gesetz

M. Hattaß, *Sensorik*,
https://doi.org/10.1007/978-3-662-73845-0_4

$$F = kx \tag{4.2}$$

Die mechanische Empfindlichkeit (Auslenkung pro Beschleunigung x/a) kann daher auch als

$$\frac{x}{a} = \frac{m}{k} = \frac{1}{\omega_0^2} \tag{4.3}$$

angegeben werden mit der Eigen(kreis)frequenz ω_0. Typische Eigenfrequenzen ($f_0 = \omega_0/(2\pi)$) für mikromechanische Sensoren liegen je nach Anwendung zwischen ca. 1 kHz und 10 kHz.

Grundsätzlich stehen für die Messung der Auslenkung zahlreiche Methoden zur Verfügung. Beispielsweise kann das Federelement mit stressempfindlichen Elementen (piezoresistive Widerstände) ausgestattet sein, so dass die Dehnung der Feder in eine Widerstandsänderung übersetzt wird. Auch wären optische Verfahren denkbar, bei denen die Auslenkung über eine Abschattung gemessen wird oder sogar interferometrische Verfahren. In kommerziellen Sensoren hat sich aber die Messung über eine Änderung einer Kapazität durchgesetzt (**kapazitive Beschleunigungssensoren).** Diese Sensoren bieten Vorteile gegenüber anderen Verfahren, da sie vergleichsweise stromsparend und kostengünstig in **mikromechanischen Prozessen** umgesetzt werden können. Durch ihren Einsatz in Sicherheitssystemen im Kraftfahrzeug (mehr als ein Sensor pro Fahrzeug bei ca. $9 \cdot 10^7$ Fahrzeugen/Jahr) oder als Komfortfunktionen im Smartphones und Zubehör ($>10^9$/Jahr), gehören kapazitive Beschleunigungssensoren wohl zu den am weitesten verbreiteten Sensoren überhaupt.

Die Messung der Auslenkung wird mittels einer Anordnung von Plattenkondensatoren erreicht, wobei der Abstand der Platten variiert und daher die Kapazität verändert. Da die Auswertung nur eines Kondensators nichtlinear ist (siehe auch Abschn. 2.5), wird stets eine Differenzmessung ΔC durchgeführt. Damit ist die Kennlinie über einen größeren Bereich leichter zu linearisieren:

$$\Delta C(x) = C_1(x) - C_2(x) = \varepsilon_0 \frac{A}{d - x} - \varepsilon_0 \frac{A}{d + x} = 2\varepsilon_0 \frac{Ax}{d^2 - x^2} \tag{4.4}$$

In erster Näherung ergibt dies

$$\Delta C(x) = 2\varepsilon_0 \frac{A}{d^2} x \tag{4.5}$$

Ein schematisches Beispiel für die Umsetzung eines kapazitiven Beschleunigungssensoren in **MEMS**-Technologie (MEMS: Micro-ElectroMechanical System, siehe auch Abschn. 4.3) ist in Abb. 4.1 gezeigt. Drei verschiedene Elektroden stehen sich hier jeweils gegenüber. Das Design ist so gewählt, dass die mittlere Elektrode beweglich ist und über eine mechanische Feder mit dem darunterliegende Substrat verbunden ist. Die anderen beiden Elektroden sind fest mit dem **Substrat** verbunden und bilden jeweils mit der mittleren Elektrode einen Plattenkondensator. Wird der mittlere, bewegliche Teil (seismische Masse) durch eine Beschleunigung ausgelenkt, so verändern sich die Kapazitäten zwischen beweglichem Teil und Festelektroden. Damit bilden sich zwei elektrische Kapazitäten aus, die sich differenziell auswerten lassen.

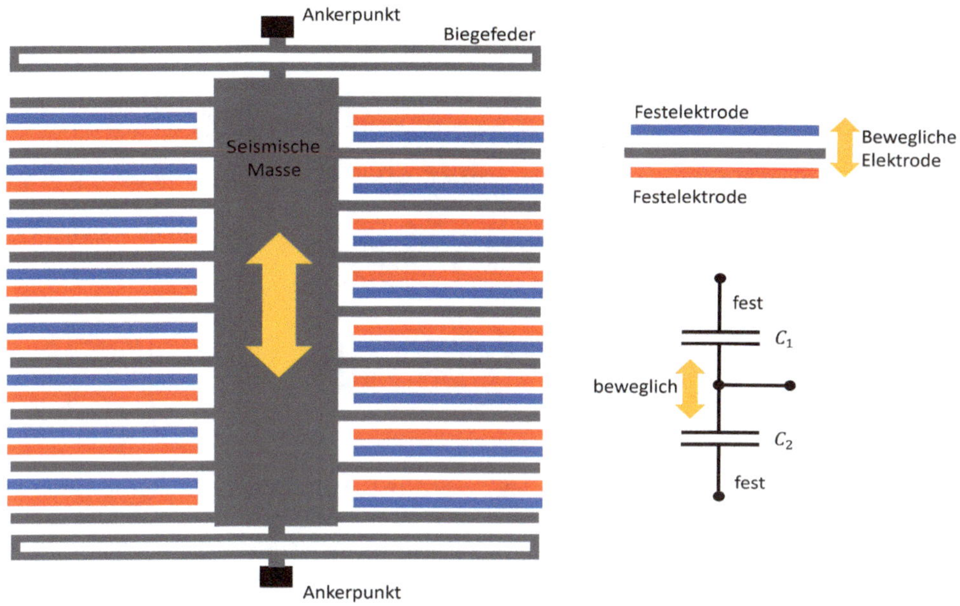

Abb. 4.1 Schematischer Aufbau eines mikromechanischen kapazitiven Beschleunigungssensor. Die Festelektroden sind in blau und rot dargestellt. Die beweglichen Elektroden, die elektrisch mit der seismischen Masse verbunden sind, sind in grau abgebildet. Bei einer anliegenden Beschleunigung in der Ebene lenkt sich die Masse relativ zu den Elektroden aus und erzeugt eine Asymmetrie in den beiden Kapazitäten. Dieser wird quantitativ ausgewertet und ist im Wesentlichen proportional zur Auslenkung und damit der Beschleunigung

Werden zwei dieser Elemente in 90°-Orientierung zueinander platziert, so können Beschleunigungen in der Ebene vollständig erfasst werden. Für viele Anwendungen ist dies bereits ausreichend. Dennoch ist es in mobilen Endgeräten notwendig, alle drei Raumrichtungen zu erfassen. Es ist jedoch aufgrund des Bauraums und der Kosten meistens nicht sinnvoll ist, drei einzelne Elemente mit den passenden Orientierungen zu verbauen. Daher gibt es eine weitere Beschleunigungssensor-Struktur die für Beschleunigungen vertikal zur Ebene geeignet ist. Hierfür haben sich **Wippen-Designs** etabliert wie in Abb. 4.2 gezeigt. Dieses besteht aus einer an einer **Torsionsfeder** aufgehängten ausgedehnten Masse. Die Masse ist dabei so aufgebaut, dass der Schwerpunkt versetzt zur Drehachse liegt. Wirkt eine vertikale Beschleunigung auf die Masse ein, so wird aufgrund des Drehmoments die Masse gegen die Torsionsfeder verkippt. Die Auslenkung wird durch Elektroden, die ober- oder unterhalb der Masse angebracht sind, vermessen.

Typische Consumer-Beschleunigungssensoren kombinieren zwei der in der Ebene messenden Elemente mit einem der vertikal sensitiven Elemente, um die Beschleunigung in alle drei Achsen gleichzeitig aufnehmen zu können. Für höhere Anforderungen werden manchmal auch mehrere Elemente mit unterschiedlichen Vorzeichen doppelt eingesetzt und pas-

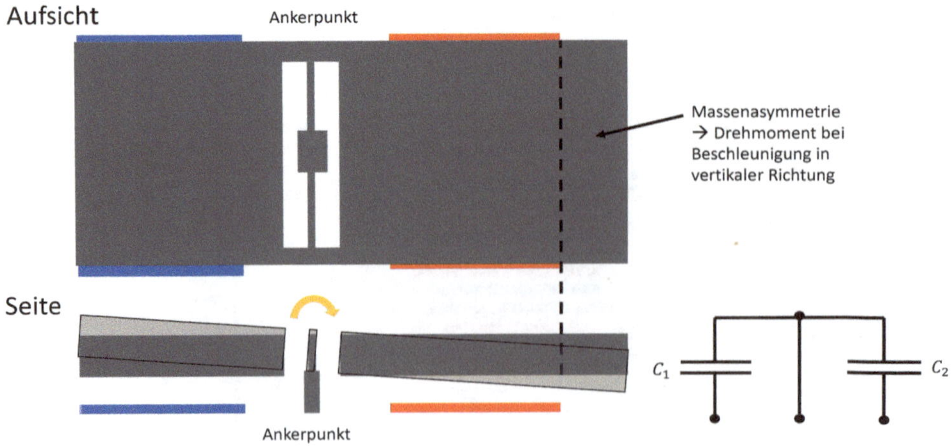

Abb. 4.2 Schematischer Aufbau eines mikromechanischen kapazitiven Beschleunigungssensor für vertikale Beschleunigungen („Wippen"-Design). Die Festelektroden sind unterhalb der beweglichen Masse angebracht. Die Masse ist an einer zentralen Torsionsfeder angebracht. Durch die Massenasymmetrie links und rechts entsteht ein Drehmoment bei anliegender Beschleunigung. Die Auslenkung führt auch hier zu einer Kapazitätsänderung und damit einem Ausgangssignal

send verschaltet. Damit lassen sich bestimmte Instabilitäten und Signal-Driften vermeiden. Auch ist es möglich, durch geeignete Anordnung der Elektroden und einer Feder, mit nur einer beweglichen Masse einen dreiachsigen Sensor aufzubauen. Diese Sensoren sind dann sehr kleinbauend, aber haben Nachteile in der Signalqualität.

Beim harten Aufschlag eines Mobiltelefons auf den Boden können extrem hohe Beschleunigungen entstehen, die den eigentlichen Messbereich um ein Vielfaches übersteigen. Daher sind die Strukturen noch mit Stoppern ausgestattet, so dass die Masse auf eine definierte Stelle aufschlägt und keine Kurzschlüsse mit den Mess-Elektroden auftreten.

Statt der SI-Einheit $\mathrm{m/s^2}$, wird die Empfindlichkeit und der Messbereich eines Beschleunigungssensors oft in **Einheiten der Erdbeschleunigung** ($g = 9{,}81\,\mathrm{m/s^2}$) angegeben. Der Messbereich dieser Sensoren liegt daher je nach Design zwischen 2 g (Consumer Anwendungen zur Bestimmung einer Orientierung im Raum) bis zu 200 g (Crash-Sensoren im Stoßfänger eines Autos). In Überlasten treten aber Beschleunigungen $\gg 1000\,\mathrm{g}$ auf.

Bemerkenswert ist die hohe Auflösungen, die bereits mit Consumer-Sensoren erreicht werden kann. Das typische Rauschen im Sensorausgang liegt bei $< 100\,\mathrm{\mu g}/\sqrt{\mathrm{Hz}}$. Bei einer Bandbreite von 100 Hz sind dies 1 mg (RMS). Das ermöglicht die Detektion einer Verkippung im Erdfeld von $atan(1\,\mathrm{mg}/1\,\mathrm{g}) \approx 0{,}06°$. Die Verschiebung der seismischen Masse aus der Ruhelage kann ebenfalls abgeschätzt werden. Bei Annahme einer Eigenfrequenz von $f_0 = 2\,\mathrm{kHz}$ sind dies $x = 1/(2\pi f_0)^2 \cdot 1\,\mathrm{mg} \approx 6{,}2 \cdot 10^{-11}\,\mathrm{m}$. Das ist weniger als $1/10$ eines Atomdurchmessers.

4.2 Drehratesensoren

Drehratesensoren messen die **Winkelgeschwindigkeit** um eine vorgegebene Achse. Sie werden auch als **Gyroscope** bezeichnet. Wie auch Beschleunigungssensoren sind sie daher geeignet, um die Bewegung eines Systems unabhängig von externen Referenzen zu vermessen. Damit finden sie sich in verschiedensten Anwendungen im Automobil (Schleuder- oder Überroll-Erkennung), Smartphones (z. B. Bildstabilisierung, **optical image stabilization,** OIS), Lagestabilisierung von Drohnen oder Game-Controllern. Von entscheidender Bedeutung sind sie aber auch bei der Inertialnavigation, d. h. der Schätzung der Position eines Objektes aufgrund der vergangenen Bewegungen **(dead reckoning).** Je nach Spezifikation sind dies Anwendungen in der zivilen oder militärischen Luft- und Raumfahrt bis zu Consumer-Anwendungen wie Indoor-Fußgängernavigation. Sie bilden damit ein redundantes System, wenn die Satellitennavigation ausfällt oder nicht verfügbar ist.

Kapazitive Drehratesensoren sind zunächst ähnlich zu Beschleunigungssensoren aufgebaut. Auch hier wird die Auslenkung eines Feder-Masse-Systems aufgrund der Einwirkung einer Kraft vermessen. Wesentlicher Unterschied ist aber, dass die auslenkende Kraft selbst

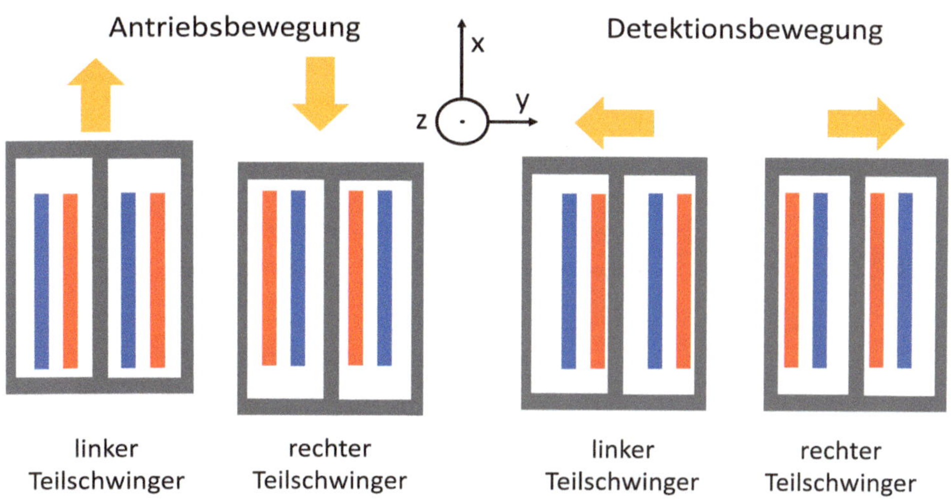

Abb. 4.3 Schematisches Funktionsprinzip eines mikromechanischen kapazitiven Drehratesensors für Drehbewegungen um die vertikale Achse. Die beiden Teilschwinger (graue Rahmenstruktur) werden durch elektrostatische Aktuatoren (hier nicht gezeigt) in Schwingungen versetzt und in Resonanz gehalten. Ohne eine vorhandene Drehbewegung ändern sich die Abstände zwischen den Elektroden hier nicht und es tritt kein Differenzsignal auf. Liegt gleichzeitig eine Drehbewegung um die vertikale Achse (aus der Zeichenebene heraus) vor, so wirkt auf die beiden Teilschwinger eine Corioliskraft. Diese ist am stärksten, wenn beide Teilschwinger die größte *Geschwindigkeit* besitzen. Dieses ist gerade im Null-Durchgang der Fall. Die fixierten Elektroden sind so angeordnet, damit die jeweiligen Detektionskapazitäten pro Teilschwinger insgesamt mit korrektem Vorzeichen addiert werden

erst aktiv erzeugt werden muss. Hierfür werden zwei Massen m gegenläufig in Schwingungen in x-Richtung versetzt (siehe Abb. 4.3). Liegt eine Winkelgeschwindigkeit Ω um die vertikale Achse (z) an, so wirkt auf die Masse eine **Corioliskraft** F_c in y-Richtung

$$\mathbf{F}_c(t) = -2\boldsymbol{\Omega} \times \mathbf{v}(t) \tag{4.6}$$

ein. Mit einer geeigneten Kopplung von Federn führt diese Kraft zu einer seitlichen Auslenkung, die mittels einer Anordnung von Plattenkondensatoren gemessen werden kann.

Das Differenzsignal enthält an dieser Stelle zwar bereits die Information über die Winkelgeschwindigkeit. Allerdings liegt dieses noch auf der **Trägerfrequenz** der Antriebsschwingung. Um also ein statisches Ausgangssignal zu erhalten, wird das Differenzsignal mit der Frequenz der Antriebsschwingung **demoduliert** durch Multiplikation mit einem phasengleichen harmonischen Signal und anschließender Tiefpassfilterung (siehe auch Abschn. 11.5.1).

Grundsätzlich könnte der Messeffekt auch nur mit einem einzigen Schwinger funktionieren. Dann wäre aber der Sensor gleichzeitig sehr empfindlich auf lineare Beschleunigungen in der y-Richtung. Durch die Teilschwinger und die entsprechende Anordnung der Elektroden wird dieser Effekt aber in erster Näherung wieder unterdrückt.

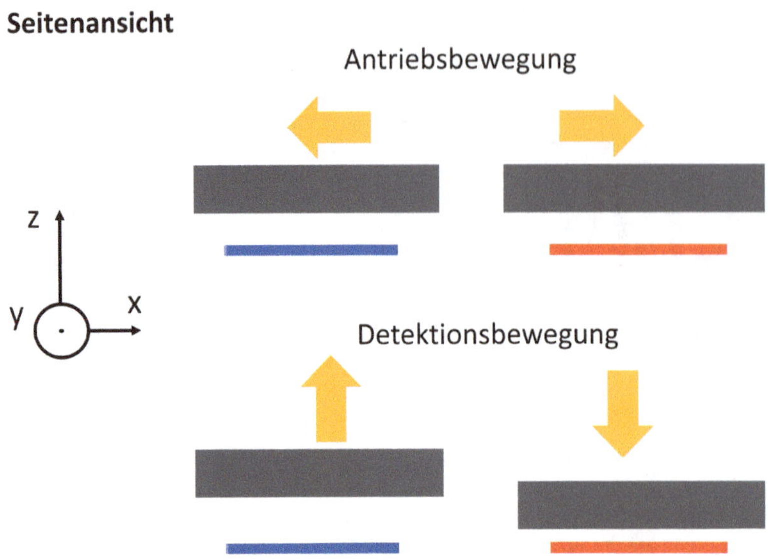

Abb. 4.4 Schematisches Funktionsprinzip eines mikromechanischen kapazitiven Drehratesensors für Drehbewegungen in der Ebene. Die beiden Teilschwinger werden entgegengesetzt in Schwingungen versetzt. Ohne eine vorhandene Drehbewegung ändern sich die Abstände zwischen den Teilschwingern und den darunter liegenden Elektroden nicht. Liegt gleichzeitig eine Drehbewegung um die y-Achse (aus der Zeichenebene heraus) vor, so wirkt auf die beiden Teilschwinger eine Corioliskraft in entgegengesetzte Richtung. Damit entsteht wieder ein Differenzsignal, das ausgewertet werden kann

Für die Messung der Drehrate in einer Achse parallel zur Ebene, wird ein anderes Konzept verwendet, das dem eines z-Beschleunigungssensors ähnelt (Abb. 4.4). Auch hier findet eine Antriebsbewegung statt, die die seismischen Massen bewegen. Liegt eine Drehgeschwindigkeit um die Achse in der Ebene vor, die senkrecht zur Antriebsrichtung steht, führt dies zu einer Auslenkung der Massen nach oben oder unten. Damit wird ebenfalls eine Teilkapazität vergrößert während eine weitere verkleinert wird.

4.2.1 Betrieb von mikromechanischen Drehratesensoren

Um sinnvoll messbare Kräfte bei kleinen Drehgeschwindigkeiten Ω zu erzeugen, sind vergleichsweise hohe Antriebsgeschwindigkeiten v in (4.6) erforderlich. Für eine Sinus-Schwingung des Antriebs mit

$$x(t) = x_0 \sin \omega_A t \tag{4.7}$$

ergibt sich eine (maximale) Antriebsgeschwindigkeit aus der Ableitung von (4.7) zu

$$v_{max} = \omega_A x_0. \tag{4.8}$$

Die Antriebsamplitude eines mikromechanischen Drehratesensors liegt bei einigen Mikrometern und die Antriebsfrequenz in der Größenordnung von wenigen 10 kHz. Damit ergeben sich Geschwindigkeiten von fast $1\,\mathrm{m\,s^{-1}}$. Dies lässt sich nicht durch (quasi-)statische Aktuierung erreichen, sondern muss in **Resonanz** erfolgen. Der schwingende Antrieb erzeugt damit eine ebenfalls mit gleicher Frequenz wirkende Corioliskraft in Detektionsrichtung. Der Betrag der Kraft berechnet sich bei senkrechter Orientierung der Bewegungen zu

$$F_{c,max} = 2m\Omega v_{max} = 2m\omega_A x_0 \Omega. \tag{4.9}$$

Die Größenordnung der Corioliskraft für eine Drehrate von $\Omega = 1°/\mathrm{s} \approx 17{,}6 \cdot 10^{-3}\,\mathrm{rad\,s^{-1}}$ liegt für eine Antriebsfrequenz von $f = 25\,\mathrm{kHz}$, einer Schwingamplitude von $4\,\mu\mathrm{m}$ und einer Masse von $2\,\mu\mathrm{g}$ bei nur $43{,}7 \cdot 10^{-12}\,\mathrm{N}$. An dieser Stelle wird zwischen zwei wesentlichen Betriebsmodi von mikromechanischen Drehratesensoren unterschieden (Abb. 4.5). Eine Möglichkeit besteht darin, diese Kraft auf eine bewegliche Detektionsstruktur einwirken zu lassen und sie damit in eine periodische Schwingung zu versetzen. Die Auslenkung kann gemessen werden und ist ein Maß für die anliegende Drehrate. Dieser Modus wird als **open loop** Betrieb bezeichnet. Prinzipiell wäre es möglich, die Resonanzfrequenz des Detektionsschwingers auf die des Antriebs auszulegen, um die Güteüberhöhung voll auszunutzen. Jedoch hat dies deutliche Nachteile für die Bandbreite des Sensors, da die Detektionsresonanz erst Aufschwingen muss bis ein stabiles Messsignal entsteht. Daher wird die Detektionsschwingung nur *off resonant* angetrieben. Diese Messkonzept dominiert im Consumer-Markt für Drehratesensoren.

Eine weitere Möglichkeit zur Umsetzung eines Drehratesensors ist der kraftgeregelte **closed loop** Betrieb. Hier wirkt ebenfalls die Corioliskraft in die Detektionsrichtung, jedoch

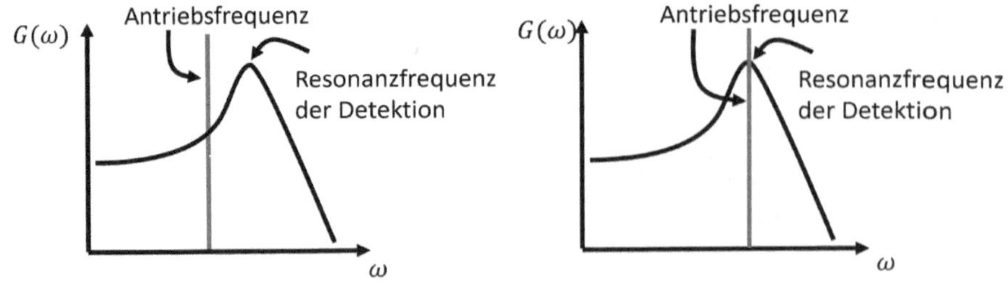

Abb. 4.5 Betriebsmodi für Drehratesensoren. Links: Off-resonanter Betrieb, Antriebs- und Detektionsfrequenz stimmen nicht überein. Rechts: Betrieb im *frequency matching*

wird durch Elektroden eine **Gegenkraft** erzeugt, die den Detektionsschwinger in der Ruhelage hält. Damit wird die zur Rückstellung der Corioliskraft notwendige elektrostatische Kraft als Maß für die Drehrate verwendet. Es handelt sich hier also um ein **Kompensationsverfahren.** In diesem Fall wird auch die Resonanzfrequenz der Detektionsschwingung auf die des Antriebs gelegt. Die Nachteile in der Bandbreite treten hier durch die Rückkopplung nicht mehr auf, so dass die Güte des Antriebs direkt zur Verbesserung des Signal-Rausch-Abstands zur Verfügung steht. Das Anpassen der beiden Frequenzen aufeinander **(frequency matching)** erfolgt allerdings nicht alleine über das mechanische Design. Dies lassen die Prozessstreuungen in der Herstellung typischerweise nicht zu. Daher wird über weitere Elektroden eine elektrostatische Mitkopplung erzeugt **(frequency tuning),** die Antriebs- und Detektionsfrequenz zur Übereinstimmung bringt. Insgesamt lassen sich durch diesen Betriebsmodus deutlich bessere Signalqualitäten erreichen (**Bias Stability,** siehe Abschn. 1.3.5). Jedoch steigt die Komplexität des Systems ebenfalls. Dieser Modus wird vor allem in Anwendungen mit noch höheren Anforderungen an die Signalstabilität verwendet (Automotive, Luftfahrt).

Die hohe Auflösung dieser Systeme verdeutlicht sich an der detektierbaren mittleren Auslenkung der seismischen Masse. Wird eine Auflösung für die Drehrate von 1°/h erreicht, bedeutet das eine mittlere Auslenkung der Elektroden von $\Delta x \approx \frac{2x_0 m}{\omega_A}\Omega \approx 2{,}4 \cdot 10^{-16}$ m. Das ist weniger als der Durchmesser eines Wasserstoff-Atom*kerns!*

Beispiel: Automotive Drehratesensor für Drehbewegungen um die z-Achse

Das beschriebene Konzept eines Drehratesensors benötigt für eine praktische Umsetzung noch weitere Details, um ein verlässliches und störungsarmes Signal zu liefern. Dies soll hier etwas detaillierter am Beispiel eines Automotive Drehratesensors dargestellt werden (siehe auch [15]). Insgesamt besteht der Sensor aus drei wesentlichen Funktionsteilen bzw. Massen, die jeweils doppelt vorhanden sind (Abb. 4.6). Die äußerste Masse, auch **Antriebsrahmen** genannt, wird mit elektrostatischen Aktuatoren in Schwingung in x-Richtung versetzt. Dabei schwingen die beiden Antriebsrahmen (links und rechts) jeweils entgegengesetzt zueinander. Um dauerhaft mit wenig Energieaufnahme eine möglichst hohe Amplitude zu erreichen, wird die Antriebsschwingung in Resonanz (f_A) betrieben. Dies wird insbesondere durch

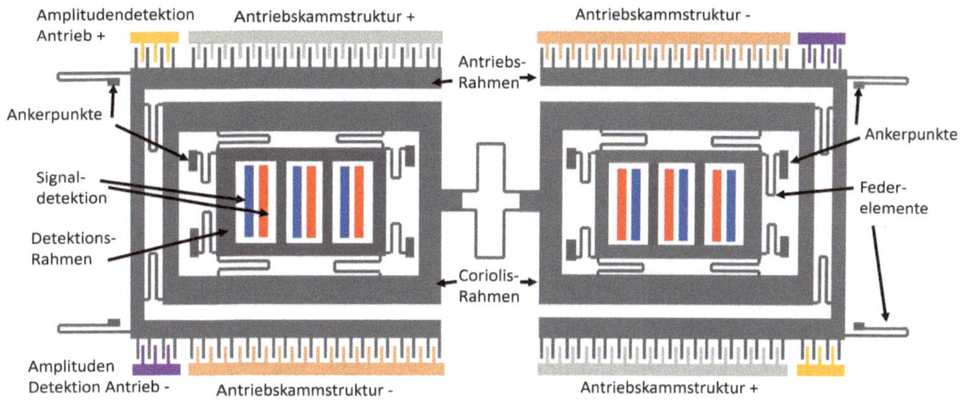

Abb. 4.6 Übersicht der wesentlichen Funktionsteile eines mikromechanischen Drehratesensors für Drehbewegungen um die vertikale Achse. Jeder Teilschwinger besteht aus Antriebs-, Coriolis- und Detektionsrahmen. Durch die elektrostatischen Antriebskämme wird der Antriebsrahmen in Schwingungen versetzt. Dieser ist durch geeignete Koppelfedern mit dem Coriolisrahmen verbunden und oszilliert mit diesem zusammen. Der Detektionsrahmen wird durch weitere geeignete Federn an dieser Bewegungsrichtung gehindert. Liegt eine Drehrate vor, so wird zunächst der Coriolisrahmen in die horizontale Richtung ausgelenkt und schiebt dabei auch den Detektionsrahmen an. Da der gleiche Vorgang im zweiten Teilschwinger mit umgekehrtem Vorzeichen stattfindet, werden die Detektionselektroden wieder mit passendem Vorzeichen verschaltet

den geringen Restdruck in der Sensorkaverne ermöglicht. Die Güte der Antriebsschwingung liegt im Bereich von wenigen 1000. Durch geeignete Orientierung von Koppelfedern wird ein weiteres Massenstück **(Coriolis-Rahmen)** zunächst in die gleiche Richtung mitbewegt. Liegt nun eine Drehbewegung um die z-Achse vor, so wirkt auf die Massen eine Coriolis-Kraft ein. Der Antriebsrahmen ist allerdings aufgrund der Orientierung der Federn nicht in der Lage in diese Richtung auszuweichen. Nur der Coriolis-Rahmen erfährt eine Kraft senkrecht zur Antriebsrichtung und der Drehachse. Da die Koppelfedern eine Bewegung in diese Richtung erlauben, kommt es zu einer Auslenkung. Gleiches passiert auf der anderen Seite nur mit umgekehrter Richtung, so dass die beiden Coriolis-Rahmen entgegengesetzt schwingen. Schließlich befindet sich innerhalb des Coriolis-Rahmens ein weiterer Rahmen **(Detektions-Rahmen),** der so an den Coriolis-Rahmen und das Substrat gekoppelt ist, so dass er nur Schwingungen in Detektionsrichtung ausführen kann. Durch diese Entkopplung der Detektions- von der Antriebsstruktur können verschiedene Probleme reduziert werden, die beispielsweise durch Nichtlinearitäten in den Federn entstehen. Die gesamte bewegliche Masse bildet schließlich die **Mittelelektrode** der Kondensatoren (C_M), wobei sich die eigentliche Detektionskapazität nur zwischen dieser und den fest am Substrat verankerten Elektroden C_1 und C_2 ausbildet. Zusätzlich ermöglicht dieser Aufbau einen kraftgeregelten Betrieb **(Force Feedback).** In diesem Fall wird die Auslenkung des Detektions-Rahmens (und damit des Differenzkapazitätssignals) aktiv auf „0“ gehalten. Hierfür werden durch weitere Elektroden oder einen geeigneten Betrieb (Messung und Krafterzeugung im Zeitmultiplex) der Detektionselektroden eine Gegenkraft erzeugt. Die Größe dieser Kraft ist eine direkte Messung der Coriolis-Kraft durch Kompensation. Drehratesensoren dieser Betriebsart können trotz einer vergleichsweise kleinen Bauform sehr hohe Auflösungen erreichen (Bias Stability von besser als 1°/h).

Nicht dargestellt sind weitere Strukturen für die Korrektur von Fehlbewegungen, die durch Asymmetrien in den Federn und Massen auftreten. Diese führen dazu, dass bei der maximalen *Auslenkung* des Antriebs, also nicht der maximalen *Geschwindigkeit* auch eine Querbewegung stattfindet. Dieses Fehlsignal zeigt eine Phasenverschiebung von 90° zum eigentlichen Messsignal und wird daher **Quadratur**-Signal genannt. Die Stärke dieses Fehlsignals kann das der maximalen Corioliskraft um Größenordnungen übersteigen. Daher finden sich in Drehratesensoren mit höheren Anforderungen noch weitere Elektroden zur Kompensation dieser Fehlbewegung (**Quadraturkompensationselektroden).**

4.3 Vertiefung: MEMS und Oberflächenmikromechanik

Kapazitive Beschleunigungs- und Drehratesensoren für Anwendungen mit sehr hohen Stückzahlen werden als **mikro-elektromechanische Systeme** (MEMS) hergestellt. Dabei werden ähnliche **lithographische Prozesse** und Verfahren verwendet, wie sie auch zur Herstellung von integrierten Schaltkreisen zu Anwendung kommen. Daher können mehrere tausend Sensoren gleichzeitig auf einem Wafer hergestellt werden. Exemplarisch soll hier etwas vereinfacht am Beispiel der **Oberflächenmikromechanik** (OMM) der Aufbau eines kapazitiven MEMS Sensors mit vergrabenen Leiterbahnen gezeigt werden (Abb. 4.7, 4.8, 4.9, 4.10, 4.11, 4.12, 4.13, 4.14, 4.15, 4.16, 4.17, 4.18 und 4.19).

Der Prozess beginnt mit der Bereitstellung eines **Substrat-Wafers** aus Silizium, der später den gesamten mechanischen Aufbau trägt. Auf diesem wird eine **Siliziumoxid-Schicht** aufgewachsen, die eine elektrische Isolierung vom Substrat ermöglicht aber trotzdem einen mechanischen Kontakt darstellt.

Auf diese **Isolationsschicht** wird eine weitere Schicht aus (dotiertem) Silizium aufgewachsen, die später als **Verdrahtungsebene** dient (Dicke < 1 µm). Diese wird mittels einer Maske und späterem Ätzschritt strukturiert, so dass die Leiterbahnen entstehen. Anschlie-

Abb. 4.7 Start mit Silizium Wafer (Substrat), der den Sensoraufbau trägt

Abb. 4.8 Aufwachsen einer Siliziumoxid-Schicht, die zur Isolation des Sensorkerns vom Substrat dient

Abb. 4.9 Aufwachsen einer dünnen Poly-Silizium-Schicht. Dies wird die spätere Verdrahtungsebene des Sensorkerns

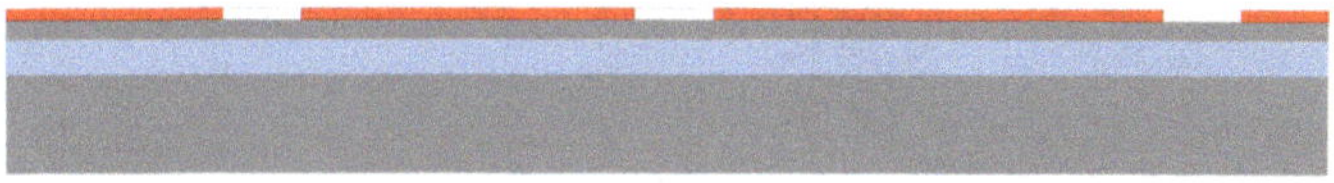

Abb. 4.10 Aufbringen und Strukturieren einer Lack-Maske, die das Layout der Leiterbahnen enthält

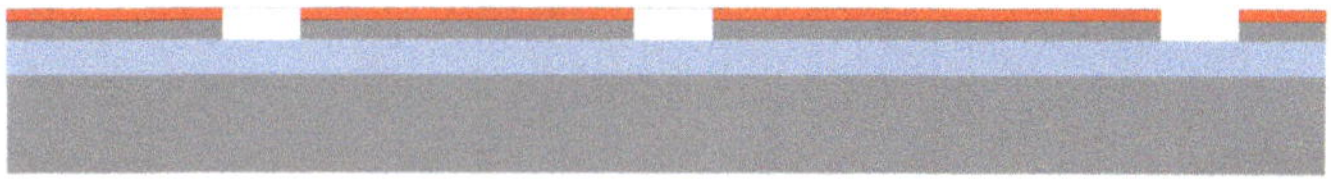

Abb. 4.11 Strukturieren der Leiterbahnen durch einen Ätzschritt

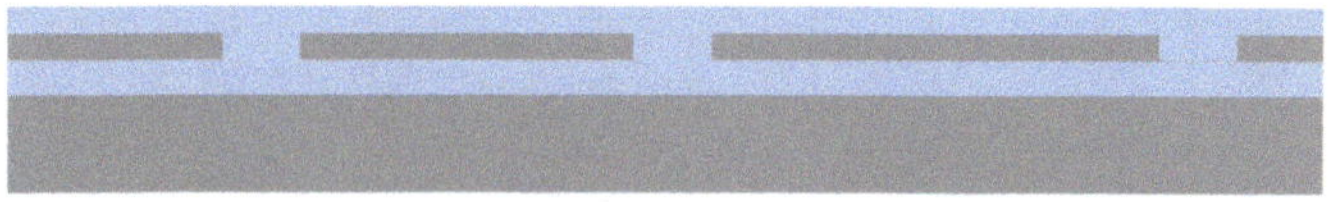

Abb. 4.12 Erneutes Überwachsen der Leiterbahnen unter einer isolierenden Oxidschicht (späteres „Opferoxid")

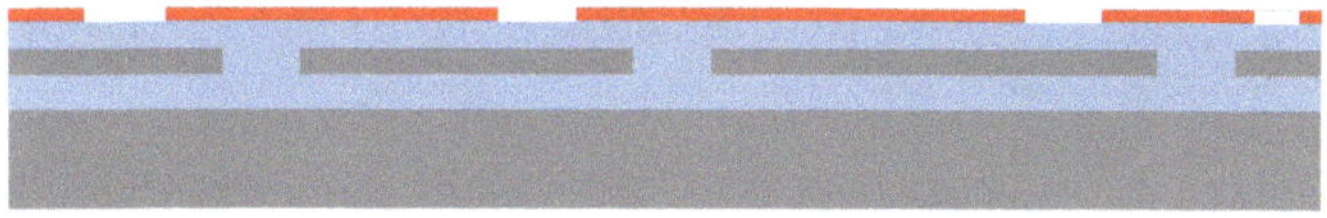

Abb. 4.13 Aufbringen und Strukturieren einer Lack-Maske, die das Layout für die Verbindungen zwischen Leiterbahn-Ebene und den vertikalen Elektroden enthält

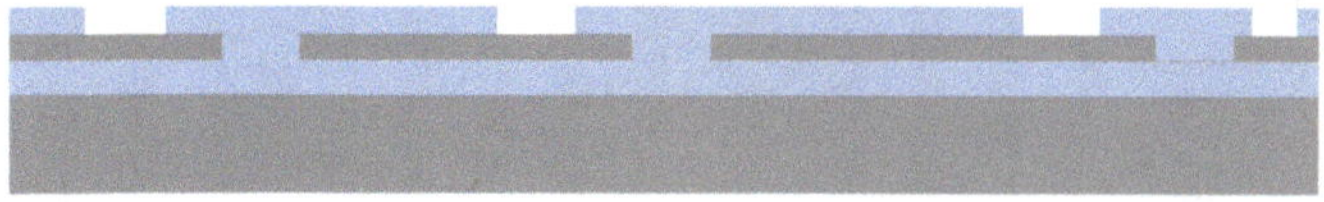

Abb. 4.14 Ätzen der Kontaktlöcher

ßend wird eine neue (isolierende) Siliziumoxid-Schicht mit ca. 1 µm Dicke aufgebracht, die als **Opferschicht** verwendet wird. Diese Schicht überdeckt zunächst die Verdrahtungsebene und wird durch einen erneuten Maskenprozess und Ätzen strukturiert, so dass Kontaktlöcher auf die Leiterbahn-Ebene geöffnet werden. Im folgenden Schritt wird die eigentliche mechanische und elektrische **Funktionsschicht** aus Silizium aufgewachsen. Je nach Design kann diese Dicken von einigen 10 µm erreichen.

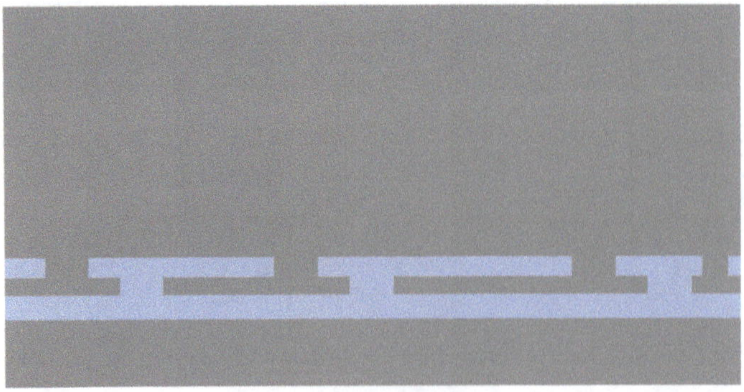

Abb. 4.15 Aufwachsen einer weiteren (dicken) Silizium-Schicht

Abb. 4.16 Aufbringen und Strukturieren einer Maske, die die mechanischen Strukturen und Elektroden enthält

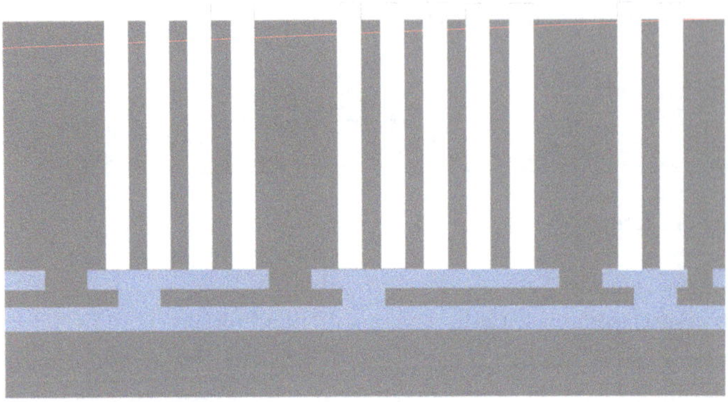

Abb. 4.17 Ergebnis nach dem gerichteten Ätzprozess (DRIE, auch „trenchen" genannt), siehe Details in Abb. 4.20

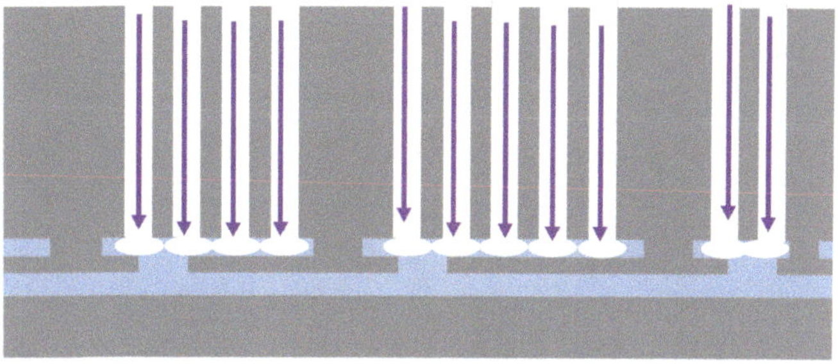

Abb. 4.18 Gasphasen-Ätzprozess bei dem selektiv nur die Siliziumoxid-Schichten angegriffen werden

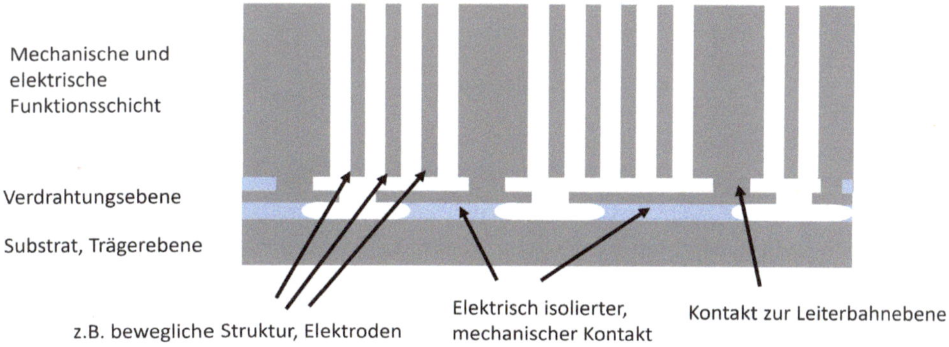

Abb. 4.19 Ergebnis nach dem Stoppen des Gasphasen-Ätzprozess

Der nachfolgende Prozess ist ein besonderes Merkmal der Oberflächenmikromechanik, der auch als **Deep Reactive Ion Etching** (DRIE) oder nach dem Ursprung des Verfahrens als **Bosch-Prozess** [16] bekannt ist. Hierfür wird erneut eine Maske auf den Wafer aufgebracht und an den Stellen geöffnet, die oberhalb des zu entfernenden Materials liegen (Abb. 4.20).

Da nun möglichst gerade und tief in den Wafer prozessiert werden soll, sind isotrope Ätzprozesse nicht geeignet. Zwar existieren grundsätzlich auch anisotrope Ätzverfahren. Diese schränken die Richtungen und Ätzflanken aber auf bestimmte Kristallachsen ein, so dass damit nur eine sehr geringe Designfreiheit besteht. Um das Material zu entfernen, wird im ersten Schritt ein mittels eines Plasmas aus Schwefelhexafluorid (SF_6) und einer angelegten Spannung ein (kurzer) leicht **gerichteter Ätzschritt** durchgeführt.

Im zweiten Schritt wird eine **Polymerschicht zur Passivierung** aufgebracht. Diese legt sich über alle offenen Flächen des Wafers, insbesondere auch über die jetzt entstandenen Seitenwände und Boden der Öffnung. Anschließend beginnt der leicht gerichtete Ätzschritt von neuem und entfernt die Passivierung am Boden der Öffnung. Aufgrund der leichten Vorzugrichtung und der chemischen Eigenschaften der Passivierung, werden die Seitenwände jedoch nur deutlich weniger angegriffen und bleiben im Wesentlichen geschützt.

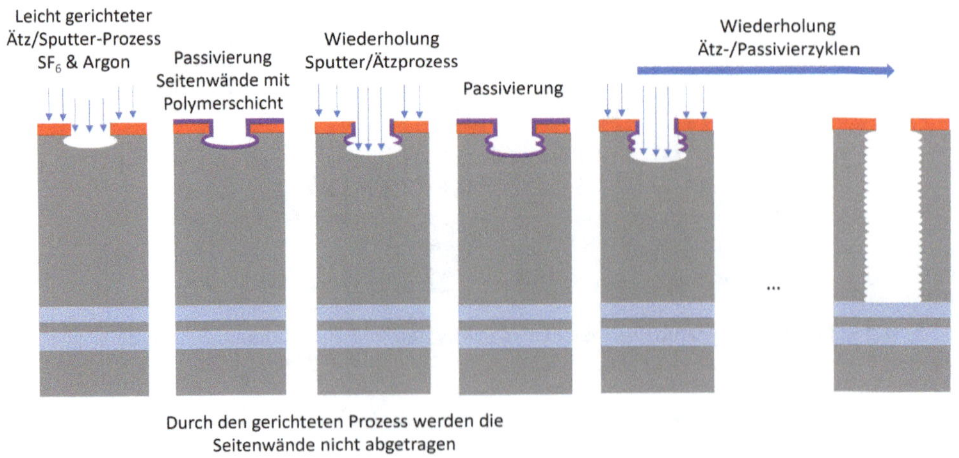

Abb. 4.20 Ablauf der Strukturierung der Seitenwände

Dieser **Wechsel aus Ätz- und Passivierschritten** wird schließlich mehrfach wiederholt bis das Material bis zur nächsten Oxidschicht entfernt wurde. Die Oxidschicht wird durch das Ätzgas nicht mehr angegriffen, so dass der Prozess hier nahezu automatisch zum Erliegen kommt. Insgesamt erzeugt der Prozess ein leichtes Wellenmuster an den Seitenwänden, das jedoch durch Optimierung der Abläufe reduziert werden kann. Schließlich sind so die vertikalen Federstrukturen und Plattenkondensatoren entstanden.

Die erzeugte Struktur ist aber noch nicht beweglich, da diese auf der Oxidschicht aufsitzt. In einem letzten Prozess wird mit einem **isotropen Gasphasen-Ätzprozess** mit Fluorwasserstoff (HF) die Oxidschicht entfernt. Dieser muss zeitgesteuert erfolgen, so dass das Oxid nur wo es leicht erreichbar ist, entfernt wird. Der Prozess wird gestoppt bevor das Oxid auch in den Bereichen unterhalb der Leiterbahnen entfernt wird. Dieses wird weiter als mechanische Anbindung an das Substrat und als elektrische Isolation benötigt. Dieser Schritt muss möglichst sicher und effizient durchgeführt werden. Daher sind die Abschnitte der Funktionsschicht, die freigestellt werden sollen, möglichst schmal oder besitzen **Ätzzugangslöcher** (Abb. 4.21).

Anschließend wird der Wafer mit einem zuvor auf ähnliche Weise strukturierten Kappen-Wafer verbunden, so dass die mikromechanische Struktur hermetisch von der Außenwelt abgeschlossen ist. Der elektrische Zugang erfolgt über Bondpads, die außerhalb des Kappenbereichs liegen.

Die Sensorelemente des fertig prozessierten Wafers werden danach durch Sägeprozesse vereinzelt und zusammen mit einer Auswerteschaltung aufgebaut (Abb. 4.22).

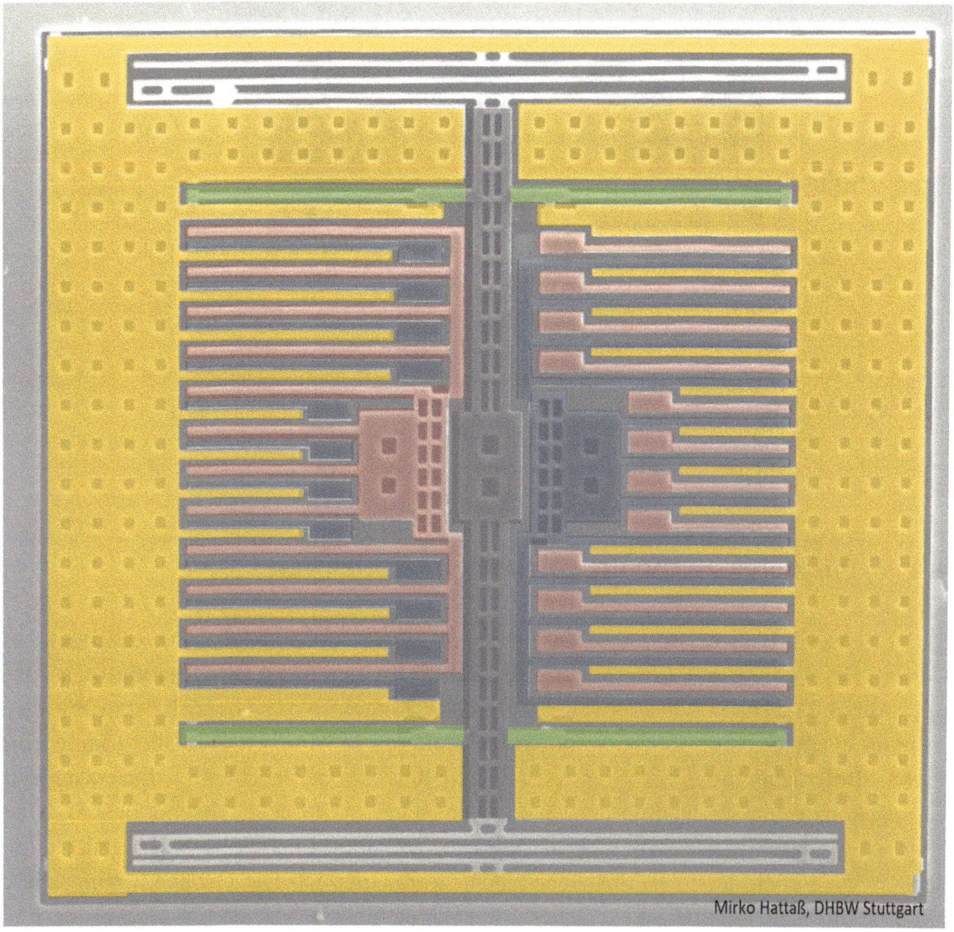

Abb. 4.21 REM-Aufnahme eines modernen Beschleunigungssensors aus Massenfertigung. Gelb: bewegliche seismische Masse, Rot und blau: Festelektroden. Der mittlere graue Bereich ist ebenfalls feststehend und zentral am Substrat befestigt. Oben und unten sind hell die mechanischen Biegefedern, die die Steifigkeit bzw. Empfindlichkeit des Sensors definieren. Die grün markierten Teile liegen auf dem gleichen Potenzial wie die seismische Masse und werden als „federnder Anschlag"genutzt, um die Struktur bei Überlasten frühzeitig abzubremsen. Gut erkennbar sind auch die Ätzzugangslöcher in der seismischen Masse, die den Zugang des Ätzgases für die Entfernung der Opferschicht ermöglichen

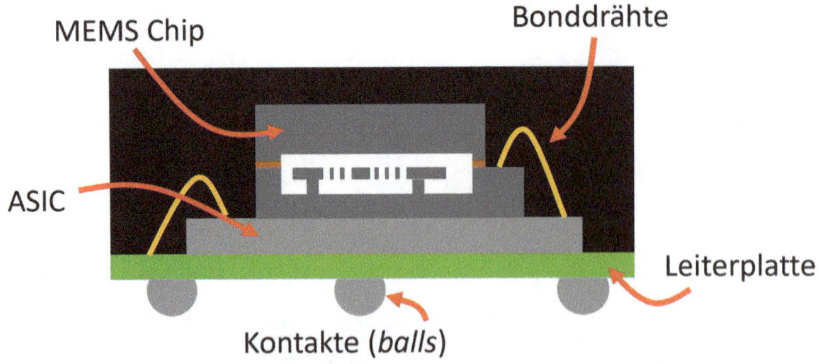

Abb. 4.22 Typischer Aufbau eines MEMS-Sensors. Der das Sensorelement (MEMS-Chip) wird auf eine Auswerteschaltung (ASIC) aufgeklebt und mit Bonddrähten elektrisch verbunden. Der ASIC ist auf einer Leiterplatte aufgebaut und über diese und die Kontakte unterhalb an die Außenwelt angebunden. Zum Schutz ist der Aufbau mit einer epoxidbasierten Vergussmasse umschlossen

4.4 Piezoelektrische Beschleunigungssensoren

In der Sensorik wird der piezoelektrische Effekt in **dynamischen Kraftmessungen** verwendet. Ein wesentlicher Anwendungsfall sind **piezoelektrische Beschleunigungssensoren** (Abb. 4.23). Dafür wird der mit elektrischen Kontakten versehene Kristall mit einer Seite an einem Substrat fixiert, während ein weiterer Teil frei ist. Bei Einwirkung einer starken Beschleunigung, wird der Kristall gedehnt oder gestaucht und die entstehende Ladung kann gemessen werden (zu den Auswerteschaltungen siehe Abschn. 11.2.5). Allerdings ist zu beachten, dass im elektrischen Ersatzschaltbild parallel zur Kapazität C des Sensors auch noch der Isolationswiderstand R vorhanden ist. Die Größenordnung dieser RC-Zeitkonstante liegt bei ≈ 1 s. Daher sind piezoelektrische Sensoren typischerweise nur für dynamische und nicht für statische Messungen geeignet. Durch die hohe Festigkeit sind die piezoelektrischen Sensoren allerdings auch für sehr große Beschleunigungen ($\gg 1000$ g) herstellbar und können über einen weiten Frequenzbereich ($\gg$ kHz) verwendet werden. Für komplementäre Messungen (niedrigere Frequenzen $\leq$ 1 kHz und $\leq$ 100 g) kommen eher kapazitive Beschleunigungssensoren (MEMS) zum Einsatz.

4.5 Anwendung von Inertialsensoren

Wie bereits eingangs angesprochen, finden Inertialsensoren Anwendung in der Navigation oder Erkennung von Ausrichtungen im Schwerefeld. Die Veränderung der Position x bei einer rein linearen Bewegung ergibt sich aus der zweifachen Integration der Beschleunigung in die jeweilige Richtung. Für eine konstanten Beschleunigung a ergibt sich

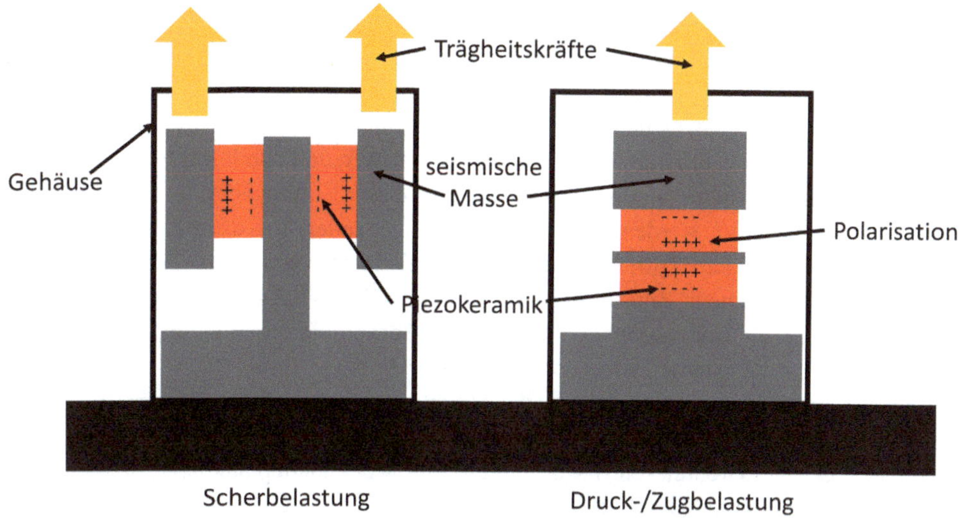

Abb. 4.23 Schematischer Aufbau von piezoelektrischen Beschleunigungssensoren. Die piezoelektrische Keramik wird entweder Scher- oder Druck-/Zugbelastungen ausgesetzt. Um den Messeffekt zu vergrößern wird das Sensorelement noch mit einer seismischen Masse verbunden

$$x = \int_0^t \int_0^t a\,dt = \frac{1}{2}at^2 + v_0 t + x_0 \tag{4.10}$$

wobei v_0 und x_0 über die Anfangsbedingungen gegeben sind. Notwendig ist es, sich den Einfluss des Offsets eines Beschleunigungssensors in diesem Fall zu verdeutlichen. Besteht das Ausgangssignal des Sensors aus der wahren externen Beschleunigung a_{ext} und dem Offset a_0, so wird auch der systematisch vorhandene Offset zweifach integriert. Daher weicht die berechnete von der wahren Position über Zeit mit $\Delta x = 1/2a_0t^2$ von einander ab. Bei $a_0 = 10$ mg sind dies nach 60 s bereits knapp 3 m. Daher kommt der **Offsetstabilität** eine große Bedeutung zu.

Um vollständig die Position bestimmen zu können, ist ein Beschleunigungssensor nicht ausreichend. Wird ein Beschleunigungssensor etwa nur um die vertikale Achse gedreht, entsteht kein Ausgangssignal. Wenn wieder eine Beschleunigung anliegt, kann ein Algorithmus nicht entscheiden, in welche (absolute) Richtung sich das System bewegt hat. Für diesen Zweck sind Drehratesensoren notwendig. Sie ermöglichen ebenfalls die Bestimmung der Ausrichtung im Raum durch Integration des Ausgangssignals

$$\phi = \int_0^t \Omega\,dt = \Omega t + \phi_0. \tag{4.11}$$

Auch hier spielt der Offset des Sensor eine entscheidende Rolle in der Berechnung der Orientierung.

Dennoch sind beide Sensoren bei der Verwendung im Schwerefeld der Erde nicht völlig komplementär. Können jeweils drei orthogonalen Achsen Beschleunigung und Drehrate gemessen werden, zeigt trotzdem immer ein Teil des Beschleunigungsvektors Richtung Erdmittelpunkt. Wenn ausreichend häufig Drehungen im Feld stattfinden, kann diese Information genutzt werden, um laufend die Offsets zu schätzen und damit die Fehler gering zu halten. Für dieses Verfahren kommen **Kalman-Filter** zum Einsatz [17].

Neben der Navigation werden Drehratesensoren unter anderem in der **Bildstabilisierung** von Kameras verwendet (**Optical Image Stabilization**). Durch leichte Zitterbewegungen würde das aufgenommene Bild unscharf werden. Die Bewegungsdaten werden dazu verwendet, entweder die Linse oder auch den Kamera-Sensorchip durch kleine Aktoren so zu bewegen, so dass die externe Bewegung kompensiert wird.

Eine weitere wichtige Anwendung ist die **Fahrdynamik-Regelung** (Elektronisches Stabilitätsprogramm, ESP) im Fahrzeug. Diese kombiniert die Information des Lenkwinkelsensors mit denen eines Drehratesensors. Sind diese Messwerte nicht plausibel („Lenkwunsch“ und tatsächliche Fahrzeugbewegung), ist es zu einem Schleudervorgang gekommen. Ein Regler kann dann durch Ansteuern der Bremsen das Fahrzeug wieder in Haftung mit dem Boden bringen und so ein Ausbrechen des Fahrzeugs verhindern.

Auch Beschleunigungssensoren finden sich in zahlreichen heute alltäglichen Anwendungen. Neben den eingangs erwähnten Crash-Sensoren, ermöglichen sie die **Portrait-Landscape-Umschaltung** im Smartphone oder ein einfaches **Human Machine Interface** beim Weiterschalten von Tracks in einem kabellosen Kopfhörer durch Klopfsignale. Auch in der Rauschunterdrückung (**Active Noise Cancellation**) in Wireless Head Sets werden sie verwendet, um durch den vom Sprecher erzeugten Schall von Umgebungsgeräuschen zu trennen. Dies ist möglich, da der „Sprecher“-Schall auch als **Körperschall** durch den Kieferknochen das Ohr erreicht. Dies ist mit dem Sensor als Beschleunigungssignal messbar.

Piezoelektrische Beschleunigungssensoren finden sich vorwiegend im industriellen Umfeld. Aufgrund des weiten Messbereichs für die Beschleunigung und Frequenz, werden sie oft als **Referenzsensoren** eingesetzt. Die Überwachung von Maschinen auf Verschleiß ist ebenfalls ein wichtiger Anwendungsfall. Im **Vibrationsspektrum** einer Anlage erscheinen zum Beispiel charakteristische Frequenzen, die durch defekte Wälzlager entstehen. Diese liegen in der Größenordnung von mehreren kHz und können mit piezoelektrischen Beschleunigungssensoren gut vermessen werden. Die gewonnenen Daten sind unter anderem die Basis für Modelle zur Ausfallvorhersage von Anlagen (**Predictive Maintanance**).

Mediensensorik

5

Unter dem Begriff Mediensensorik werden im Rahmen dieses Buches Sensoren zusammengefasst, die Messgrößen über die physikalischen und chemischen Eigenschaften des umgebenden Mediums erfassen.

5.1 Drucksensoren

Eine der wesentlichen Kenngrößen des Mediums um einen Sensor ist der Druck. Die grundsätzlichen Methoden zur Messung von Drücken unterscheiden sich deutlich je nach Druckbereich. Für sehr niedrige Drücke im **Ultrahochvakuum** $< 1 \cdot 10^{-7}$ mbar bis Hochvakuum ($<1 \cdot 10^{-3}$ mbar) kommen **Ionisations-Vakuummeter** zum Einsatz. Diese basieren auf Messung des Ionisationsstroms zwischen zwei Elektroden. Da dieses Verfahren zunächst ionisierte Restgas-Atome durch Elektronenstoßionisation erzeugen muss, ist die Messung stark von der Art des Restgases abhängig. Für höhere Drücke bis etwa Atmosphärendruck (< 1000 mbar), werden **Pirani-Vakuumeter** verwendet, die auf der **Wärmeleitfähigkeit** des (Rest-)Gases basieren. Für Messbereiche nahe des Atmosphärendrucks und deutlich darüber basiert die Druckmessung auf der Messung der Deformation einer Membran. Klassische Wandler übersetzen diese Deformation über eine mechanische Verstärkung in die Auslenkung eines Zeigers. Moderne Drucksensoren für Atmosphärendrücke, die im Folgenden betrachtet werden sollen, nutzen hauptsächlich kapazitive oder piezoresistive Verfahren für die Signalerzeugung.

Piezoresistive MEMS Drucksensoren

Die in Abschn. 2.4 beschriebenen piezoresistiven Sensorelemente werden insbesondere in mikro-elektromechanischen Drucksensoren **(MEMS)** ausgenutzt. Der schematische Aufbau ist in Abb. 5.1 gezeigt. Die piezoresisitven Widerstände werden hier über Dotieren im Randbereich einer dünnen Membran aus Silizium eingebracht und elektrisch kontaktiert.

M. Hattaß, *Sensorik*,
https://doi.org/10.1007/978-3-662-73845-0_5

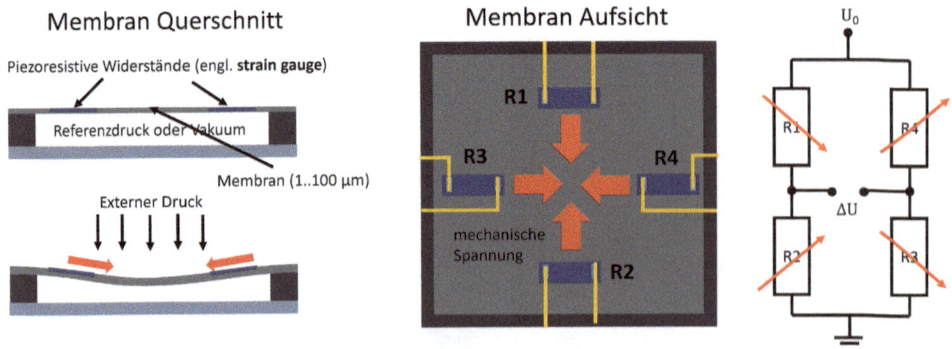

Abb. 5.1 Schematischer Aufbau eines piezoresistiven Drucksensors

Die Widerstände werden so ausgerichtet, so dass zwei Widerstände eine Längs- und zwei Widerstände eine Querbelastung erfahren. Dadurch ergibt sich bei passender Verschaltung eine Vollbrücke, die mit einer Auswerteelektronik versehen ist.

Um die Empfindlichkeit und Linearität zu optimieren, wird meist keine durchgehend gleich dicke Membran verwendet. Die zentralen Teile der Membran besitzen oft durch eine deutlich größere Schichtdicke **(Boss Membran)** eine größere Steifigkeit. Dadurch konzentriert sich die Dehnung auf die Bereiche in denen die piezoresistiven Elemente angeordnet sind. Auch in der Herstellung von piezoresistiven MEMS-Drucksensoren kommen Prozesse zum Einsatz, die ursprünglich aus der Halbleiterfertigung stammen. Daher können auch hier hohe Stückzahlen mit niedrigen Kosten gefertigt werden.

Der dargestellte Prozess erzeugt die Kaverne am Ende über einen Ätzprozess von der Rückseite (siehe Abb. 5.2). Es ist aber auch möglich in einem elektrochemischen Ätzprozess von der Vorderseite zu Beginn die Kaverne herzustellen. Dafür wird in einem Ätzprozess mit Fluorwasserstoff **poröses Silizium** erzeugt, teilweise entfernt und mit weiteren Schritten stabilisiert und überdeckt. Damit kann ebenfalls eine hermetisch geschlossene Kaverne erzeugt werden, auf die die weitere Schaltung aufgesetzt wird. Abb. 5.3 zeigt die Umsetzung in einem realen Drucksensor für barometrische Drücke.

Kapazitive MEMS Drucksensoren

In der Hochvolumenfertigung für den Consumer-Elektronik Bereich setzen sich in den letzten Jahren vermehrt kapazitive Drucksensoren durch (Abb. 5.4). Diese zeichnen sich durch sehr hohe Auflösungen (bis unter 0,1 Pa) und geringe Stromaufnahme aus. Insbesondere für mobile Anwendungen wie **Fitness Tracker** (Schrittzähler und Höhenmesser) in denen über längere Zeit gemessen wird, ist dies von großem Vorteil. Die Membran übernimmt hier die Funktion einer Elektrode eines Plattenkondensators.

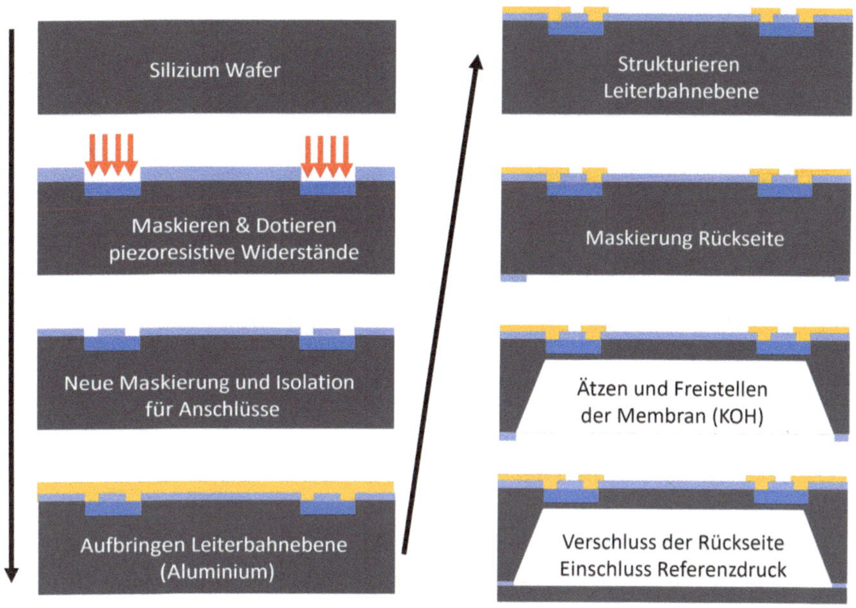

Abb. 5.2 Vereinfachter Ablauf eines klassischen Herstellungsprozesses für piezoresisitive Drucksensoren

Abb. 5.3 Aufsicht auf die Membran eines MEMS Drucksensors mit den vier piezoresistiven Widerständen

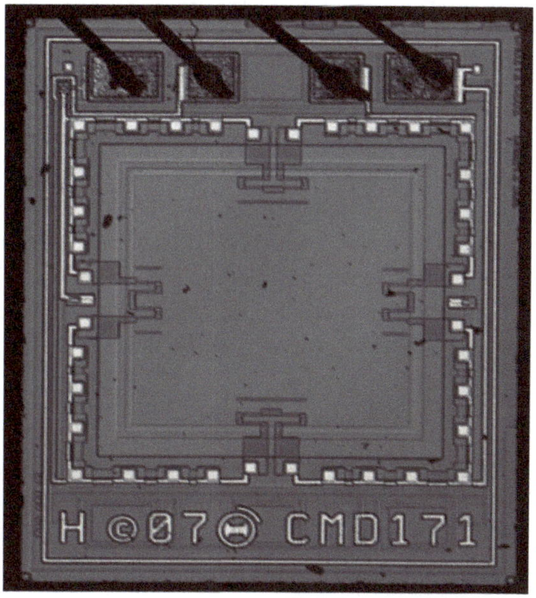

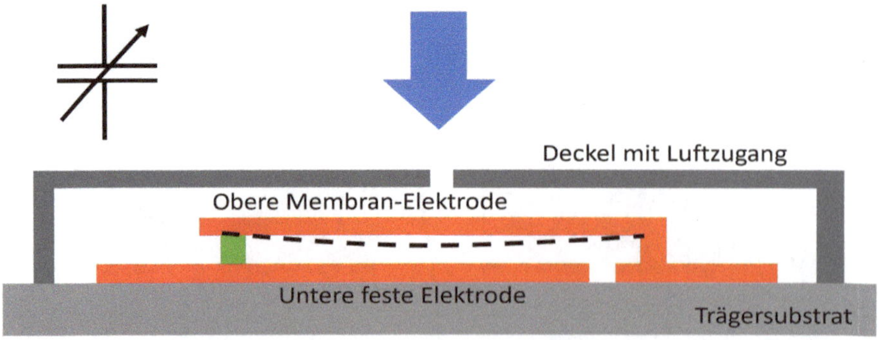

Abb. 5.4 Schematischer Querschnitt durch einen kapazitiven MEMS Drucksensor

5.1.1 Anwendungen für Drucksensoren

MEMS Drucksensoren sind weit verbreitet im Automobilbereich, Industrie und Automation oder Consumer Elektronik. Im Fahrzeugen mit Verbrennungsmotor sind insbesondere verschiedene Drucksensoren für Messungen in den Ansaug- (**MAP, manifold air pressure**) und Abgaswegen wichtig. Im Abgastrakt wird durch die Messung der Druck*differenz* über dem Dieselpartikelfilter bestimmt, ob dieser regeneriert werden muss. Hinzu kommen im Fahrzeug Sensoren für Bremsdruck, Reifendruck (**TPMS, Tire Pressure Monitoring Sensor**) und weitere. In der Automatisierungstechnik sind Füllstandsmessungen über den hydrostatischen Druck oder andere Prozessdrucküberwachungen relevant.
Barometrische Drucksensoren (**BAP, Barometric Air Pressure,** Atmosphärendruck) finden sich in vielen Anwendungen in der Consumer Elektronik wie Fitness-Trackern, Smartwatches oder ähnlichen Geräten. Hier wird die Druckmessung zur Berechnung der (überwundenen) Höhe verwendet. Basis hierfür ist die **Barometrische Höhenformel.** Da mit zunehmender Höhe eine geringere Luftsäule auf einem Objekt lastet, enthält die Messung des Druck eine Information über die Höhe. Grundsätzlich lassen sich unterschiedliche Effekte berücksichtigen, um einen Zusammenhang herzuleiten. Für erste Abschätzungen lässt sich für eine isotherme Atmosphäre angeben

$$p(\Delta h) = p_0 e^{-\Delta h/H} \approx p_0(1 - \Delta h/H). \tag{5.1}$$

Δh steht hier für die zurückgelegte Höhendifferenz, p_0 den Druck auf der Referenzhöhe und H der *Skalenhöhe* der Erdatmosphäre (ca. 7,8 km). Sofern die Höhendifferenz Δh klein ist gegen die Skalenhöhe, kann dies auch näherungsweise als linear angesehen werden. Das Höhen-Auflösungsvermögen von modernen barometrischen Drucksensoren liegt bereits im Bereich von wenigen 10 cm.

5.2 MEMS-Mikrofone

Aufgrund ihrer großen Ähnlichkeit können MEMS Mikrofone ebenfalls zu den Drucksensoren gezählt werden. Insbesondere sind sie aber, anders als eigentliche Drucksensoren, dafür geeignet *Druckschwankungen* also Schall zu vermessen. Grundsätzlich liegen bei kapazitiven MEMS-Mikrofonen ebenfalls zwei Elektroden gegenüber, deren Abstandsvariation ausgewertet wird (Abb. 5.5). Damit das Mikrofon jedoch nur auf Druckschwankungen (Hörschall) und nicht auf quasi-statische Änderungen des Drucks reagiert, ist das Vergleichsvolumen mit der Außenluft verbunden. Langsame Druckvariationen gleichen sich daher stets aus. Kurzzeitige Anstiege im Differenzdruck zwischen dem Detektionsvolumen und der Außenluft führen aber trotzdem zu einer Auslenkung der an Biegefederelementen aufgehängten Membran. Die Gegenelektrode **(Backplate)** ist dagegen starr ausgelegt. Jedoch ist auch diese perforiert. Das ist notwendig, um Linearität über einen weiten Frequenz- und Schalldruckbereich **(Sound Pressure Level, SPL)** zu erhalten. Das Volumen zwischen den Elektroden würde sonst aufgrund der Kompression der Luft wie ein nichtlineares Federelement wirken und so die Auslenkung der Membran beeinflussen. In ähnlicher Weise wirkt auch noch das Volumen hinter der Backplate.

Wesentliche Kenngrößen eines (MEMS) Mikrofons sind

- die Empfindlichkeit,
- Signal-Rausch-Abstand (**Signal-to-Noise Ratio, SNR**),

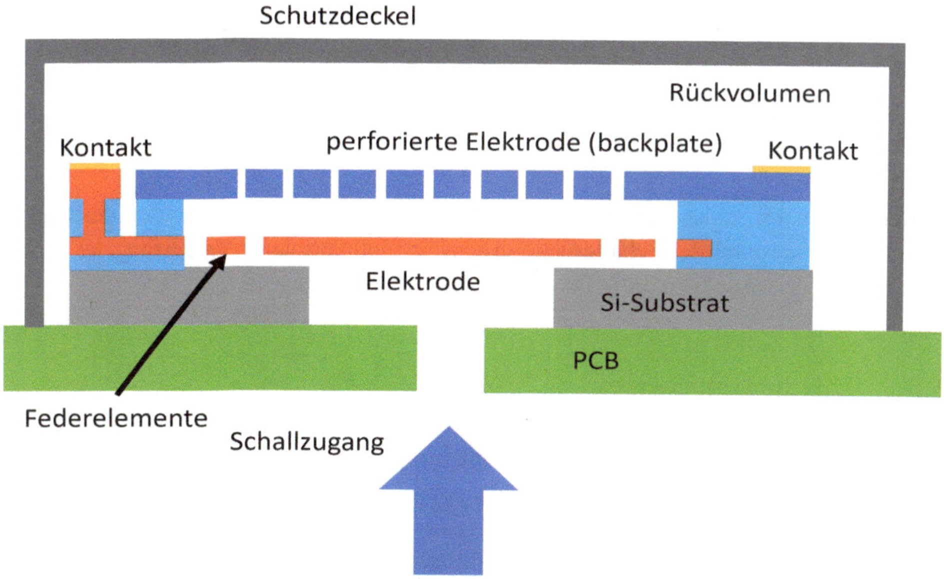

Abb. 5.5 Schematischer Querschnitt durch ein kapazitives MEMS Mikrofon

- Maximalpegel (**Acoustic Overload**) und
- **Total Harmonic Distortion** (THD).

Die Größe THD beschreibt das Verhältnis der Leistungen in den Oberwellen $P_{harmonic}$ eines Ausgangssignals relativ zur Grundwelle P_1. Sie ist definiert durch

$$THD = \frac{P_{harmonic}}{P_1} \cdot 100 = \sqrt{\frac{U_2^2 + U_3^2 + U_4^2 + \cdots}{U_1^2}}, \tag{5.2}$$

wobei die U_1, U_2, ... die Effektivwerte der Sinuswellen bei der Grundfrequenz und deren Vielfachen sind. THD ist der deutschen Definition von Klirrfaktor ähnlich, aber nicht ganz identisch.

Die Empfindlichkeit wird meist in dB angeben, wobei diese sich auf ein 1 V Signal bezieht, das bei einer Frequenz von 1 kHz und einer Druckamplitude von 1 Pa ausgegeben wird. Ein Mikrofon mit einer Empfindlichkeit von −55 dB erzeugt unter diesen Bedingungen also ein Ausgangssignal von

$$1\,\mathrm{V} \cdot 10^{-55/20} = 1{,}78\,\mathrm{mV}. \tag{5.3}$$

Typischerweise wird in der Akustik der Schall statt in einem Absolutdruckwert in Pascal als Sound Pressure Level angegeben. Dieser ist streng genommen eine relative Größe und wird in „dB SPL" angegeben. Der Vergleichsdruck hierfür ist die menschliche Hörschwelle von $p_0 = 20\,\mu\mathrm{Pa}$. Das SPL für einen absoluten Schalldruckegel von 1 Pa ist daher

$$L_p = 20 \log_{10} \left(\frac{p}{p_0} \right) = 20 \cdot \log_{10} \frac{1\,\mathrm{Pa}}{20 \cdot 10^{-6}\,\mathrm{Pa}} = 94\,\mathrm{dB\ SPL}. \tag{5.4}$$

Der Signal-Rausch-Abstand bezieht sich üblicherweise auf diese Druckamplitude von 94 dB SPL. 70 dB SNR bedeutet daher ein eingangsbezogenes Rauschen von 94 dB − 70 dB = 24 dB SPL.

Der Maximalpegel ist typischerweise nicht durch ein hartes Abschneiden des Signals gegeben, sondern durch den Schalldruck, bei dem eine definiert starke Verzerrung des Signals auftritt. Üblicherweise liegt diese Grenze bei einer THD von 10 %.

5.3 Luftmassen-Sensor

Insbesondere in einem Fahrzeug mit Verbrennungsmotor ist eine Messung des Luftmassenstroms in den Ansaugtrakt notwendig für eine optimierte Regelung der Motorleistung. Eine Messung über die Drehzahl eines Flügelrades oder ähnlichem würde den Luftstrom jedoch zu stark behindern. Daher kommen hier **Heißfilm-Luftmassensensoren** zum Einsatz. Das Funktionsprinzip beruht auf der Messung eines Temperaturgradienten und ist in Abb. 5.6 dargestellt. Im Wesentlichen besteht der Sensor aus einem Heizelement (Heizwiderstand)

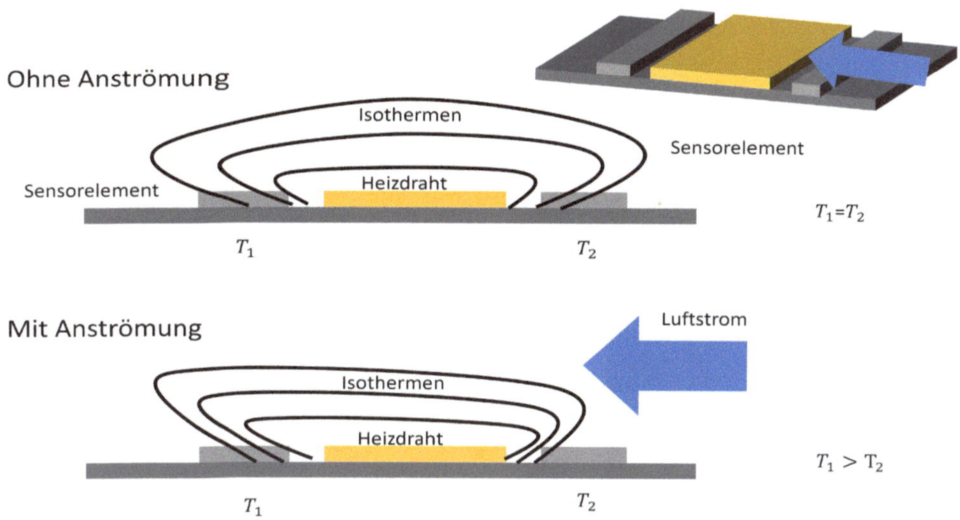

Abb. 5.6 Aufsicht auf die Membran eines MEMS Drucksensors mit den vier piezoresistiven Widerständen

und zwei parallel verlaufenden temperaturabhängigen Widerständen als Sensorelemente. Ohne Luftströmung ist die Temperatur in beiden Sensorelementen identisch, da es keine Vorzugsrichtung gibt. Wird der Aufbau quer mit Luft angeströmt, bildet sich ein Temperaturgradient aus. Dieser entsteht, da die konvektive Heizleistung vom Sensorelement auf der dem Strom zugewandten Seite abtransportiert wird. Gleichzeitig erwärmt sich aus dem gleichen Grund das dem Luftstrom abgewandte Element. Eine Auswerteschaltung bestimmt die Temperaturdifferenz und kann mit einer spezifischen Kalibrierkurve die Luftmassenmenge berechnen. Oft wird diese Information noch mit weiterer Sensorik ergänzt, um präzisere Daten zu erhalten (Luftdruck, Luftfeuchte, Temperatur).

5.4 Lambda-Sonde

Die **Lambda-Sonde** ist ein Sensor, der anfangs insbesondere durch strengere gesetzliche Regelungen große Bedeutung erlangt hat. In diesem Fall waren schärfere Abgasgrenzwerte in den 1970er Jahren ausschlaggebend. Aufgrund der unvollständigen Verbrennung des Kraftstoffs im Motor, kommt es zur Emission von unverbrannten Kohlenwasserstoffen (C_mC_n), Kohlenmonoxid (CO) und Stickoxiden (NO_x). Um diesen Anteil zu reduzieren, wird das Abgas durch einen **3-Wege-Katalysator** geleitet, in dem die Schadstoffe abgebaut werden sollen. Dies ist für alle drei (daher „3-Wege“ Schadstoffe nur dann möglich, wenn sich Luft und Kraftstoff im idealen stöchiometrischen Verhältnis befinden. Das Verhältnis

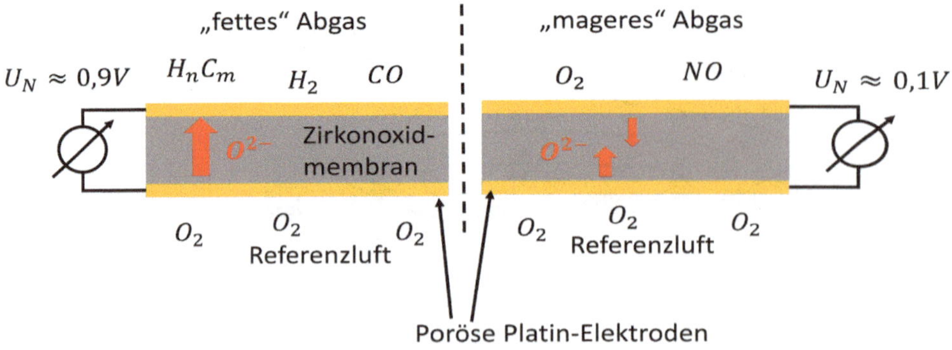

Abb. 5.7 Schematischer Aufbau einer Sprung-Lambdasonde. Das Abgas und die Referenzluft ist durch eine Zirkonoxid-Membran getrennt, die beidseitig Elektroden besitzt. Je nach Sauerstoff-Konzentration kommt es zur Diffusion von O^{2-}-Ionen durch die Membran. Dabei entsteht eine Spannung, die an den Elektroden abgegriffen werden kann. (Nach [18])

wird als **Luftzahl** λ bezeichnet und ist namensgebend für den Sensor. Dieses sollte gerade $\lambda = 1$ betragen.

Die Messwerterzeugung in der Lambda-Sonde basiert auf einem elektrochemischen Prinzip, das ähnlich wie eine Batterie eine Spannung aus einem chemischen Potenzialunterschied erzeugt. Das Sensorelement ist ein Yttrium-dotierte **Zirkonoxid-Membran** (eine spezielle Keramik), deren beiden Seiten eine gasdurchlässige Elektrode besitzen (Abb. 5.7). Unterscheiden sich die **Sauerstoffpartialdrücke** auf beiden Seiten, kommt es zur Diffusion von O_2^--Ionen durch die Membran. Damit die Diffusion stattfinden kann, muss die Membran auf Temperaturen von ca. 350 °C geheizt werden. Um die negativen Ionen zu erzeugen, müssen Elektronen zugeführt werden. Damit entsteht eine Spannung zwischen den Elektroden **(Nernst-Spannung).** Diese Spannung ist die Ausgabegröße des Sensors. Die Abhängigkeit des Ausgangssignal von der Luftzahl λ ist nahe des idealen Wertes 1 sehr steil und nichtlinear. Daher wird dieser Typ auch **Sprungsonde** genannt. Mit dieser kann der Punkt zwar sehr gut bestimmt werden und eine erste Regelung ermöglicht werden. Für eine stetige, optimierte Regelung ist sie aber nicht geeignet.

Um auch kontinuierlich messen und regeln zu können, wurden **Breitband-Lambdasonden** entwickelt. Diese sind ein beeindruckendes Beispiel für den Unterschied zwischen einem **Ausschlag-Messverfahren** und einem **Kompensations-Messverfahren.** Die Neuerung besteht im Wesentlichen aus einem zusätzlichen **Referenzvolumen** und einer weiteren Membran, die dieses Volumen vom Abgas abtrennt. In das Referenzvolumen kann aber auch das Abgas durch eine genau eingestellte **Diffusionsbarriere** eindringen. Das ursprüngliche Messelement misst nun nur noch den Sauerstoffpartialdruck im Referenzvolumen. Die zweite Membran wird dagegen nicht als Sensor betrieben, sondern aktiv mit Strom angesteuert. Damit werden von den im Abgas vorhandenen CO_2-Molekülen Sauerstoff-Ionen abgetrennt und in das Referenzvolumen transportiert. Dieser Membran-

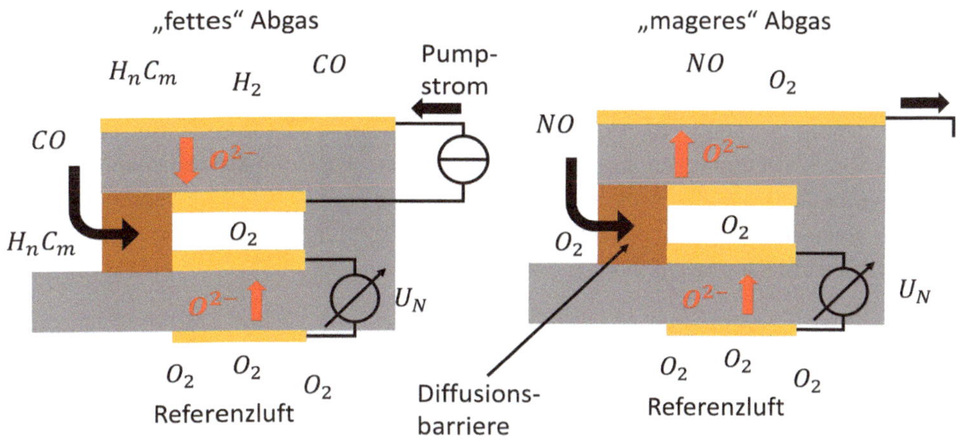

Abb. 5.8 Schematischer Aufbau einer Breitband-Lambdasonde. Das Messelement arbeitet jetzt nur zwischen einem Referenzvolumen und der Außenluft. Die Pumpzelle sorgt für eine Sauerstoffkonzentration im Referenzvolumen, so dass die Ausgangsspannung konstant bleibt. Der hierfür notwendige Pumpstrom ist das eigentliche Ausgabesignal des Sensors. (Nach [18])

teil wird auch als **Pump-Zelle** bezeichnet. Beide Elemente werden in einer Regelschleife betrieben, so dass der Sensorteil sich stets im Sprungpunkt der Sonde befindet. Der **Kompensationsstrom,** der notwendig ist, um den Sauerstoffpartialdruck im Referenzvolumen konstant zu halten, ist damit ein Maß für den Partialdruck im Abgas. Damit gibt die Sonde ein über einen weiten Bereich nahezu lineares Signal aus. Mit diesem lässt sich nun auch eine kontinuierliche Regelung des gesamten Abgasstrangs erreichen (Abb. 5.8).

5.5 Elektrisch messende Gassensoren

Neben spektroskopischen Methoden zur Messung von Gasen (Abschn. 6.3) können in einfacheren Systemen auch rein elektrische Messungen eingesetzt werden. Hierfür wird stets ein geeignetes Material benötigt, das an die gesuchten Gas-Moleküle bindet und dadurch seine elektrischen Eigenschaften ändert. Für **Chemicapacitors** (Variation der Kapazität) handelt es sich typischerweise um nicht-leitende Polymere. Für **Chemiresistors** werden leitfähige Polymere oder Metalloxide verwendet. Diese Sensortypen können deutlich einfacher aufgebaut und kostengünstiger herstellt werden als Sensoren mit optischen Messprinzip. Jedoch ist zunächst einer der wesentlichen Nachteile die Querempfindlichkeit für andere Stoffe. Das Sensorelement reagiert zumeist auf eine Vielzahl an Stoffen, so dass das Signal nicht automatisch exakt einer Komponente im Gas zugeordnet werden kann.

Eine Möglichkeit trotzdem eine gute Trennung der Gaskomponenten zu erreichen, ist die Verwendung von Temperaturrampen oder -plateaus. Das Sensorelement wird dafür mit einem Heizelement **(Micro Hotplate)** kombiniert. Dieses fährt ein für das Sensorelement optimierte Temperaturprofil ab. Das Profil kann etwa mehrere Zwischenstufen bis 300 °C umfassen. Je nach Bindungsverhalten der einzelnen aufgenommenen Moleküle werden diese unterschiedlich schnell wieder freigesetzt. Damit kommt es zu spezifischen Stufen im Ausgangssignal, die genutzt werden können. Wird der Sensor verschiedenen Stoffen in unterschiedlichen Konzentrationen ausgesetzt, kann ein datenbasiertes Modell erstellt werden. Damit wird eine Differenzierung in verschiedene Gase ermöglicht. Dies kann gegebenenfalls mit unterschiedlichen absorbierenden Schichten kombiniert werden, so dass trotzdem eine gute Selektivität erreicht wird.

Optische Sensorsysteme 6

6.1 Optischer Rußpartikel-Sensor

Neben den rein elektrisch messenden Ionisationsrauchmeldern, haben sich optische Verfahren beim Nachweis von Rußteilchen bewährt. Das wesentliche Prinzip basiert auf einer Lichtstrecke, die durch die darin vorhandenen Partikel verändert wird. Die Abschwächung des Lichtstrahls durch wenige Teilchen ist sehr gering. Um diese aber quantitativ auswerten zu können, wird eine Anordnung verwendet, die lediglich die an den Teilchen *gestreute* Strahlung detektiert **(Mie-Streuung).** Die Lichtquelle (Leuchtdiode oder Laserdiode) durchstrahlt hierfür ein Volumen im Sensorgehäuse, wobei der Strahl durch eine geeignete Führung nach der Durchquerung möglichst wieder vollständig absorbiert wird (Abb. 6.1). Der Nachweis der gestreuten Strahlung erfolgt über eine Photodiode mit passender Optik, die auf das durchstrahlte Volumen ausgerichtet ist. Diese darf aber nicht vom direkten Strahl oder einfachen Reflexionen an den Wänden erreicht werden. Die gestreute Lichtintensität ist damit ein Maß für die Partikelanzahl. Um zu verhindern, dass Umgebungslicht das Innere des Sensors erreicht und die Messung stört, sind auch die Zugänge des Sensor als Labyrinth ausgeführt. Dieses Prinzip hat allerdings den Nachteil, dass die natürliche Durchströmung des Volumen mit dem Medium recht gering ausfällt. Für eine stabile kontinuierliche Messung wird der Sensor daher oft noch durch eine aktive Belüftung ergänzt.

Es ist aber auch möglich, eine Partikelzählung *ohne* ein abgetrenntes Volumen zu erreichen. Hierfür wird die Technik der **Self-Mixing Interference** (SMI) verwendet[19]. Diese beruht auf der Wechselwirkung des gestreuten Lichts mit der Lichtquelle selbst. In diesem Fall handelt es sich bei der Lichtquelle typischerweise einen Oberflächenemitter-(Laser), einen **Vertical Cavity Surface Emitting Laser** (VCSEL). Durch Wechselwirkung der Streustrahlung mit der Laser-Kavität, kommt es zu einer Modulation der Laserverstärkung. Diese wird bei konstantem Betriebsstrom in der Schwankung der Betriebsspannung sichtbar. Da nur kohärentes Licht eine entsprechende Modulation hervorruft, ist dieser Nachweis unempfindlich auf das inkohärente Hintergrundlicht. Damit können die Abschattungs-

M. Hattaß, *Sensorik*,
https://doi.org/10.1007/978-3-662-73845-0_6

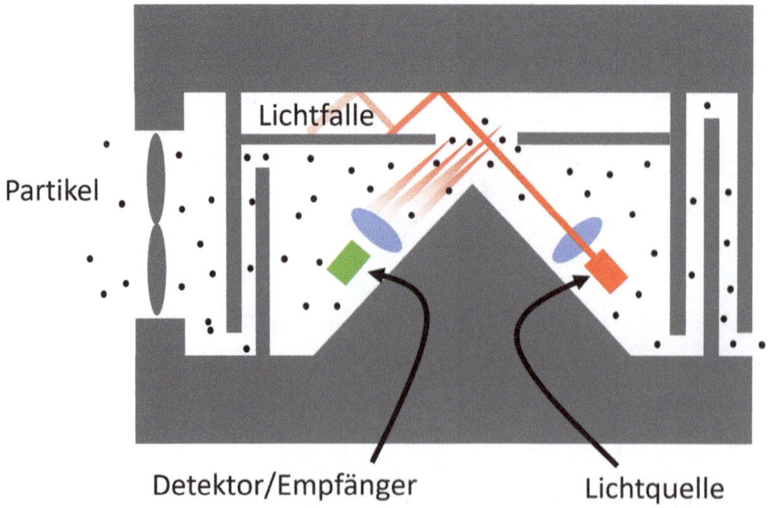

Abb. 6.1 Schematischer Aufbau eines optisch messenden Rußpartikelsensors mit aktiver Belüftung. Die zu analysierende Luft wird mit einem Ventilator angesaugt und durch ein Lichtlabyrinth in das Innere geleitet. An einer Engstelle wird die Strahlung einer Lichtquelle so platziert, so dass an den Teilchen gestreutes Licht den Detektor erreichen kann. Der Teil des Strahls der ungehindert passiert, wird in einer Lichtfalle absorbiert. Durch die verschiedenen Abschattungsmaßnahmen wird verhindert, dass anderes Streulicht als das der Partikel den Detektor erreicht

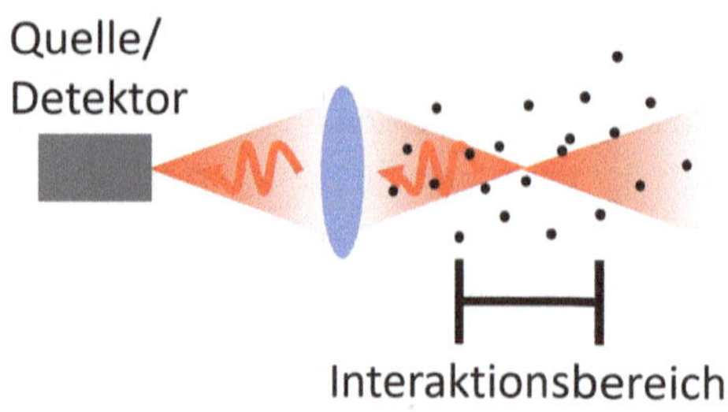

Abb. 6.2 Schematischer Aufbau eines auf *self-mixing interference* beruhenden Partikelsensors

einrichtungen und abgetrennte Volumen entfallen und dieses Sensorsystem kann deutlich kleinbauender hergestellt werden. Tatsächlich ist es zusätzlich noch möglich, die relative Geschwindigkeit der Partikel auszuwerten, da durch den **Doppler-Effekt**, die Streustrahlung mit leicht verschobener Frequenz eintrifft und so eine Schwebung des Detektionssignals (mit der Differenzfrequenz auf ausgesendeter und empfangener Strahlung) auftritt. Der schematische Aufbau ist in Abb. 6.2 gezeigt [20]. Mit einer Optik wird der Strahl auf ein kleines Raumvolumen fokussiert. Da der Rückweg identisch ist, ist die Optik gleichzeitig auch als Empfänger geeignet.

6.2 Regensensor

Regensensoren sind in der Frontscheibe von Fahrzeugen verbaut und sollen die Information über die Benetzung der Scheibe an das Steuergerät des Scheibenwischers weiterleiten. Auch diese Information wird über die Änderung des Lichtwegs ermittelt. Hier wird allerdings die Abschwächung des direkten Signals ausgewertet. Der prinzipielle Aufbau ist in Abb. 6.3 gezeigt. Das Licht wird von der Quelle (LED) emittiert und über eine geeignete optische Verbindung in das Glas der Scheibe eingekoppelt. Die Geometrie ist dabei so gewählt, so dass an der Grenzfläche zwischen Glas und Luft **Totalreflexion** auftritt. So gelangt das Licht durch den Glaskörper zum Empfänger. Wird die Scheibe durch Regentropfen benetzt, so ändert sich die Grenzfläche zwischen Glas und Außenbereich. Der **Brechungsindex** von Wasser liegt deutlich näher an dem von Glas. Daher tritt kein signifikanter Sprung des Brechungsindex mehr auf. Damit kann keine Totalreflexion mehr auftreten und der Strahl verlässt zu großen Teilen das Glas. Entsprechend wird die am Empfänger gemessene Intensität deutlich geringer und ein Signal kann an das Steuergerät gesendet werden.

6.3 Spektroskopische Mediensensoren

Grundlage für diesen Sensortyp ist die Absorption einer für den gesuchten Stoff spezifischen elektromagnetischen Wellenlängen. Die Komplexität eines spektroskopisch arbeitenden Mediensensors unterscheidet sich allerdings deutlich, je nachdem, ob nur ein Stoff gemessen oder gleich ein komplexeres Gemisch identifiziert werden soll.

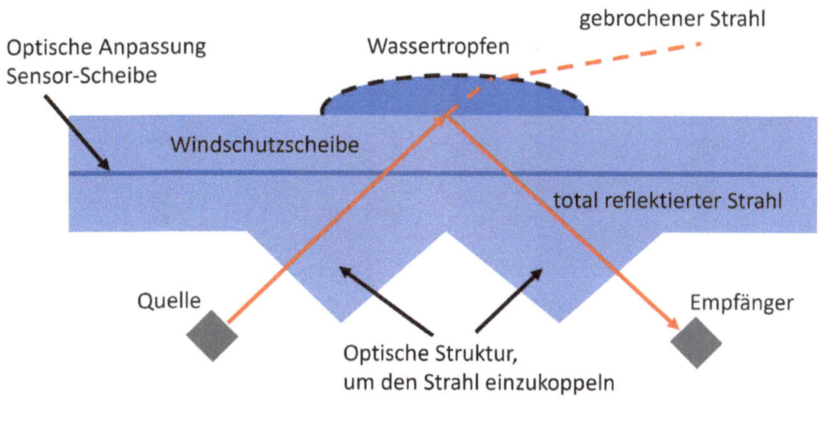

Abb. 6.3 Schematischer Aufbau eines Regensensors

6.3.1 CO_2-Sensor

Als Beispiel für einen einfachen optischen Mediensensor soll hier ein CO_2-Sensor vorgestellt werden. Er arbeitet nicht mit sichtbarem Licht (Wellenlängen etwa 400 – 700 nm), sondern im langwelligen Infrarotbereich (Wellenlängen größer als 5 µm). CO_2 weist mehrere **Absorptionsbanden** bei etwa 4,3 µm sowie im Bereich um 15 µm auf. Diese entsprechen den verschiedenen Schwingungsmoden des Moleküls (Streck- und Biegeschwingungen). Sie liegen insbesondere im Bereich der **thermischen Infrarotstrahlung.**

Zum Nachweis des Gases wird eine Messstrecke von einer Wärmequelle durchstrahlt und die transmittierte Leistung am Detektor erfasst. CO_2 absorbiert nur in einem engen Wellenlängenbereich. Daher wird zur Kontrastverstärkung ausschließlich diese Wellenlänge mithilfe eines Bandpassfilters auf den Infrarot-Detektor geleitet. Da sich elektronische Halbleiterdetektoren (Photodioden) in diesem Wellenlängenbereich kaum noch realisieren lassen, wird die Strahlungsleistung mit Hilfe der damit verbundenen Erwärmung nachgewiesen. Der Detektor ist daher in diesem Fall häufig ein Thermoelement (**Thermopile** oder Thermosäule). Es gibt die Erwärmung aufgrund der empfangenen Strahlung als Spannung (**Seebeck-Effekt**) aus. Um einen für verschiedene Umgebungsbedingungen tauglichen Sensor zu erhalten, muss die Messstrecke zusätzlich einen **Referenzpfad** enthalten. Dieser Pfad enthält kein CO_2 und zeigt daher keine Absorption. Der Referenzpfad wird von der gleichen Strahlungsquelle beleuchtet und mit einem zweiten Detektor möglichst nahe am Signaldetektor ausgewertet. Das Ausgabesignal ist die Differenz der Temperaturen zwischen Signal- und Referenzpfad. Abb. 6.4 zeigt den schematischen Aufbau. Um die Wechselwirkung zwischen der Strahlung und dem Gas zu verlängern und gleichzeitig die Baugröße zu begrenzen, wird der Weg der Strahlung gegebenenfalls über Umlenkspiegel geleitet. Allgemein wird diese Messverfahren für die CO_2-Detektion auch als **Nicht-Dispersiver Infrarot-Gassensor** (**NDIR**-Sensor) bezeichnet. Das Messverfahren eignet sich für Konzentrationen bis in den niedrigen ppm Bereich (**parts-per-million,** $1 \cdot 10^{-}6$).

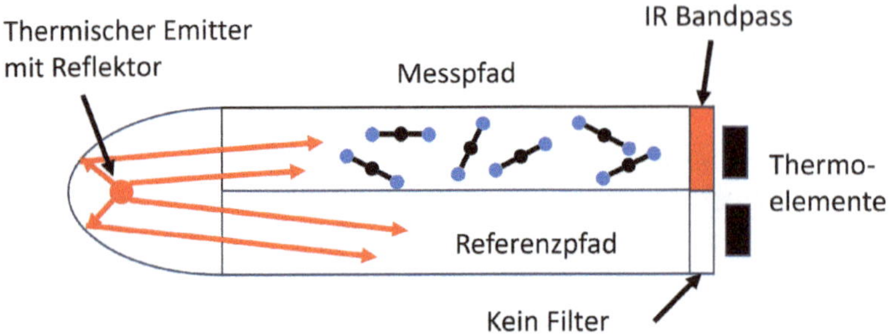

Abb. 6.4 Schematischer Aufbau eines NDIR CO_2 Sensors. Ein Emitter für thermische Infrarotstrahlung wird über einen Reflektor in einen Mess- und in einen Referenzpfad geleitet. Da der Referenzpfad kein CO_2 enthält, reagiert dieser nur auf Schwankungen in der Lichtintensität und kann zur Normierung und Differenzbildung mit dem eigentlichen Messpfad dienen

6.3.2 Dispersive optische Spektrometer

Wenn der Sensor für unterschiedliche Stoffe geeignet sein soll, ist es notwendig, die eintreffende Strahlung spektral zu zerlegen. Typischerweise fällt diese Aufgabe eher in den Bereich von größerer Labor-Messtechnik, die im Allgemeinen nicht mehr als „Sensor“ wahrgenommen wird. Dennoch gibt es auch hier die Möglichkeit der Miniaturisierung. Typischerweise sind Mikrospektrometer vom UV- über den optischen und nahen Infrarot-Bereich erhältlich. Um die Strahlung in die verschiedenen Wellenlängen aufzuspalten, werden **Beugungsgitter** verschiedener Art verwendet. Grundsätzlich nutzen Gitter-Spektrometer die Beugung eintreffender Wellenfronten an einer periodischen Struktur (Spalte oder Kerben) mit Abstand d. Nach dem **Huygensschen-Prinzip** ist jeder der Spalte Ausgangspunkt für eine neue Welle. Überlagern sich diese phasengleich, kommt es zur Ausbildung eines Beugungsmaximums unter dem entsprechende Winkel α (Abb. 6.5). Die Bedingung hierfür ist

$$n\lambda = d \sin \alpha. \tag{6.1}$$

Die Intensität teilt sich allerdings auf die verschiedenen Beugungsordnungen n auf. Da zumeist nur eine Ordnung vermessen werden kann, würde so ein großer Anteil der Signalinformation verloren gehen oder nur ein schlechtes Signal-zu-Rausch-Verhältnis erreicht werden. Daher werden hier oft **Blaze-Gitter** eingesetzt (Abb. 6.6). Blaze-Gitter haben neben dem rein periodischen Gitter eine zusätzlich Struktur, die das Licht in einen definierten Winkel reflektiert oder bricht. Dieser Winkel fällt für eine hauptsächlich erwartete Wellenlänge mit der ersten Beugungsordnung zusammen. Auf diese Weise wird wesentlich mehr Intensität in der ersten Beugungsordnung gesammelt, so dass eine Auswertung mit verbesserter Signalstärke möglich wird. Alternativ werden auch **Rowland-Circle**-Anordnungen verwendet. Diese bestehen ebenfalls aus einem Beugungsgitter, das in Reflexion verwendet wird. Allerdings ist dieses Gitter nicht flach, sondern gekrümmt mit dem Radius R. Liegt der Eintrittspunkt der Strahlung auf einem Kreis mit Radius $R/2$ in der in Abb. 6.7 dargestellten Geometrie, so liegt auf der Fokuspunkt für die Wellenlängen auf dem Kreisbogen. Die Strahlung wird für die Vermessung auf einen **Zeilendetektor** abgebildet, so dass über die Pixelposition die Wellenlänge berechnet werden kann. Je nach typischem Arbeitsbereich der Wellenlängen sind dies Silizium-basierte CMOS Detektoren für UV bis Nahinfrarotes Licht oder Empfänger auf Basis von Indiumgalliumarsenid (InGaAs).

6.4 Kamera als optisches Sensorsystem

Alle zuvor behandelten Sensoren ermitteln nur eine einzelne Größe. Diese kann zwar auch vektoriell sein wie im Fall eines Magnetfeldes oder der Beschleunigung. Aber um komplexere Situationen zu erkennen, ist dies entweder nicht ausreichend oder es werden weitere Sensoren zur Datenfusion benötigt. Daher liegt es nahe für Situationen in denen eine große Variabilität möglich ist, auf ein abbildendes System zu wechseln. Auch Kameras ermögli-

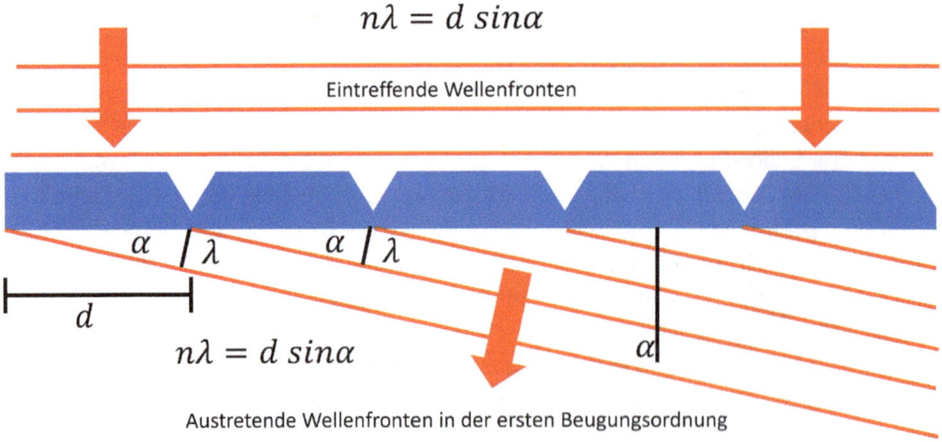

Abb. 6.5 Beugung am periodischen Gitter: für alle Winkel unter denen die Beugungsbedingung erfüllt ist, tritt eine konstruktive Interferenz auf ein Maximum in der Intensität kann beobachtet werden

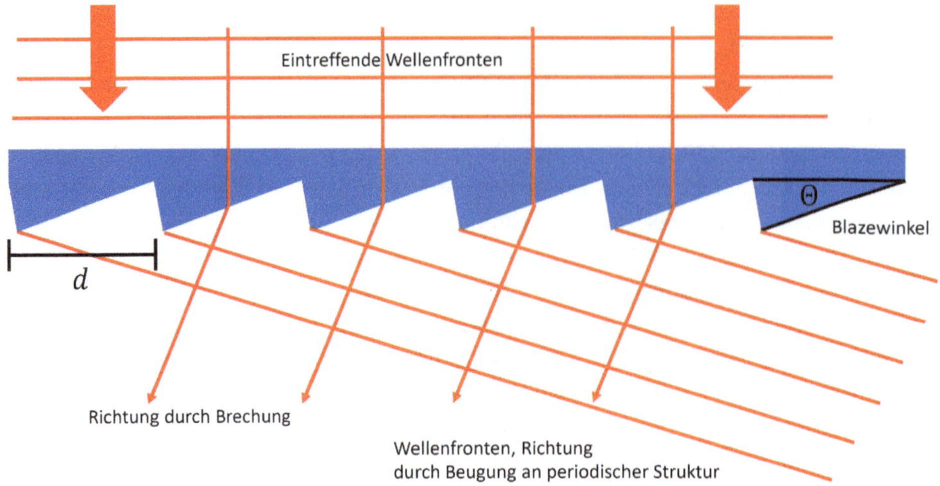

Abb. 6.6 Am Blaze-Gitter tritt im Wesentlichen das gleiche Phänomen auf wie auch beim einfachen Beugungsgitter. Hinzu kommt noch, dass das Gitter mit einer Prismenstruktur hergestellt wird. Diese hat die Eigenschaft, den Strahl genau in die Richtung der 1. Ordnung der Beugungsmaxima zu brechen. Damit wird wesentlich mehr Intensität in diese Beugungsordung geleitet und die Messung deutlich robuster

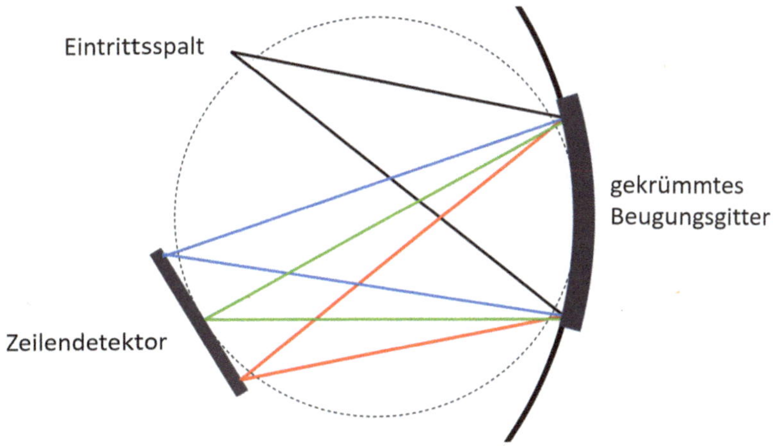

Abb. 6.7 Schematischer Aufbau eines Spektrometers mit Rowland-Circle. Das zu analysierende Licht tritt durch einen Eintrittsspalt ein und beleuchtet das gekrümmte Beugungsgitter, welches den Kreis an einem Punkt berührt. Ist der Krümmungsradius des Gitters gerade die Hälfte des inneren Spektrometerkreises, werden die verschiedenen Wellenlängen im Wesentlichen wieder in einer der zum Kreis tangential liegenden Ebene fokussiert. Dort wird ein Zeilendetektor positioniert, der damit eine wellenlängendispersive Messung mit hoher Auflösung ermöglicht

chen die Vermessung von Abständen, Erkennung von Objekten oder durch die Auswertung des optischen Flusses die Messung von Bewegungen. Eine Kamera kann daher als ein universeller Sensor für eine Vielzahl von Messgrößen oder Situationen angesehen werden. Die Algorithmen zu beschreiben, die aus Kamerabildern Objekte segmentieren oder Bewegungen extrahieren übersteigen bei Weitem dieses Lehrbuch. Daher soll hier nur ein kurzer Einstieg in die optische Abbildung und elektronische Auswertung gegeben werden. Diese sind aber zum grundsätzlichen Verständnis und zur ersten Spezifikation für viele Anwendungen ausreichend.

6.4.1 Optische Abbildung

Eine erste Einschätzung eines Kamerasystems kann bereits mit einem einfachen **Lochkamera-Modell** durchgeführt werden (siehe Abb. 6.8). Die Eintrittsöffnung wird hier einfach durch ein vernachlässigbar kleines Loch ersetzt. Strahlen, die von einem Objekt der Größe H aus der Entfernung g **(Gegenstandsweite)** auf die Öffnung treffen, werden ihren Weg bis zur **Bildebene** im Abstand b fortsetzen. Aus den geometrischen Verhältnissen kann damit die Höhe des Bildes als

$$h = b\frac{H}{g} \tag{6.2}$$

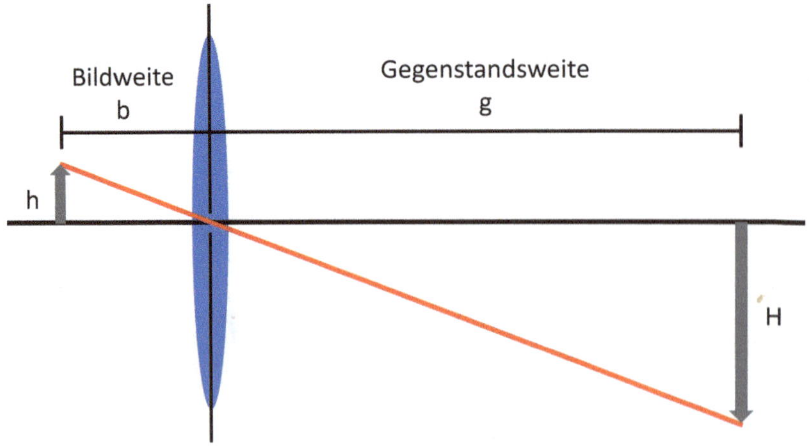

Abb. 6.8 Geometrische Verhältnisse bei der optischen Abbildung

berechnet werden. Umgekehrt kann aus der Größe eines Imagerchips mit $2h$ das Blickfeld der Kamera **(Field-of-View, FoV)** berechnet werden. Unter den Field-of-View wird der Öffnungswinkel verstanden, der mit der Kamera erfasst werden kann. Für das gezeigte Beispiel kann dieser in der Vertikalen folgendermaßen berechnet werden.

$$FoV_y = 2\arctan\left(\frac{h}{b}\right) = 2\arctan\left(\frac{h}{2b}\right) \tag{6.3}$$

Wird dieses einfache Modellsystem erweitert durch eine abbildende, ideale Linse, ergeben sich die in Abb. 6.9 dargestellten Verhältnisse. Für die weitere Berechnung wird die Linsen- oder Abbildungsgleichung benötigt:

$$\frac{1}{f} = \frac{1}{b} + \frac{1}{d} \tag{6.4}$$

wobei f die **Brennweite** der Linse ist. Die Brennweite ist der Abstand von der Linse, bei dem parallel einfallende Strahlen auf einen Punkt fokussiert werden. Durch die ausgedehnte Öffnung **(Apertur)** der Optik, können jetzt verschiedene von einem Objektpunkt ausgehende Strahlen den Kamerachip erreichen. Offensichtlich werden diese aber nur dann auf den gleichen Punkt abgebildet, wenn die Verhältnisse entsprechend der Linsengleichung zutreffen. Diese Verhältnisse sind insbesondere relevant, wenn die Brennweite der Optik in der Größenordnung des Abstandes des Objektes liegen. Offensichtlich gibt es für jede Gegenstandsweite g nur eine passende **Bildweite** b. Diese müsste für jede Situation neu angepasst werden, um das Bild scharfzustellen. Dies stellt jedoch eine drastische Einschränkung dar, da von einer Instanz entschieden werden muss, welche Bildweite gerade von Interesse ist. Für eine Kamerasystem im Fahrzeug, das den gesamten Verkehr abbilden soll, ist das praktisch nicht möglich. Die meisten universell einsetzbaren Kameras arbeiten daher mit einer

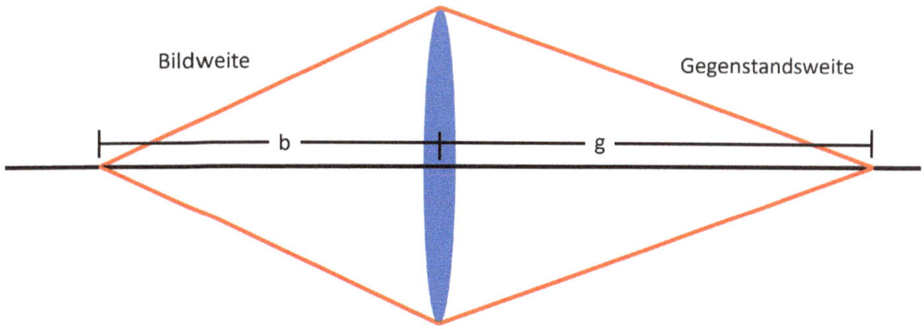

Abb. 6.9 Abbildung eines Punktes mit einer idealen Linse

festen Brennweite, die zumeist auch recht kurz im Vergleich zur typischen Objektweite ist (<10 mm). Damit kann in der Linsengleichung der Term $1/g$ vernachlässigt werden. Das Objektiv ist damit **auf unendlich** eingestellt und es ergibt sich Bildweite gleich Brennweite:

$$f \approx b \tag{6.5}$$

Durch diese Vereinfachung können wieder die gleichen geometrischen Verhältnisse wie für das Lochkamera-Modell angewendet werden. So lassen sich schnell erste Abschätzungen für ein abbildendes System durchführen. Soll mit einem Imager-Chip von 2800 Pixeln horizontal mit 3 µm Größe ein Blickfeld von 60° abgedeckt werden, so wird eine Brennweite von $2800/2 \cdot 3 \cdot 10^{-6}\text{m}/\tan 60°/2 \approx 7{,}3$ mm benötigt.

6.4.2 Pixeltechnologie

Die technischen Methoden, um das Licht in der Bildebene elektronisch zu vermessen, haben sich in den ca. 150 Jahren seit der Erfindung der ersten Kamera mit der *Nipkow*-Scheibe [21] immer wieder geändert. Für den breiten Einsatz war zunächst die CCD-Technik **(Charge Coupled Device)** dominierend. Seit Beginn der 2000er Jahre hat sich jedoch der **Active Pixel Sensor** in (angepasster) CMOS-Technik durchgesetzt. Die CCD-Technik behautet sich noch in Spezialanwendungen wie der Astronomie. Jedoch setzen aufgrund zahlreicher technischer aber auch wirtschaftlicher Vorteile die meisten Anwendungen mittlerweile auf Kamerachips in CMOS-Technologie. Neben dem schaltungstechnischen Aufbau der Pixel hat sich auch der physische Aufbau des CMOS Sensorchip deutlich verändert. Anfangs waren noch „von oben" beleuchtete Pixel üblich **(Front Side Illumination).** Diese besitzen den Nachteil, dass die Ausleseelektronik um die lichtempfindliche Fläche des Pixels gelegt werden muss. Daher ist die nutzbare Fläche pro Pixel nur gering und daher die **Quanteneffizienz** niedrig. Die Quanteneffizienz beschreibt das Verhältnis von eintreffenden Photonen zu erzeugten Elektronen.

$$QE(\lambda) = \frac{N_{phot,ein}}{N_{e^-}} \tag{6.6}$$

Die Quanteneffizienz hängt unter anderem, zusätzlich zu den Flächenverhältnissen von aktiver zu passiver Fläche **(Füllfaktor),** noch von der Wellenlänge der Photonen ab.

Ein weiterer Nachteil der Front Side Illumination ist die resultierende Pixelgröße, da damit auch der Abstand von Pixel zu Pixel **(Pixel Pitch)** groß ist. Moderne Imager Chips verwenden die Rückseiten-Beleuchtung (**Backside Illumination,** BSI). Durch die Fortschritte in der Wafer-Technologie, können diese sehr dünn geschliffen werden, so dass das Licht durch die *Rückseite* des Wafer (Chips) den lichtempfindlichen Bereich erreicht. Die Verdrahtung der Auswerteschaltung kann daher zum Teil *hinter* dem Pixel ausgeführt werden. Einen noch höheren Füllfaktor erreicht man durch die Stapelung der optisch aktiven Schaltung und dem Logikteil auf unterschiedlichen Chips. Hierfür wird der optische Chip „über Kopf" **(Flip Chip)** auf den Logikchip gesetzt und verbunden. Zusätzlich werden die Pixel mit **Mikrolinsen-Arrays** ausgestattet, um die Lichtausbeute zu maximieren (Abb. 6.10).

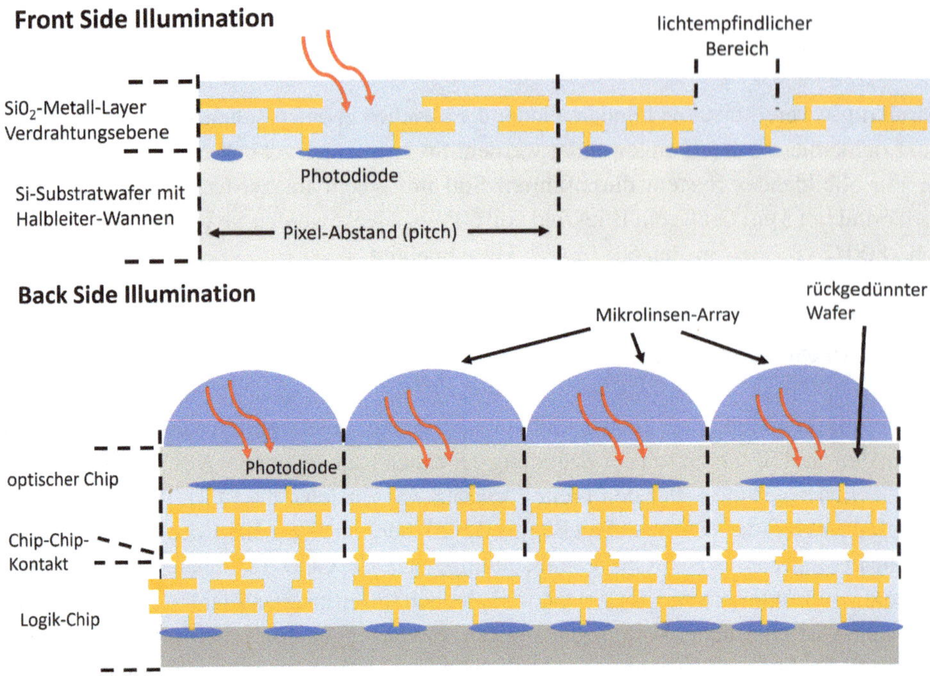

Abb. 6.10 Aufbau eines CMOS-Imager Chips. Oben: ursprünglicher Aufbau mit front side illumination, unten: moderner Aufbau mit back side illumination, stacked chip und Mikrolinsenarray

6.4.3 3T Active Pixel CMOS

Die grundlegende Architektur für den Active Pixel Sensor, auch **3T Active Pixel CMOS** (3T für 3 Transistoren), ist in Abb. 6.11 dargestellt [22]. Für eine Messung wird zunächst die Sperrschichtkapazität der Photodiode voll geladen. Treffen Photonen auf die Photodiode, entstehen durch den Photoeffekt Ladungsträger in der Sperrschicht. Die Trennung der Ladungen im Feld der Diode führt dazu, dass die Spannung am darüber liegenden Knoten absinkt. Dabei ist die Abbaurate proportional zur eingesammelten Lichtintensität. Die Spannung über die Diode wird über einen Impedanzwandler auf eine Messleitung gegeben und nach der Belichtungszeit ausgewertet. Anschließend wird der Kondensator zurückgesetzt und die Messung beginnt von neuem. Um eine ausgedehnte Fläche auszuwerten, sind diese Elemente in Zeilen und Spalten angeordnet. Durch eine entsprechende Digitallogik werden alle Pixel sequentiell angesteuert und ausgelesen. Der Dynamikbereich eines Pixels ist durch die maximal speicherbare Ladung gegeben. Diese wird als **Full Well Capacity** bezeichnet und liegt je nach Anwendung in der Größenordnung von einigen $10^4 e^-$ bis zu $10^6 e^-$ (Elementarladungen).

Für viele industrielle Anwendungen reicht ein Bild, das nur mit Helligkeitswerten aufgebaut wurde, aus. Dennoch ist es von Vorteil, wenn zusätzlich eine Farbinformation gewonnen werden kann. Nicht zuletzt, um das erhaltene Bild für den menschlichen Betrachter natürlich erscheinen zu lassen. Da das menschliche Auge nur die Farben Rot, Blau und Grün sehen beziehungsweise in Wellenlänge auflösen kann, muss das Bild in diese drei Farbbereiche zerlegt werden. Erreicht wird dies mit Hilfe der **Bayer-Matrix** (Abb. 6.12). Hierfür wird jedes Pixel mit einem Farbfilter ausgestattet, der nur den relevanten Wellenlängenbereich durchlässt. Die Filter werden in einem 2×2 Muster angeordnet. Da sich so 4 Plätze für 4 Farben ergeben, wird die Farbe grün doppelt verwendet. Physiologisch ist das sinnvoll,

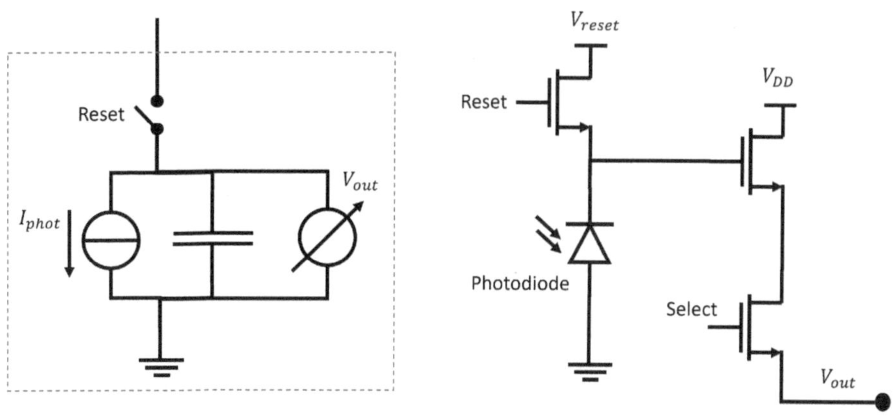

Abb. 6.11 Ersatzschaltbild (links) und schematischer Aufbau (rechts) eines 3T Active Pixel Sensors

Abb. 6.12 Prinzipieller Aufbau der Bayer Matrix. Je vier Pixel bilden ein *rgb*-Farbpixel. Dabei sind die grünen Pixel doppelt belegt, um der Gewichtung der Wellenlängen im menschlichen Auge näher zu kommen

da auch das Auge bei Grün die höchste Empfindlichkeit aufweist. Offensichtlich geht mit diesem Verfahren aber wieder Auflösung verloren, da nicht alle Pixel für alle Farben zur Verfügung stehen. Zum Beispiel an Kanten im Bild, die mit sehr geringer Neigung entlang der Orientierung der Pixel verlaufen, kann das zu unerwünschten Effekten führen.

Im wissenschaftlichen Bereich (z. B. Kamerasysteme auf Satelliten zur Erdbeobachtung) wird das Verfahren noch auf mehr Wellenlängen erweitert oder dem gesamten Chip ein durchstimmbarer Filter vorgeschaltet. Damit kann die Farbwahrnehmung des Menschen deutlich übertroffen werden und noch wesentlich mehr Informationen über das Objekt ermittelt werden (**Hyperspektralkamera**).

6.4.4 Störeffekte

Neben Fehlern in der Abbildung aufgrund der Pixelauflösung, können weitere Effekte auftreten, die durch bewegte Szenen entstehen. Zu nennen ist zunächst ist die Bewegungsunschärfe oder **Motion Blur.** Die Belichtungszeit kann länger sein als die Dauer, die ein bewegtes Objekt auf ein Pixel abgebildet wird. Daher entstehen unscharfe Kanten für schnelle Objekte. Dieser Effekt tritt aber in beliebiger Richtung auf und betrifft das gesamte Objekt.

Die Auslese der Zeilen mit endlicher Geschwindigkeit hat aber noch weitere Effekte auf das entstandene Bild. Wird das Bild zeilenweise ausgelesen, so entsteht auch hier ein Zeitversatz zwischen den Zeilen. Dadurch wird das Abbild des Objektes über die verschiedenen Zeilen zu verschiedenen Zeiten erzeugt (**Rolling Shutter**-Effekt, siehe auch Abb. 6.13).

6.5 Thermische Infrarotkamera

Thermische Infrarotkameras sollen die Temperaturverteilung in einer Szene vermessen. Verwendet werden diese als spezialisiertes Analyseinstrument unter anderem in der Gebäudetechnik (Aufdecken von Wärmebrücken), in der (Leistungs-)elektronik zur Analyse von

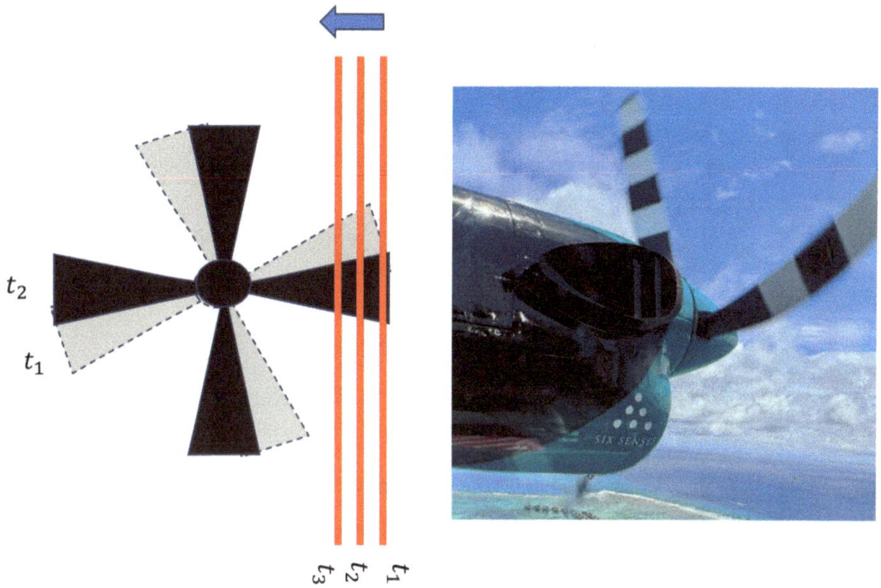

Abb. 6.13 Schematische und praktische Darstellung des *motion blur*- und *rolling shutter*-Effekts. Durch das Auslesen der Pixel mit endlicher Geschwindigkeit, wird ein schnell bewegtes Objekt (Propellerblatt oben) an den Rändern unscharf dargestellt. Zusätzlich erscheint der Propeller rechts verzerrt da die Spalten zu leicht unterschiedlichen Zeiten aufgenommen werden (Foto: Mit freundlicher Genehmigung von *N. Manić*)

Schaltungen oder aber im militärischen Bereich zur Erkennung von getarnten Personen oder Objekten, Zielverfolgung oder Nachtsichtgeräten (hier aber nicht zu verwechseln mit einem Restlichtverstärker).

Diese Kameras registrieren die von Objekten ausgesendete **Wärmestrahlung**. Das Bild entsteht dabei durch die unterschiedlichen Temperaturen und damit der unterschiedlich starken Abstrahlung der Objekte. Nach dem **Wienschen-Verschiebungsgesetz** liegt das Maximum der Emission bei

$$\lambda_{max} \approx 2897{,}8\ \mu\text{m}\,\text{K} \cdot \frac{1}{T} \quad \text{mit T in Kelvin.} \tag{6.7}$$

Für 300 K liegt das Maximum bei ca. 9 µm. Insgesamt wird der Wellenlängenbereich von ca. 3 – 14 µm als **thermisches Infrarot** bezeichnet. Die Energie der Photonen reicht hier nicht mehr aus, um mit typischen Materialien über den Photoeffekt eine Messung zu ermöglichen. Stattdessen wird die Strahlung durch ihre Wärmewirkung nachgewiesen. Der Aufbau einer Infrarot-Kamera und Infrarot-Pixels ist in Abb. 6.14 dargestellt. Die vom Objekt ausgesandte Strahlung wird von der Linse auf die Imager-Ebene angebildet. Als Linsenmaterial kann hier nicht mehr Glas verwendet werden, da dieses für thermische Infrarotstrahlung undurchlässig ist. Hier kommen stattdessen Linsen aus Polyethylen (HDPE, high-density

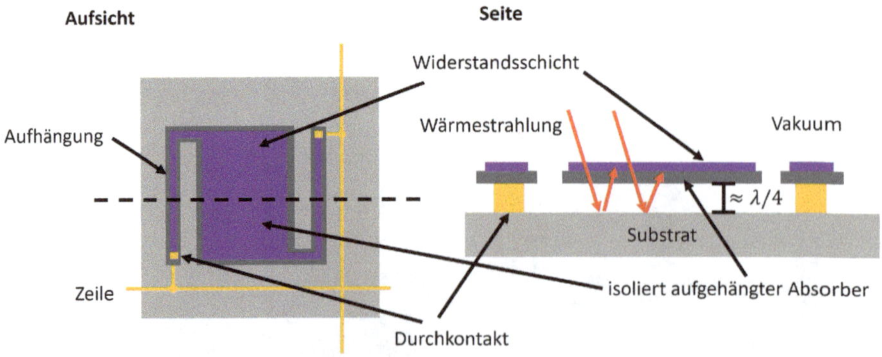

Abb. 6.14 Schematischer Aufbau eines Mikrobolometers. Ein zentrales, möglichst gut thermisch isoliertes Absorberblöckchen mit einem Temperatursensor (thermischer Widerstand oder Diode) ist an einer dünnen Halterung in einem Vakuum aufgehängt. Die einfallende thermische Infrarotstrahlung führt zur Erwärmung des Pixels und damit zu einer Temperaturerhöhung relativ zum umgebenden Substrat/Träger. Der Abstand des Absorbers zum Träger wird auf ca. 1/4 der Wellenlänge des Strahlungsmaximums ausgelegt, so dass ein Resonator entsteht und möglichst viel Strahlung absorbiert wird

polyethylene) zum Einsatz. Das Pixel besteht aus einer freigestellten mikromechanischen Struktur, die an zwei Punkten mit einem umgebenden Träger verbunden ist. Das Pixel ist in seinem Schichtaufbau und Abstand zum darunter liegenden Träger optimiert, um die Wärmestrahlung möglichst gut zu absorbieren. Trifft Strahlung auf die Struktur, so erwärmt sich diese gegenüber der Umgebung. Dies wird möglich, da die Wärmeableitung über die seitlichen Aufhängungen nur sehr gering ist. Zusätzlich befindet sich die Struktur in einem **Vakuum,** um auch konvektive Wärmeleitung zu unterdrücken. Die Temperaturerhöhung des Pixels wird thermoresistiv (Widerstandsschicht aus Vanadiumoxid, VOx) oder über Dioden gemessen, die auf dem Pixel vorhanden sind. Als elektrische Zuleitungen werden Leiterbahnen auf den mechanischen Aufhängungen verwendet. Um die Temperaturerhöhung des Pixels sicher nachweisen zu können, befindet sich auf dem Träger ein weiterer Temperatursensor, der als Referenz verwendet wird. Die messbare Temperaturerhöhung des Pixels liegt in der Größenordnung von einigen 10 mK. Insgesamt wird ein solches thermisches Pixel auch als **Mikrobolometer** bezeichnet. Der gesamte Imager-Chip besteht aus einem Array dieser Pixel, die sequentiell zeilenweise ausgelesen werden können. Die Bandbreite und die Empfindlichkeit des Pixels werden maßgeblich durch die Isolation des aufgehängten Empfängers bestimmt. Eine geringere Isolation erzeugt eine schnellere Entwärmung und damit höhere Bandbreite, allerdings auch statisch für eine geringere Sättigungstemperatur. Beispielhaft soll das Signal eines Pixels einer thermischen Infrarotkamera abgeschätzt werden: Ein flächiges Objekt in $d = 20\,\text{m}$ Distanz mit einer Temperatur von $T = 300\,\text{K}$ wird mit einer Kamera mit Apertur von $D = 10\,\text{mm}$ und Brennweite $f = 15\,\text{mm}$ aufgenommen. Die Kantenlänge a des Pixels beträgt $20\,\mu\text{m}$. Die Objektfläche A, die mit dem Pixel integriert wird beträgt damit

$$A = d^2 \left(\frac{a}{f}\right)^2 \approx 7{,}11 \cdot 10^{-3}\,\text{m}^2 \tag{6.8}$$

Um die durch die Apertur der Empfangsoptik aufgenommene Leistung zu berechnen, wird der **Raumwinkel** benötigt, der durch

$$\Omega = \frac{\pi(\frac{D}{2})^2}{d^2} \approx 1{,}97 \cdot 10^{-7}\,\text{sr} \tag{6.9}$$

gegeben ist. Die Strahlungsleistung, die später den Empfänger erreicht, berechnet sich aus dem *Planckschen*-Strahlungsgesetz. In der Wellenlängendarstellung ist dieses durch

$$M(\lambda, T) = \frac{2\pi hc^2}{\lambda^5} \frac{1}{e^{hc/\lambda k_B T} - 1} \tag{6.10}$$

gegeben. Dabei sind $h = 6{,}626 \cdot 10^{-34}\,\text{J s}$ (*Plancksches*-Wirkungsquantum), $c = 299\,792\,458\,\text{m/sec}$ (Lichtgeschwindigkeit) und $k_B = 1{,}385 \cdot 10^{-23}\,\text{J K}^{-1}$ (*Boltzmann*-Konstante). Diese beschreibt die in den *gesamten* Raum abgestrahlte spektrale Leistungsdichte. Im Fall der Infrarotkamera sind jedoch nicht alle Wellenlängen relevant, da durch die Filtereigenschaften der Optik und die Optimierung des Pixels auf einen typischen Wellenlängenbereich im Wesentlichen nur Wellenlängen im Bereich von 8 – 14µm beitragen (siehe Abb. 6.15). Numerisch ausgewertet ergibt sich für

$$M = \int_{8\mu m}^{14\mu m} M(\lambda, T)\, d\lambda = \frac{2\pi hc^2}{\lambda^5} \frac{1}{e^{hc/\lambda k_B T} - 1} \approx 172{,}2\,\text{W/m}^2 \tag{6.11}$$

Da sich der Wert auf den gesamten Raum bezieht, stellt er das Integral über alle Raumwinkel dar. Da hier aber nur der Anteil interessiert, der frontal zum Empfänger abgestrahlt wird, muss zusätzlich die **Richtungscharakteristik** berücksichtigt werden. Das üblicherweise verwendete Modellsystem hierfür ist der **Lambertschen-Strahler**. Dessen Strahlungsdichte $L(\theta)$ ist proportional zum cos des Beobachtungswinkel θ. Die Rechnung (siehe Anhang A.3) liefert den Faktor $1/\pi$, so dass sich für die Leistungsdichte pro Raumwinkel ergibt

$$L = \frac{M}{\pi} \approx 54{,}9\,\text{W/m}^2/\text{sr} \tag{6.12}$$

Da das Objekt praktisch „von vorne“ betrachtet wird ($cos\theta = 1$), ist die Leistung, die das Pixel erreicht

$$P = \frac{M}{\pi}\Omega \approx 7{,}67\,\text{nW}. \tag{6.13}$$

Die statische Temperaturerhöhung des Pixels ergibt sich aus dem thermischen Widerstand mit dem das Pixel an die Umgebung angebunden ist. Dieser sollte einerseits möglichst groß sein, damit keine Wärme verloren geht. Andererseits wird bei einem sehr hohen thermischen Widerstand die Ansprechzeit auf Änderungen ebenfalls sehr groß ($\tau = R_{th}C_{th}$ mit der

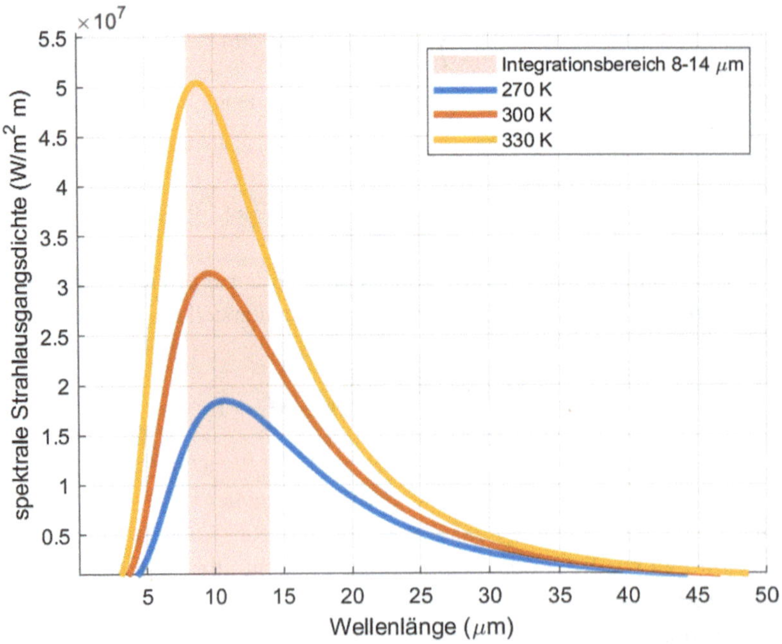

Abb. 6.15 Spektrale Strahlausgangsdichte für einen schwarzen Strahler nach dem *Planckschen* Strahlungsgesetz. Der Integrationsbereich einer IR Kamera liegt im Bereich des Maximums

Wärmekapazität C_{th} des Pixels). Der **thermische Isolationswiderstand** ergibt sich aus Wärmeleitung über die Aufhängungen des Pixels und durch das Restgas. Daher ist das Pixel typischerweise in einem **Vakuum** untergebracht. Der thermische Widerstand ist sehr vom Design und Material abhängig, daher soll nur eine Größenordnung abgeschätzt werden. Das Trägermaterial des Pixels wird oft aus Materialien mit geringer Wärmeleitfähigkeit hergestellt, wie Siliziumoxid oder Silizumnitrid. Diese haben Wärmeleitfähigkeiten von $\kappa < 20\,\mathrm{W/mK}$. Für eine Aufhängung der Breite $b = 1\,\mu\mathrm{m}$ und Dicke $t = 0{,}5\,\mu\mathrm{m}$, sowie Länge $l = 20\,\mu\mathrm{m}$ ergibt sich ein thermischer Widerstand von

$$R_{th} = \frac{1}{\kappa}\frac{l}{2bt} \approx 2{,}5 \cdot 10^6\,\mathrm{K\,W^{-1}}. \tag{6.14}$$

Wobei der Faktor 2 durch die beidseitige Aufhängung entsteht. Damit resultiert eine Temperaturerhöhung am Absorber von

$$\Delta T \approx R_{th} P \approx 19{,}2\,\mathrm{mK}. \tag{6.15}$$

Bei einem resistiv detektierenden Pixel befindet auf dem Trägermaterial eine dünne Widerstandsschicht, die einen großen Temperaturkoeffizienten für den Widerstand besitzt. Dies kann dotiertes Silizium oder oft eine Schicht aus **Vanadiumoxid** (VOx) sein mit einem thermischen Koeffizienten von $\alpha > 2\%/\mathrm{K}$. Beträgt der Gesamtwiderstand der Schicht $R_0 = 50\,k\Omega$ entsteht durch die Temperaturänderung eine Widerstandsänderung von

$$\Delta R = R_0 \alpha \Delta T \approx 19{,}2\,\Omega \tag{6.16}$$

und für einen angenommenen Messstrom **(Bias Current)** von $I_{bias} = 5\,\mu\mathrm{A}$. Dies verursacht eine Änderung des Spannungsabfalls von

$$\Delta U = \Delta R I_{bias} \approx 95{,}9\,\mu\mathrm{V} \tag{6.17}$$

über den Pixelwiderstand. Diese Spannung wird mit einem rauscharmen Verstärker relativ zu einem thermisch „geerderten" (und abgeschattetem) Referenzpixel vermessen und weiterverarbeitet. Die für thermische Infrarotkameras wichtige (Rausch-)Kenngröße ist das NETD **(Noise Equivalent Temperature Difference).** Diese Größe ergibt sich aus den verschiedenen Rauschquellen (Verstärker, Widerstände, Schaltvorgänge) und beschreibt die minimal auflösbare Temperaturdifferenz in einer Szenerie. Typische Werte liegen in der Größenordnung von NETD $\approx 50\,\mathrm{mK}$.

6.5.1 IR Thermometer

Kontaktlose Thermometer basieren ebenfalls auf der Auswertung der empfangenen Wärmestrahlung und nutzen das gleiche **bolometrische Nachweisprinzip** wie eine vollständige IR-Kamera. Da jedoch praktisch nur ein Punkt in meist kurzem Abstand vermessen wird, kann die zugehörige Pixeltechnologie mehr Platz in Anspruch nehmen. Daher wird hier ein **Thermopile** (Thermosäule) verwendet, die eine Spannung aufgrund des **Seebeck-Effekts** erzeugt 2.7.

6.5.2 Pyroelektrischer Infrarot Bewegungsmelder

Ein Infrarot-Bewegungsmelder soll Personen oder Tiere unabhängig von der Beleuchtungssituation detektieren. Prinzipiell könnte dies über eine vollständige thermische Infrarotkamera erreicht werden. Jedoch wäre dies eine recht teure Lösung. Infrarot Bewegungssensoren hingegen verwenden pyroelektrische Sensorelemente mit nur wenigen Pixeln. Der Nachweis von *Bewegung* wird mit dem in Abb. 6.16 dargestellten Aufbau erreicht. Über dem Sensorelement ist ein Array aus Linsen montiert, deren Fokuspunkte stets auf das Sensorelement ausgerichtet sind. Durch diese Anordnung werden nur Objekte, die im Blickfeld der jeweiligen Linse liegen, auf das Pixel fokussiert. Winkelbereiche dazwischen werden nicht abgebildet, so dass Objekte hier kein Signal erzeugen. Bewegt sich ein Objekt am Bewegungsmelder vorbei, wird ein alternierendes Signal am Messelement erzeugt, da abwechselnd die Strahlung auf und neben das Pixel beziehungsweise das Nachbarpixel abgebildet wird. Die Auswer-

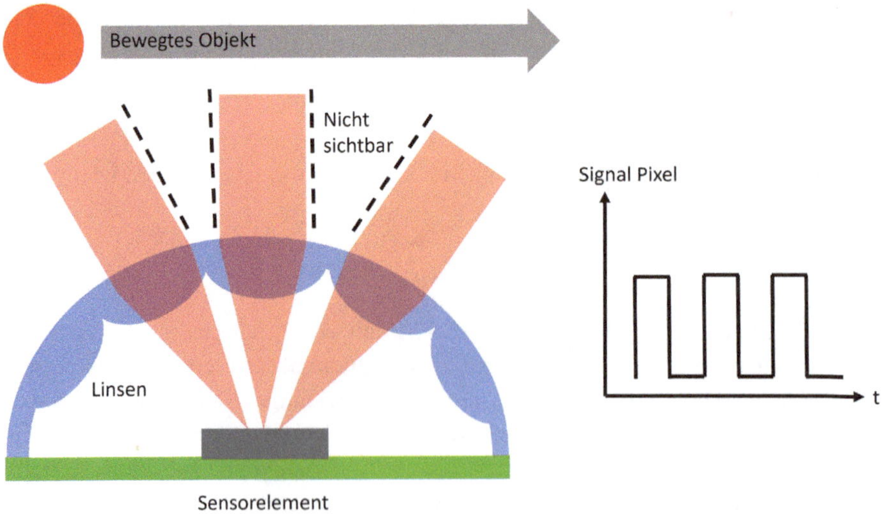

Abb. 6.16 Prinzipbild eines PIR-Bewegungsmelder: Das (warme) Objekt wird durch die Anordnung der Linsen abwechselnd auf das Pixel abgebildet oder nicht. Das alternierende Signal wird erkannt und als logisches Signal ausgegeben

teelektronik reagiert auf diese Signalflanken und gibt ein logisches Signal aus. Für diesen Nachweis eignen sich insbesondere **pyroelektrische Sensorelemente** (Abschn. 2.6.2), da diese auf die Änderung der Temperatur reagieren.

Systeme für Umfeldsensorik 7

Unter dem Begriff Umfeldsensorik werden in diesem Kapitel Sensorkonzepte zusammengefasst, die Informationen über die Lage oder Zusammensetzung von Objekten im Raum bereitstellen können. Dies erfordert, dass der Sensor entweder aktiv den Raum vermisst indem Energie (Licht, Ultraschall) ausgesendet wird. Alternativ muss der Sensor zum Objekt kommen (Metalldetektor) oder das Objekt zum Sensor (Touchscreen). Dies unterscheidet die Umfeldsensorik von anderen Verfahren, bei denen der Sensor dauerhaft im Kontakt mit dem Objekt oder Medium ist.

7.1 Metalldetektor

Grundsätzlich können die zuvor beschriebenen induktiven Sensorprinzipien wie beim Schichtdickensensor (Abschn. 3.2) auch als Metalldetektor angesehen werden. Für eine allgemeine Nutzbarkeit ist die Einschränkung auf magnetische Metalle allerdings zu groß. Beispiele sind die Sicherheitstechnik an Flughäfen, Minensuchgeräte oder Metalldetektoren für archäologische Anwendungen, die idealerweise jedes metallische Material erkennen sollen. Wünschenswert ist es daher, allgemein (elektrisch leitfähige) Metalle zu finden und gegebenenfalls näher zu identifizieren.

Für diese Klasse der induktiven Sensoren wird zunächst eine einzelne Spule betrachtet, die in einem elektrischen Schwingkreis verbaut ist. Das in der Spule aufgebaute magnetische Wechselfeld erzeugt im Messobjekt **Wirbelströme,** die wiederum im Messobjekt durch ohmsche Verluste gedämpft werden. Vereinfacht können die Wirbelströme als Spule mit angeschlossenem Lastwiderstand angesehen werden. Abb. 7.1 stellt dies als einfaches elektrisches Ersatzschaltbild dar. Insgesamt entsteht so zusammen mit der Sendespule das Ersatzschaltbild eines **belasteten Transformators.** Wird Abstand, Größe oder Art des Messobjektes geändert, führt das zu einer Änderung der magnetischen Kopplung der Empfangs-

M. Hattaß, *Sensorik*,
https://doi.org/10.1007/978-3-662-73845-0_7

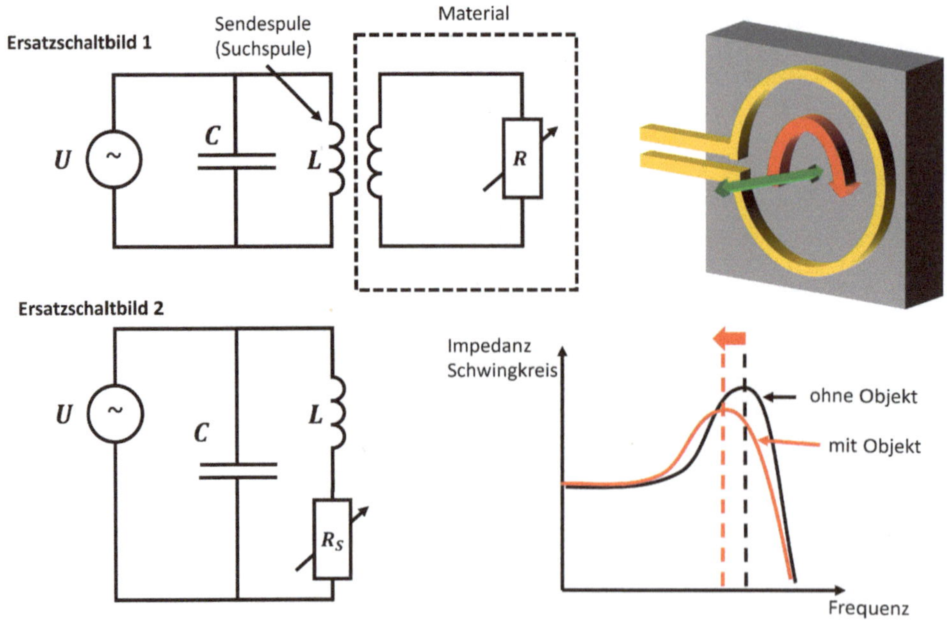

Abb. 7.1 Schematisches Ersatzschaltbild eines einfachen Metalldetektors: den linken (Sende-)Teil bildet ein Schwingkreis, der über das magnetische Wechselfeld der Sendespule die Wirbelströme im leitfähigen Material erzeugt (Ersatzschaltbild 1 oben links). Diese können wiederum als Spule mit Ohmschen Verlusten modelliert werden, so dass das untere Ersatzschaltbild entsteht. Der Serienwiderstand führt zu Verlusten, die sich in einer Verschiebung der Resonanzfrequenz bemerkbar machen (schematisch unten rechts)

spule oder deren Verluste. Insgesamt erscheinen die Verluste als Serienwiderstand R_S in der Sendespule, der die Güte des Schwingkreises verändert.

In einfachen Metalldetektoren wird der Sendekreis in Resonanz gehalten und die Frequenzänderung aufgrund der Verluste ausgewertet. Um die Resonanzfrequenz zu berechnen, wird die Impedanz beziehungsweise Admittanz des Parallelschwingkreises betrachtet. Mit der Impedanz des Kondensators $Z_C = j\omega C$ und der Reihenschaltung aus Induktivität und Serienwiderstand $Z_{RL} = R + j\omega L$ ergibt sich für die Admittanz des Parallelschwingkreises

$$\begin{aligned} Y = \frac{1}{Z} &= \frac{1}{Z_C} + \frac{1}{Z_{RL}} \\ &= j\omega C + \frac{1}{R_S + \mathrm{j}\omega L} \\ &= \frac{R_S}{R_S^2 + (\omega L)^2} + j\left(\omega C - \frac{\omega L}{R_S^2 + (\omega L)^2}\right) \end{aligned} \tag{7.1}$$

In Resonanz wird der imaginäre Anteil zu Null (der Blindstrom $\Im(Y)$ verschwindet). Für die Frequenz gilt dann

$$f_{det} = \frac{1}{2\pi}\sqrt{\frac{1}{LC} - \left(\frac{R_S}{L}\right)^2} \tag{7.2}$$

Offensichtlich verschiebt sich die ungestörte Eigenfrequenz $f = 1/(2\pi)\sqrt{1/(LC)}$ mit der Änderung der ohmschen Verluste. Typischerweise liegt die Resonanzfrequenz dieser Detektoren in der Größenordnung von 100 kHz. Die Messung der verschobenen Frequenz erfolgt meist nicht direkt, sondern über die Erzeugung einer Schwebungsfrequenz (**Beat Frequency Oscillator,** BFO). Hierfür wird noch ein weiterer Referenzoszillator betrieben, der seine Eigenfrequenz sehr nahe oberhalb der des Sendeoszillators hat ($f_{ref} = 1/(2\pi\sqrt{LC})$). Die beiden Signale werden gemischt, so dass im Ergebnis sowohl die Summe als auch die Differenz Frequenzen im Signal erscheint. Die Differenzfrequenz liegt dabei meist im Audiobereich, so dass im einfachsten Fall das Signal auf einen Lautsprecher gegeben wird. Dieser dient automatisch aufgrund seiner Trägheit gleichzeitig als Tiefpassfilter für den hochfrequenten Anteil. Die Differenzfrequenz ergibt sich zu

$$\begin{aligned} \Delta f &= f_{ref} - f_{det} \\ &= \frac{1}{2\pi}\sqrt{\frac{1}{LC}} - \frac{1}{2\pi}\sqrt{\frac{1}{LC} - \left(\frac{R}{L}\right)^2} \\ &\approx \frac{1}{2} f_{ref} \frac{R^2 C}{L} \end{aligned} \tag{7.3}$$

Im Ergebnis wird bei Annäherung an ein metallisches (leitfähiges) Objekt ein Ton mit schnell ansteigender Frequenz hörbar.

Fortgeschrittenere Verfahren arbeiten mit einem Pulsinduktionsprinzip (**Pulsinduktion-Detektor**). Bei diesem wird durch die Sendespule kurzzeitig ein hoher Strom geleitet. Das damit entstehende Magnetfeld regt ebenso wie im ersten Fall Wirbelströme im Messobjekt an, die wiederum ein eigenes Magnetfeld erzeugen. Das Abklingen dieses Magnetfeldes wird mit der Spule aufgenommen, die nun als Detektor (Empfangsspule) verwendet wird. Durch die Vermessung der Abklingzeit können auch Aussagen über das Material getroffen werden. Liegt der Fokus nicht auf dem Nachweis von Metall an sich, so kann die gleiche Methodik verwendet werden, um etwa Abstände zu vermessen. Da sowohl die Kopplung als auch die Verluste die Frequenz des Schwingkreises beeinflussen, kann bei bekanntem Material auch der Abstand als Eingangsgröße verwendet werden. Dies ist die Grundlage für Wirbelstrom-Wegaufnehmer.

7.2 Human-Machine-Interface: Touchscreen

Ein **Human Machine Interface (HMI)** dient als Schnittstelle zwischen Mensch und (in der Regel computerunterstützter) Hardware. Ziel ist es, dem Nutzer eine möglichst einfache, verständliche und intuitive Interaktion mit der Maschine zu ermöglichen. Eine der typischen Schnittstellen ist der **Touchscreen** eines Smartphones oder anderen Gerätes, bei dem die Interaktion direkt auf einem Display stattfindet. Hier soll die Position eines oder mehrerer Finger ermittelt werden, damit diese Information mit der Position der Schaltflächen auf dem Display abgeglichen werden kann. So entsteht ein virtueller „Knopf", der für die meisten Menschen intuitiv zu bedienen ist und gleichzeitig im Designprozess des Gerätes oder der Software frei positioniert und dimensioniert werden kann. Historisch stammt das erste als Patent dokumentierte Touch Display aus dem Jahr 1966 und wurde von *E.A.Johnson* für die Flugverkehrskontrolle vorgeschlagen [23].

7.2.1 Resistiver Touchscreen

Resistive Touch Displays waren die erste Technologie, die erfolgreich in kommerziellen Anwendungen eingesetzt wurde. Das erste wesentliche Patent hierzu wurde 1970 von *G.S.Hurst* und *J.E.Parks* eingereicht [24]. Das wesentliche Prinzip ist in Abb. 7.2 dargestellt. Zwei transparente und leicht flexible Schichten werden auf den sich gegenüberliegenden Seiten mit einem leitfähigen Material beschichtet. Häufig wird dafür Indiumzinkoxid (Indium Tin Oxid, **ITO**) verwendet. Beide Schichten besitzen zwei elektrische Kontakte am Rand, wobei eine Schicht die Anschlüsse an den vertikalen Seiten und die andere an den horizontalen Seiten platziert hat. Wird über die Kontakte eine Spannung angelegt, so entsteht eine Widerstandsstrecke, die einen kontinuierlichen Potenzialverlauf über die Schicht erzeugt. Wird durch mechanische Einwirkung die erste Schicht an einer Stelle auf die zweite gedrückt, so kann über die Kontakte der zweiten eine Spannung gemessen werden. Der Kontakt bildet einen Spannungsteiler auf der ersten Schicht, so dass die Spannung der relativen Teilung der Strecke entspricht. Im nächsten Schritt wird die Messung umgekehrt für die andere Schicht durchgeführt und damit die Position in der senkrecht dazu liegenden Richtung bestimmt.

Resistive Touch Displays haben schon früh Eingang in kommerzielle Anwendungen gefunden. Erste Tablet-PCs oder elektronische Organizer (PDA) waren damit ausgestattet. Mittlerweile finden sie sich vorwiegend nur noch in industriellen Anwendungen. Der Vorteil dieser Technologie liegt insbesondere darin, dass die Art des Kontaktes (Finger, Handschuh, Eingabestift) keine Rolle spielt. Es wird lediglich eine minimale Anpresskraft benötigt. Jedoch ist es nicht möglich mehrere Kontaktpositionen gleichzeitig zu vermessen.

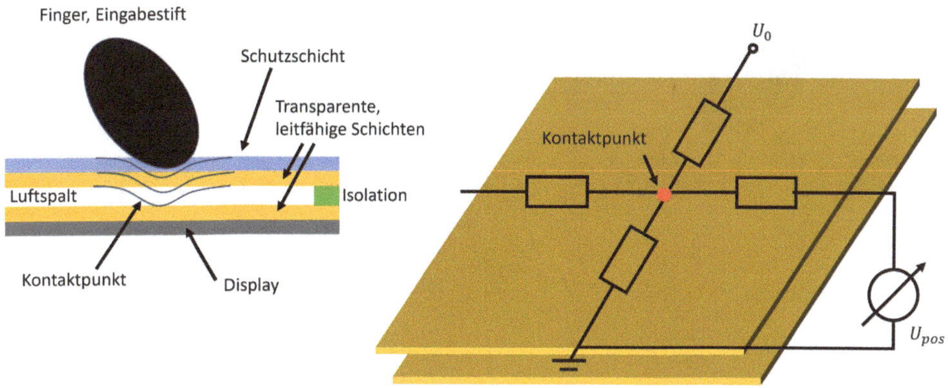

Abb. 7.2 Funktionsprinzip eines resistiven Touchscreens. Durch den Anpressdruck entsteht ein Kontakt zwischen zwei leitfähigen Schichten. Durch das Anlegen einer Spannung von den Seiten der Schicht entsteht ein Spannungsteiler, der über die untere Schicht hochohmig vermessen werden kann. Das Signal ist proportional zur Y-Position auf dem Display. Anschließend wird die Rolle der Kontakte vertauscht und die X-Position bestimmt

7.2.2 Kapazitiver Touchscreen

Eine wesentliche weitere Verbreitung haben aktuell kapazitive Touch Displays erreicht. Neben ersten Anwendungen in den 1970er Jahren in der Bedienung von Displays im Kontrollzentrum des CERN[1], ist diese Technologie der Standard in praktisch allen Smartphones und ähnlichen Geräten. Unter der Glasabdeckung sind durchsichtige aber elektrisch leitende und strukturierte Leiterbahnen aufgebracht (Abb. 7.3). Diese sind zweilagig in horizontaler und vertikaler Richtung orientiert. Damit die darunter liegenden Schichten (bei einem Smartphone das Display) erkennbar bleibt, müssen die Leiterbahnen transparent sein. Wird ein Finger in die Nähe eines Kreuzungspunktes gebracht, so ändert sich ebenfalls die wirksame Kapazität zwischen der horizontalen und vertikalen Leitung an genau dieser Stelle. Durch die Kenntnis der Reihe und Spalte, kann so die Position der Fingerkuppe bestimmt werden.

Die Vorteile dieser Technologie liegen insbesondere an der **Multi-Touch**-Fähigkeit. Das heißt, dass mehrere Positionen gleichzeitig gemessen werden können. Dies ermöglicht die typischen Vergrößerungsgesten mit den Fingern. Von Nachteil ist allerdings, dass in der Regel die Bedienung nur durch geeignete Materialien (Finger) erfolgen kann, die die Kapazität deutlich beeinflussen können.

[1] *Conseil Européen pour la Recherche Nucléaire*, Europäisches Kernforschungszentrum in Genf

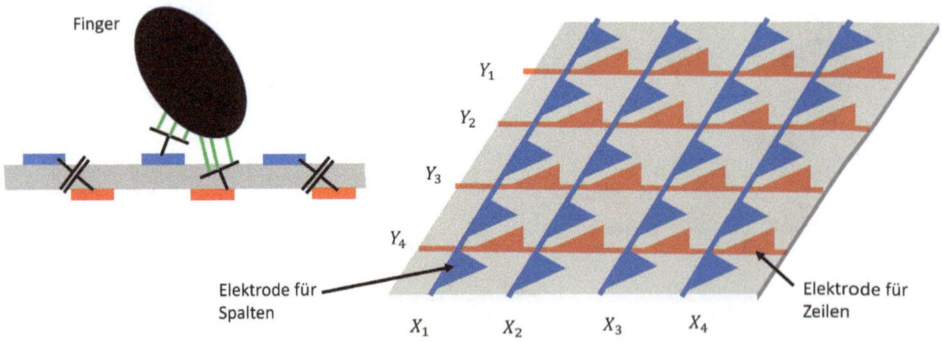

Abb. 7.3 Funktionsprinzip eines kapazitiven Touchscreens (hier **Mutual Capacitive Touchscreen**). Die ausgeformten Elektroden der Zeilen und Spalten bilden eine Kapazität, die durch die Anwesenheit eines Fingers verändert wird

Umfeldsensorik über Laufzeitmessung 8

Die in den vorigen Kapiteln behandelten induktiven oder kapazitiven Sensierverfahren sind nur für Objekte geeignet, die sich in unmittelbarer Nähe zum Sensor befinden. Sollen Informationen über weiter entfernte Objekte gewonnen werden, müssen andere Methoden verwendet werden. Kameras sind für viele Einsatzzwecke, in denen eine komplexe Szene erfasst werden muss, das geeignete Mittel. Jedoch ist oft insbesondere die genaue Abstandsinformation von Interesse. Kamerasysteme können zwar ebenfalls in einem **stereoskopischen Aufbau** für eine Abstandsmessung verwendet werden. Allerdings benötigt das einen Aufbau, der mit wachsenden Reichweitenanforderungen ebenfalls einen größeren Basisabstand zwischen den Kameras benötigt. Daher haben sich für Abstandsmessungen in vielen Anwendungen Laufzeitverfahren etabliert. Wesentliche Gemeinsamkeit der Verfahren ist, dass eine Hilfsenergie erforderlich ist, um den Raum abzutasten.

8.1 Ultraschallsensoren

Mechanische Schwingungen in elastischen Medien werden **Schall** genannt. Man unterscheidet verschiedene Frequenzbereiche:

- Infraschall < 16 Hz
- Hörschall 16 Hz bis 20 kHz
- Ultraschall 20 kHz bis 1 GHz
- Hyperschall > 1 GHz

Neben der offensichtlichen Problematik, dass Hörschall als Arbeitsfrequenzbereich für einen aktiven Sensor recht unpraktisch ist, ist eine höhere Frequenz auch für die erreichbare Auflösung vorteilhafter. Daher kommt für technische (und medizinische) Anwendungen vorwiegend **Ultraschall** zum Einsatz.

M. Hattaß, *Sensorik*,
https://doi.org/10.1007/978-3-662-73845-0_8

Schall breitet sich in Luft als **Longitudinalwelle** (Druckschwankung) aus. In Medien mit ausreichender **Scherfestigkeit** auch als Transversalwelle. Dabei ist die Geschwindigkeit einer **Transversalwelle** stets geringer als die der Longitudinalwelle. Die Wellengeschwindigkeit c_{Schall} hängt ganz wesentlich vom Medium ab, insbesondere von dessen Kompressionsmodul.

Zusätzlich ist die Schallgeschwindigkeit im Allgemeinen temperaturabhängig, für (ideale) Gase gilt

$$c = \sqrt{\frac{\kappa p}{\rho}} = \sqrt{\frac{\kappa RT}{M}} = \sqrt{\frac{\kappa k_B T}{m}} \tag{8.1}$$

Mit dem Adiabatenexponent $\kappa = (f+2)/f$ (f: Anzahl der Freiheitsgrade des Gases, R: Ideale Gaskonstante, M: Molare Masse, k_B Boltzmannkonstante, m: Molekülmasse) (Tab. 8.1)

Die Wellenlänge λ hängt mit der Frequenz f über

$$c_{Schall} = \lambda f \tag{8.2}$$

mit der Schallgeschwindigkeit zusammen. Aufgrund des Wellencharakters können alle Wellenphänomene wie konstruktive und destruktive Interferenz auftreten.

Um die Entfernung zu einem Objekt zu bestimmen, wird ein kurzer Puls (genauer: Wellenzug) von einem Sender abgestrahlt und die Zeit bis zum Eintreffen des Echos gemessen. Da der Puls die Strecke zweimal zurücklegen muss, ergibt sich für die Laufzeit T und den Abstand d

$$T = \frac{2d}{c} \Rightarrow d = \frac{1}{2}cT \tag{8.3}$$

In der praktischen Umsetzung sind klassische Lautsprecher (Tauchspule, **Voice Coil**) aufgrund der eigenen Trägheit nicht für die Erzeugung von sehr hohen Frequenzen außerhalb der Hörbereichs geeignet. Zur Generierung von Schwingungen im Ultraschallbereich wird auf piezoelektrische Aktoren zurückgegriffen. Abb. 8.1 zeigt den schematischen Aufbau eines Ultraschall-Sensors im Automobil. Die Membran besteht aus einer **Piezokeramik** und wird durch die vorne und hinten angebrachten elektrischen Kontakte zu Biegeschwingungen angeregt. Das Aufschwingen auf die Maximalamplitude erfolgt innerhalb weniger 100 µs. Gleichzeitig wird die Zeitmessung gestartet. Anschließend wird die Anregung gestoppt und

Tab. 8.1 Vergleich der Schallgeschwindigkeiten für longitudinale Wellen in verschiedenen Medien

Medium	Schallgeschwindigkeit in m/s
Luft	343 (20 °C, 1013 mbar)
Wasser	1484
Stahl	5850–5920
Holz	3300

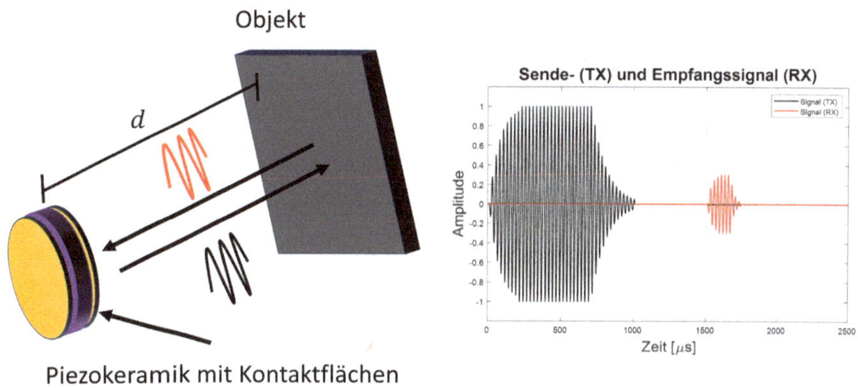

Abb. 8.1 Abstandsmessung über die Laufzeit von Ultraschall-Impulsen

die Membran schwingt aus. Danach wechselt die Schaltung in den Messmodus. Die nach der Laufzeit zurückkommenden Schallwellen regen erneut die gleiche Membran zu Schwingungen an. Die Biegeschwingungen erzeugen über den piezoelektrischen Effekt ein elektrisches Signal, das entsprechend verstärkt und gemessen wird. Dabei ist zu beachten, dass in der Zeit, in der die Membran sendet und ausschwingt, noch kein reflektiertes Signal gemessen werden kann. Diese Zeitspanne des Sensors wird **Totzeit** genannt. Hierdurch entsteht ein *minimaler* Abstand $d_{min} = ct_{tot}/2$ unterhalb dessen keine Messung möglich ist. Die maximale Reichweite ist einerseits physikalisch begrenzt durch die Dämpfung der Schallwellen, so dass das zurückkehrende Signal nicht mehr detektiert wird. Andererseits wird in vielen Anwendungen die Messung laufend wiederholt, so dass durch den nächsten Sendepuls die maximale Wartezeit bis zur Rückkehr des vorigen Pulses begrenzt ist. In der Praxis ist die Reichweite daher auf die Größenordnungen zwischen wenigen 10 cm bis einige Meter beschränkt.

8.1.1 Anwendungsbeispiele

Einparkhilfe

Eine aus dem Alltag bekannte Anwendung der Abstandsmessung mit Ultraschall ist die Einparkhilfe im Fahrzeug. Hierfür sind mehrere Ultraschallabstandssensoren im Stoßfänger verbaut. Damit es zu keiner Störung der Sensoren untereinander kommt, muss jedem Sensor ein Zeitfenster reserviert werden, in dem nur dieser Sensor auf eine Reflexion wartet. Jeder einzelne Sensor stellt damit eine Abstandsmessung relativ zum Sensor bereit. Über Triangulation muss aus diesen Abstandsmessungen noch die tatsächliche Position des Objektes relativ zum Fahrzeug bestimmt werden. Grundsätzlich wären zwei Sensoren ausreichend, um den Abstand zu einem kleineren Objekt zu bestimmen und dieses zu lokalisieren. Aufgrund der **Emissionscharakteristik** kann aber bei nahen Abständen nicht jeder

Punkt erreicht werden. Deshalb sind mehrere Sensoren notwendig. Zusätzlich können die Signale zur Plausibilisierung verwendet werden.

Tankfüllstand

In der industriellen Messtechnik werden Ultraschallsensoren auch zur Messung des Füllstandes in Tanks verwendet. Der deutliche Übergang im Wellenwiderstand von Luft auf die Flüssigkeit führt zu einer Reflexion des Pulses. Die Messung des Füllstands erfolgt von oben, indem der Freiraum über dem Material bestimmt wird. Insbesondere bei hohen Tanks (viele Meter) ist dieser Methode von Vorteil, da z. B. kapazitive Sensoren zum Eintauchen unverhältnismäßig groß ausgelegt sein müssten. Auch bei Schüttgut bietet sich die Verwendung eines Ultraschallsensors an.

Bildgebende Verfahren in der Medizin

Während in den vorgenannten Anwendungen nur eine Grenzfläche zu detektieren war, sollen in der Medizintechnik gleich mehrere übereinander liegende Gewebeschichten genau lokalisiert werden. Um ein detailliertes Bild des Körperinneren zu erhalten, werden mit diesen Daten Schnittbilder erzeugt. Da die erreichbare Auflösung eines abbildenden System grundsätzlich von der Wellenlänge des Abtastsignals abhängt, liegt die Ultraschall-Frequenz in der Medizintechnik deutlich höher als bei anderen Anwendungen, die größere Abstände vermessen. Soll die Auflösung der Schichtdicken im Bereich 0, 1..1 mm liegen, so muss die Frequenz eine Größenordnung von 1 MHz..10 MHz erreichen.

Die Erkennung der Gewebeübergänge ist durch die unterschiedlichen **Schallkennimpedanzen** möglich. Die Schallkennimpedanz ergibt sich aus der Dichte ρ und der Schallgeschwindigkeit des Mediums c:

$$Z = \rho c. \tag{8.4}$$

Am Übergang tritt ein **Impedanzsprung** mit dem Reflexionskoeffizienten

$$R = \left(\frac{Z_2 - Z_1}{Z_2 + Z_1}\right)^2 \tag{8.5}$$

auf, der den Anteil der reflektierten Leistung beschreibt. Der verbleibende Anteil der Leistung

$$T = \left(\frac{2Z_1}{Z_2 + Z_1}\right)^2 \tag{8.6}$$

wird in die nächste Schicht transmittiert und zum Teil auch absorbiert. Entsprechendes tritt am nächsten Übergang auf. Es entsteht daher pro eingekoppeltem Puls eine Serie von reflektierten Signalen, deren Abstände die Schichtdicken widerspiegeln. Grundsätzlich treten diese Phänomene auch beim Übergang der Ultraschallwelle von Luft zur Flüssigkeit auf (wie beim Tankfüllstandssensor), aber durch die sehr große Änderung der Impedanz, ist der transmittierte Anteil in diesem Fall verschwindend gering. Um die Einkopplung des Signals vom Sender (Schallkopf) in den Körper überhaupt effizient zu ermöglichen, wird in der Medizintechnik ein Gel zwischen Schallkopf und Haut verwendet, um keinen Impedanzsprung durch eine dünne verbliebene Luftschicht zu erhalten.

Damit ist zunächst nur eine eindimensionale Abstandsmessung möglich. Da aber ein Schnittbild erzeugt werden soll, sind im Schallkopf sehr viele Ultraschall-Erzeuger (piezoelektrische Kristalle) verbaut. Durch zeitlich leicht versetzte Ansteuerung (unterhalb der Periodendauer der Sendefrequenz), arbeiten die Sender als **Phased Array** (siehe Abb. 8.2 oben rechts). Durch Überlagerung der einzelnen verschobenen Wellenfronten, entsteht eine neue Wellenfront, deren Richtung über den Zeitversatz gesteuert werden kann. Durch sequentielles Durchstimmen des Sendewinkels, entsteht schließlich ein vollständiges Schnittbild.

Wird nicht nur die Laufzeit des Signals gemessen, sondern auch die Frequenz des reflektierten Signals, kann noch eine Aussage über die Bewegung des Gewebes bzw. dessen Inhalt (Blutfluss) getroffen werden. Dies ist die Basis der *Dopplersonographie* (siehe auch FMCW-Radar).

Lagerstättenerkundung in der Geophysik

Ein ähnliches bildgebendes Verfahren wie in der Medizintechnik kommt in der Geophysik zur Lagerstättenerkundung zum Einsatz **(Reflexions-** und **Refraktionsseismik).** Dieses ist zwar nicht mehr streng dem Ultraschall zuzuordnen, da die Frequenzen deutlich geringer sind ($<\sim$ kHz). Dennoch ist die grundsätzliche Methodik ähnlich (s. Abb. 8.2 unten rechts). Der „Schall"-Erzeuger ist in diesem Fall eine Sprengung oder eine hydraulisch betriebene „Rüttelplatte", die mit einem Fahrzeug transportiert werden kann. Die Empfänger sind einzelne Vibrationssensoren **(Geophone)**, die entlang des zu untersuchenden Abschnitts posi-

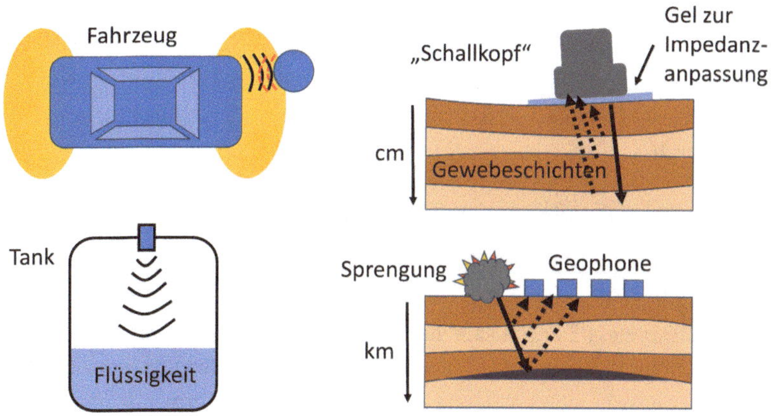

Abb. 8.2 Anwendungen mit Schalllaufzeitmessungen. Oben links: Einparkhilfe Fahrzeug; Links unten: Tankfüllstandsmessung; Rechts oben: Bildgebendes Ultraschall in der Medizin; Rechts unten: Reflexionsseismik zur Lagerstättenerkundung

tioniert werden. Aus den bekannten Positionen und der Signallaufzeiten kann der Verlauf des Untergrunds rekonstruiert werden.

8.2 LiDAR

Ultraschallsensoren sind zwar grundsätzlich geeignet, um Abstände im Außenbereich zu messen. Der Aufbau eines echten 3D-Bildes ist aber sehr schwierig, da die Emissionscharakteristik eines einzelnen Senders einen großen Winkelbereich überdeckt. Hinzu kommt, dass aufgrund der Dämpfung die Reichweite nur sehr begrenzt wäre. Wesentlich größere Reichweiten und Winkelauflösungen lassen sich mit LiDAR-Sensoren erreichen **(Light Detection and Ranging).** Wie auch beim Ultraschall wird die Laufzeit eines Pulses (oder auch Pulszuges) gemessen. Die erforderlichen Anforderungen an die Auflösung der Zeitmessung bei der Verwendung von Licht (oder allgemein elektromagnetischer Strahlung) sind allerdings deutlich höher. Die Lichtgeschwindigkeit im Vakuum beträgt

$$c = 299792458\text{m/s} \approx 3 \cdot 10^8\text{m/s}. \tag{8.7}$$

Um ein Objekt auf 10 cm zu lokalisieren, ist daher eine Zeitauflösung von $\Delta t = 2\Delta d/c = 0{,}67\,\text{ns}$ erforderlich. Das Aussenden des Lichts erfolgt durch schnelle Leuchtdioden oder Laser-Pulse, die gleichermaßen genau definiert sein müssen. Der grundsätzliche Aufbau eines LiDAR-Sensors ist in Abb. 8.3 gezeigt. Ein Sender emittiert den Puls (Leistung P_{TX}) und startet die Zeitmessung. Der Puls wird zum Objekt **(Target)** gesendet, dort reflektiert und am Empfänger detektiert.

Die am Empfänger eintreffende Leistung kann wie folgt berechnet werden. Zur Vereinfachung wird zunächst angenommen, dass die Empfangsoptik genau den Winkelbereich auf den Detektor abbildet, der von dem ausgesendeten Strahl beleuchtet wurde und das Target ausreichend groß ist. Die Projektion des Sendestrahls und das Blickfeld des Empfangspixels (FoV, **Field-of-View**) fallen also zusammen. In diesem Fall ist die Leistung am Detektor P_{RX} gegeben durch

$$P_{RX} = T_{loss}^2 \frac{R_{target}}{\pi} \frac{1}{d^2} P_{TX} \pi \left(\frac{D}{2}\right)^2 \tag{8.8}$$

Der Term T_{loss} beschreibt die Verluste durch Absorption der Strahlung auf dem Hin- und Rückweg und ergibt sich aus dem *Lambert-Beer*-Gesetz $T_{loss} = e^{(-d/L)}$ mit der Absorptionslänge L. Der Exponent 2 ergibt sich aus dem zweifachen Weg. Der Term $R_{target}/\pi\, 1/d^2$ ist die Leistungsdichte (Leistung pro Fläche) der in Richtung des Sensors zurückgesendeten Strahlung bei einem senkrechten Beobachtungswinkel. Der Term gilt unter der Annahme eines idealen **Lambert-Strahlers** (siehe auch A.3). Der letzte Term beschreibt die Fläche der aufnehmenden (kreisförmig angenommenen) Empfangsapertur mit Durchmesser D. Prinzipiell ist noch festzustellen, dass die empfangene Leistung quadratisch mit dem Abstand abfällt, wenn das Target größer als die beleuchtete Fläche ist. Bewegt sich das Objekt zu

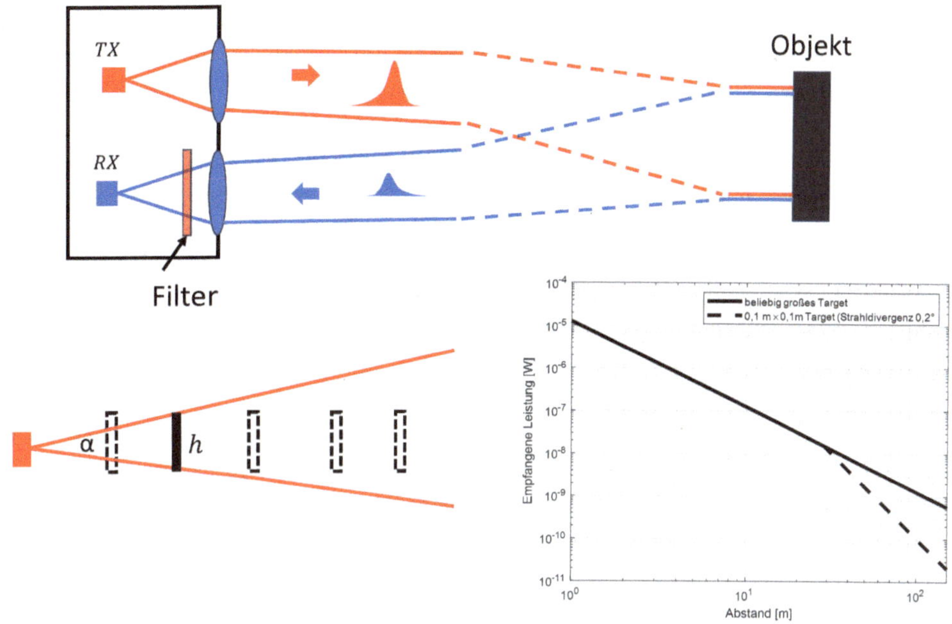

Abb. 8.3 Schematisches LiDAR System mit einer Lichtquelle (TX) und einem darauf ausgerichteten Field-of-View eines Empfangspixels (RX) (oben). Der Öffnungswinkel ist sehr gering ($<0,2°$), so dass die Strahlen erst im Fernfeld (>5–10 m) überlappen. Für größere Abstände wird das Objekt kleiner als der Strahlfleck, so dass nur der Bruchteil der Sendeleitung, der auf das Objekt trifft, reflektiert werden kann (unten links). Ab dieser Entfernung fällt das empfangene Signal mit $1/d^4$ (rechts)

noch größeren Abständen, wird der Raumwinkel, den dieses einnimmt noch geringer. Damit sinkt die Leistung am Empfänger noch mit einem weiteren Faktor $1/d^2$ ab (Abb. 8.3 unten).

8.2.1 Direct time-of-flight LiDAR

Das zuvor beschriebene Grundprinzip der einfachen Laufzeitmessung ist die Basis eines **direct Time-of-Flight**-LiDAR Sensors. Dieses Konzept findet sich in den meisten Anwendungen, in denen eine große Szenerie in vergleichsweise kurzer Zeit aufgezeichnet werden soll. Entweder weil die Szene schnell veränderlich ist oder die Position des Sensors. Beispiele sind das automatisierte Fahren oder Systeme auf Flugzeugen zur Vermessung der Erdoberfläche. Um mit dem Verfahren eine größere Szenerie zu vermessen, muss der Laser sequentiell auf jeden Blickwinkel ausgerichtet werden. Das später entstehende 3D-Bild soll sehr dicht sein, dami sich möglichst kein Objekt genau zwischen zwei Winkelmesspunkten verbirgt. Daher sind sehr viele Bildpunkte notwendig. Da es sehr aufwändig ist, mit einer derartig hohen Anzahl von individuell ausgerichteten Laser-Dioden die Szene zu beleuchten, wird meistens der Sendestrahl in verschiedene Richtungen gelenkt und auch die Empfangsoptik entsprechend ausgerichtet. Die Möglichkeiten, um die Ausrichtung des Strahls anzupassen, sind vielfältig. Abb. 8.4 gibt einen Überblick zu den unterschiedlichen Konzepten.

Einen hohen Aufwand hinsichtlich des inneren Aufbaus haben rotorbasierte Systeme, da Sender, Empfänger und die primäre Auswerteelektronik auf einer beweglichen Plattform montiert sind. Daher muss die Versorgungsenergie und Kommunikation (mit sehr hoher Datenrate!) über eine drahtlose Schnittstelle erfolgen. Zusätzlich ergeben sich Herausforderungen für die Kühlung des Systems, da kein mechanischer Kontakt zur Wärmeableitung der Elektronik vorhanden ist. Ein großer Vorteil des Konzeptes ist dagegen die 360° Sicht, sofern die Anwendung dies erfordert. Weitere Konzepte lassen bestimmte Teile des Systems statisch und erreichen die Strahlablenkung durch unterschiedliche Anordnungen von Spiegeln, die rotieren oder schwingen. Damit können bestimmte Nachteile eines Rotor-Konzeptes vermieden werden. Allerdings schränkt sich das maximale horizontale Blickfeld hierdurch auf $\leq 180°$ (praktisch eher $\lesssim 140°$). Schließlich kann auch ein rein statisches System verwendet werden (im Marketing auch **Solid-State Lidar** bezeichnet). In diesem wird durch eine Sendeoptik eine Laser-Dioden Matrix auf die Szene abgebildet und der zurückkehrende

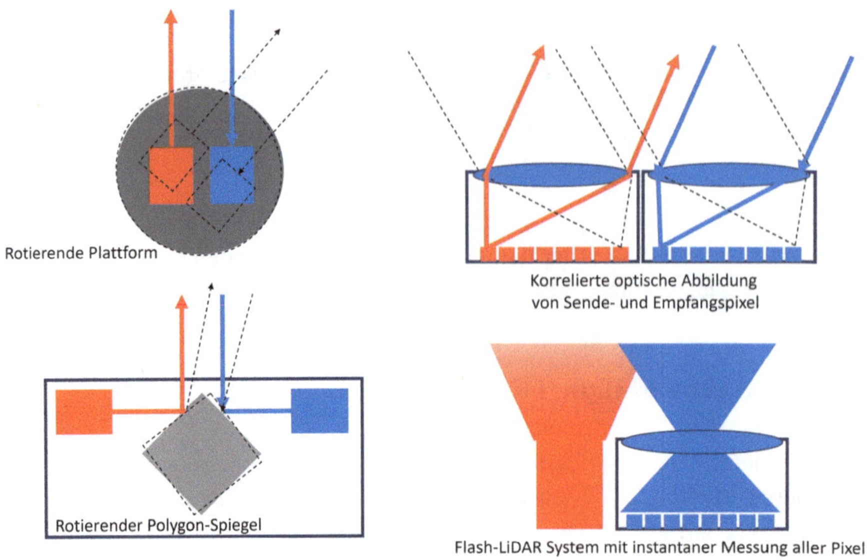

Abb. 8.4 Übersicht verschiedener LiDAR-Konzepte. Oben links: rotierende Plattform mit 360° Erfassungsbereich, unten links: feststehender Sender und Empfänger mit Strahlablenkung über ein Polygon-Spiegelrad, oben rechts: optische Abbildung von einzelnen Sende- und Empfangspixeln auf den gleichen Winkelbereich, die sequenziell angesteuert werden, unten links: Flash-LiDAR System mit einzelnem weiten Lichtpuls, der von einer Kamera mit zeitauflösenden Pixeln aufgenommen wird

Puls durch eine in gleiche Richtung ausgerichtete Empfangsoptik auf eine Pixel-Matrix abgebildet. Aktive Laserdioden und Empfangspixel entsprechen sich dann jeweils.
Im Extremfall können im letzten System auch *alle* Dioden gleichzeitig senden oder eine entsprechend breit abbildende Optik mit einer Lichtquelle verwendet werden. Ein solches System wird als **Flash Lidar** bezeichnet. Der klare Vorteil dieses Systems ist die gleichzeitige Aufnahme eines Bildes in einem einzigen Schuss. Jedoch ist die notwendige Sendepulsleistung um die Anzahl der Bildpunkte höher als in einem System in dem nur ein Einzelpunkt beleuchtet werden muss. Neben der offensichtlich höheren Anforderungen an die Dioden, Leistungselektronik und dem Wärmemanagement muss zusätzlich beachtet werden, dass das System auch die Normen zur Augensicherheit einhält (IEC 60825-1). Die Anforderungen durch die Augensicherheit an das System können die wesentliche Beschränkung für die Reichweite eines Konzeptes darstellen.
Es finden sich in der Praxis auch Systeme, die eine Kombination aus Flash- und Punkt-Beleuchtung darstellen, wie etwa die gleichzeitige Beleuchtung einer Linie und die Abbildung auf einen Zeilendetektor. Diese wird anschließend sequentiell durch Rotation oder Ablenkung durch Spiegel über die Szene bewegt.

Offensichtlich wäre der Einsatz von sichtbarem Licht für den Laser für LiDAR-Systeme in autonomen Fahrzeugen aufgrund der Irritation der anderen Verkehrsteilnehmer ungeeignet. Daher verwenden LiDAR-Sensoren Laser mit unsichtbaren Wellenlängen im nahen oder mittleren Infrarotbereich (z. B. Laserdioden bei 905 nm oder Faserlaser bei 1550 nm). Während für 905 nm Silizium-(Photo-)Dioden noch ausreichend empfindlich sind, sind für noch größere Wellenlängen andere Detektormaterialien erforderlich (InGaAs). Die höheren Wellenlängen bieten aber noch einen weiteren Vorteil. Eine besondere Herausforderung an praktisch einsetzbare LiDAR-Systeme ist zusätzlich das Hintergrundlicht. Insbesondere im Außenbereich unter starker Sonneneinstrahlung auf das zu messende Objekt, ist die gesamte natürliche Beleuchtungsstärke deutlich höher als die realistische Sendeleistung des Lasers. Daher ist es zunächst ratsam, die Arbeitswellenlänge möglichst außerhalb des Maximums der solaren Einstrahlung zu halten (siehe Sonnenspektrum in Abb. 8.5). Um das Hintergrundlicht schließlich vom Detektor abzuschirmen, muss dieses mit schmalbandigen Filter ausgeblendet werden. Dieser ist nur in einem engen Bereich (Größenordnung 10 nm) um die verwendete Wellenlänge transparent. Die Notwendigkeit für eine Filterung verdeutlicht die folgende Rechnung. Eine angenommene Sendeleistung beträgt 5 W für eine Pulslänge von $\Delta t = 10\,\text{ns}$ bei $\lambda = 905\,\text{nm}$ ($E_{phot} = hc/\lambda$, h: *Plancksches* Wirkungsquantum). Für ein ausgedehntes Objekt in 100 m Entfernung mit Reflektivität $R_{target} = 10\%$ bedeutet das unter Verwendung von (8.8)

$$E = P_{RX}\Delta t = 50\,\text{nJ} \quad \Rightarrow \quad n_{phot} = E/E_{phot} \approx 57\ \text{Photonen} \tag{8.9}$$

aus dem Signal. Die gesamte solare Einstrahlung liegt bei etwa $1\,\text{kW/m}^2$, so dass selbst bei einem kleinen Objekt schnell ein Vielfaches der eintreffenden Photonen aus dem Hintergrundlicht stammen würden. Für einen Bandpassfilter mit einem 10 nm Band um die Sendewellenlänge reduziert sich dies auf gut $7\,\text{W/m}^2$, was eine gute Trennung ermöglicht.

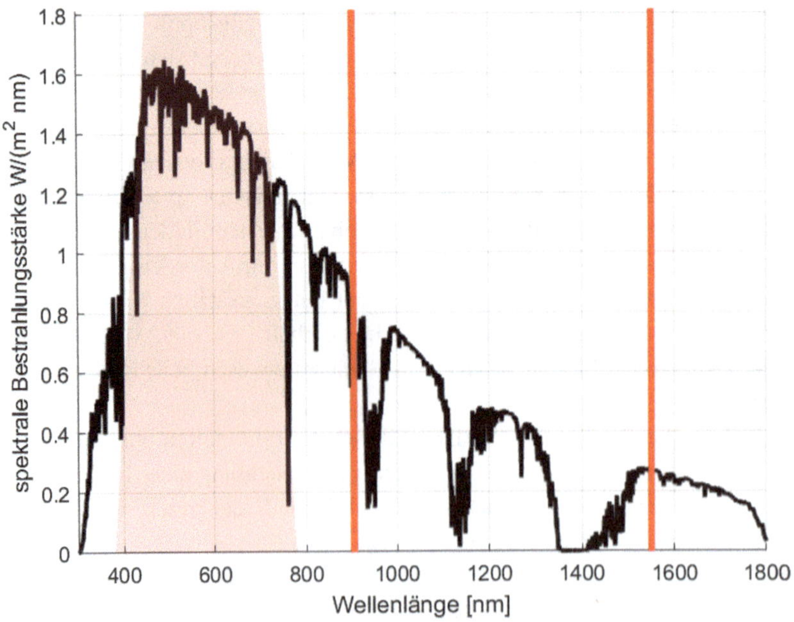

Abb. 8.5 Spektrum der Sonneneinstrahlung am Erdboden (ASTM-G173 [25]). Das Spektrum ergibt sich aus dem eigentlichen Emissionsspektrum der Sonne mit den *Fraunhoferschen*-Linien und der Absorption in der Erdatmosphäre. Die markanten Einbrüche oberhalb von 900 nm entstehen durch Wasserdampf. Markiert ist der Bereich des sichtbaren Lichts (ca. 380 nm-780 nm) und typische Wellenlängen von LiDAR Systemen bei 905 nm und 1550 nm

Trotzdem muss der Empfänger eine möglichst hohe Empfindlichkeit besitzen, damit die geringe Anzahl von Photonen sicher detektiert werden kann. Zum Einsatz kommen hier **Avalanche-Photo-Dioden (APD),** die über einen Lawinen-Effekt eine hohe Verstärkung liefern können und gleichzeitig eine Amplitudeninformation liefern (siehe auch Abschn. 2.8). In neuerer Zeit werden zunehmend **Single-Photon-Avalanche Diodes (SPAD)** eingesetzt. Diese gehen bereits für einzelne eintreffende Photonen vollständig in den Durchbruch (ähnlich einem **Geiger-Müller-Zähler**) und liefern ein digitales Signal. Die Amplitudenmessung wird durch die Zusammenschaltung von mehreren SPAD-Zellen zu einer großen Zelle ermöglicht. Ein weiterer Vorteil ist, dass die Antwort so bereits digital vorliegt und nicht erst über schnelle Analog-Digital-Wandler ermittelt werden muss.

Das direct-ToF Verfahren bietet auch die Möglichkeit pro ausgesendetem Puls mehrere Echos zu vermessen. Diese Fähigkeit kann hilfreich sein, wenn der Sendestrahl ein Objekt nur zum Teil trifft und der Rest des Lichtes erst von einem noch weiter entfernten Objekt zurückgeworfen wird. Ein sehr großer Nutzen entsteht dabei für die Vermessung der Erdoberfläche mit LiDAR-Systemen vom Flugzeug aus. Zwar trifft ein Teil des Laserstrahls die Vegetation (Blätter, Büsche, Bäume). Dennoch wird das Licht durch Lücken immer wieder auch bis auf den Boden treffen. Wird bei der späteren Analyse immer nur das letzte Echo ausgewertet, so kann die Oberfläche praktisch ohne Vegetation abgebildet werden [26, 27]. Diese Methode wird unter anderem häufig in der Archäologie eingesetzt, um großflächig Bodenstrukturen unter der Vegetation aufzudecken (Abb. 8.6).

Neben der reinen Vermessung von Abständen, wird LiDAR auch in der Meteorologie oder Umwelttechnik eingesetzt, um unter anderem Aerosole in der Atmosphäre zu vermessen. Hierfür wird ein einzelner Puls ausgesendet und die kontinuierliche Streuung an den Teilchen ausgewertet. Damit lassen sich Höhenprofile der Aerosolkonzentration erstellen.

8.2.2 Indirect time-of-flight LiDAR

Das **Indirect-ToF**-Verfahren verwendet statt einem scharf definieren Puls einen kontinuierlichen Strahl (**cw,** Continuous Wave) mit einer zusätzlichen **Amplituden-Modulation** (siehe Abb. 8.7). Das Messverfahren basiert auch hier auf der Laufzeit des Signals, allerdings wird

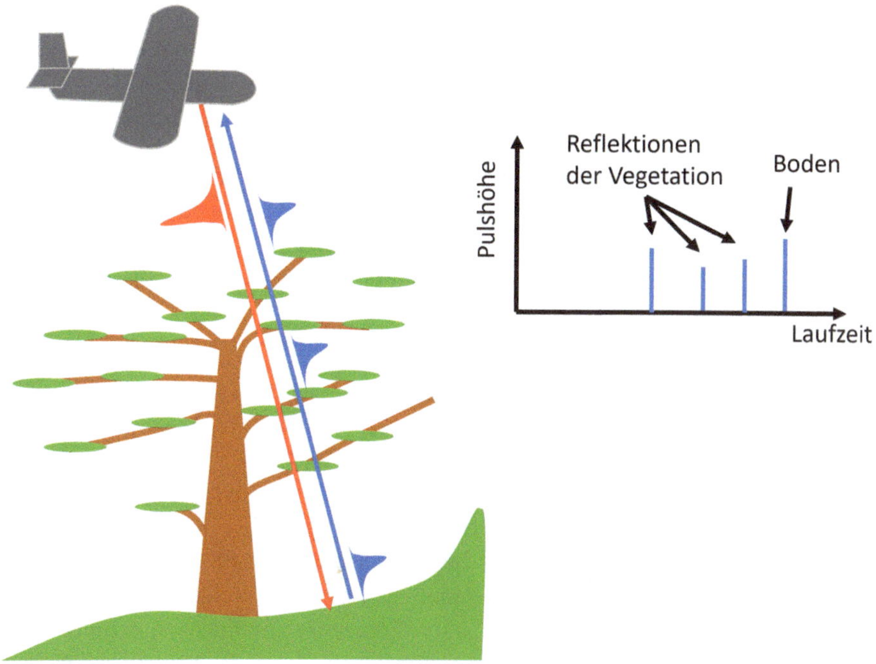

Abb. 8.6 Einsatzbeispiel für LiDAR Sensoren in der Geländevermessung. Die vom Flugzeug aus gesendeten Lichtpulse werden teilweise an der Vegetation reflektiert. Jedoch erreicht ein Teil der Energie den Boden. Der letzte empfangene Puls erlaubt damit die Abstandsmessung zur tatsächlichen Geländeoberfläche. Mit dieser Methode lassen sich auch in dicht bewachsenem Gebiet Oberflächenstrukturen auflösen

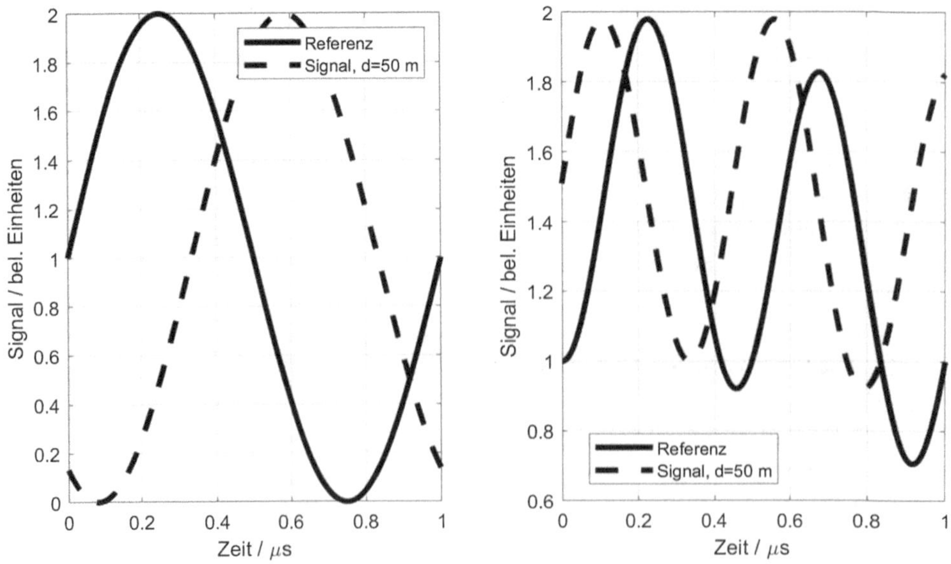

Abb. 8.7 Links: Phasenverschiebung der empfangenen Intensität bei einer Entfernung von 50 m und einer Modulationsfrequenz von 1 MHz. Rechts: Phasenverschiebung für ein Signal mit zwei Modulationsfrequenzen im Verhältnis 6/5

statt einer direkten Zeitmessung, der Abstand „indirekt" über die **Phasenverschiebung** der empfangenen Intensitätsmodulation zu einer Referenz gemessen. Die Phasenverschiebung φ berechnet sich aus der Laufzeit $t = 2d/c$ und der Modulationsfrequenz $f_{mod} = \omega/(2\pi)$. Damit kann die Entfernung d über die gemessene Phasenverschiebung ermittelt werden:

$$\varphi = \omega t = 2\pi f_{mod} \frac{2d}{c} \tag{8.10}$$

$$\Rightarrow d = \frac{\varphi c}{4\pi f_{mod}} \tag{8.11}$$

Die maximale Reichweite ergibt sich (neben dem Signal-Rausch-Verhältnis am Empfänger) auch aus der maximalen Phasenverschiebung von 2π : $d_{max} = c/(2f_{mod})$, wenn das verschobene Signal wieder exakt auf das ausgesendete Signal fällt. Für eine Modulationsfrequenz von $f_{mod} = 1\,\text{MHz}$ ergibt sich damit eine maximale Reichweite von 150 m. Tatsächlich werden allerdings noch deutlich höhere Frequenzen für die Modulation verwendet, da sich damit auch höhere Auflösungen erreichen lassen. Die damit eigentlich einhergehenden kürzeren Reichweiten werden ausgeglichen, in dem mehrere Modulationsfrequenzen gleichzeitig eingesetzt werden. Bei zwei Frequenzen, die zum Beispiel in einem Verhältnis von 6/5 stehen, treffen diese erst nach $6 \cdot 5 = 30$ Periodendauern wieder exakt aufeinander. Damit entsteht ein langer codierter Pulszug, der eine sehr präzise (Größenordnung 1 mm) Messung mit großer Reichweite (mehrere 100 m) ermöglicht. Diese Art von Abstandsmesskonzept findet sich häufig in Geräten im Handwerk oder in Vermessungsgeräten in der Architektur, Archäologie oder Geologie.

8.2.3 Augensicherheit

Die Reichweite eines LiDAR-Sensors hängt maßgeblich von der Sendeleistung des Lasers ab. Daher liegt es zunächst nahe, diese deutlich zu erhöhen, um schwach reflektierende und ferne Objekt noch zu detektieren. Dies kann jedoch zu Schäden bei Personen führen, die direkt in den Strahl blicken. Zwar liegen die von LiDAR-Sensoren verwendeten Wellenlängen nicht mehr im Bereich des sichtbaren Lichts, transportieren aber trotzdem eine recht hohe Leistung in das Auge. Da die Wellenlänge nicht wahrgenommen wird, entsteht auch kein **Lidschlussreflex,** um das Auge vor der hohen Intensität zu schützen. Hinzu kommt, dass Wellenlängen im Nahinfrarot noch von der Linse fokussiert und daher auf der Netzhaut scharf abgebildet werden können. Da der Sendelaser typischerweise eine sehr **geringe Divergenz** aufweist, wird die Leistung nahezu auf einen Punkt fokussiert, wenn das Auge „auf unendlich" eingestellt ist **(Akkomodation).** Kurzzeitig kann die aufgenommene Leistung daher sehr hohe Werte (Watt) erreichen. Insbesondere, wenn die Person recht nah an dem LiDAR-System steht. Diese Situationen könnten auftreten, wenn ein stehendes oder vorbeifahrendes Fahrzeug mit LiDAR, gegebenenfalls noch bei Dunkelheit mit weit geöffneten Pupillen, betrachtet wird. Zwar liegt die Pulsdauer typischerweise in der Größenordnung von 10 ns, jedoch können sich die Effekte durch die hohe Pulsanzahl aufaddieren.

LiDAR-Systeme mit größeren Wellenlängen, wie zum Beispiel im Bereich von 1550 nm, gelten zunächst als sicherer, da diese Wellenlänge vorher in Hornhaut und Glaskörper absorbiert wird. Jedoch gibt es auch hier Beschränkungen. Zusätzlich wird berichtet, dass normale Kamerasysteme durch die Strahlung beschädigt werden können (Schäden am Bayer-Filter) [28].

8.3 Radar

Radar steht üblicherweise für **RAdio Detection and Ranging** und war zunächst eine rein militärische Technologie zur Ortung von Flugzeugen. Anfangs wurden die hochfrequenten elektromagnetischen Wellen (GHz) mit einem Magnetron (ein Hohlraumresonator) erzeugt. Durch die Entwicklung der modernen Halbleiter-Technologie wurden auch kleinere Sendemodule möglich. Insbesondere in der Fahrzeugtechnik sind Radar-Systeme in den Komfort- und Sicherheitssystemen mittlerweile etabliert (**Adaptive Cruise Control** (ACC) oder Notbremsassistent). Die Frequenz wird mit einem 77 GHz VCO (**Voltage Controled Oscillator)** mit PLL **(Phase Locked Loop)** erzeugt.

8.3.1 FMCW-Radar

Moderne Radarsysteme im Automobilumfeld verwenden keine gepulste Signalquelle und direkte Laufzeitmessung. Stattdessen wird das FMCW-Verfahren **(Frequency Modulated Continuous Wave)** verwendet. Dieses ähnelt dem indirect-ToF Verfahren von LiDAR Sensoren. Nur dass hier nicht die Intensität moduliert wird, sondern die **Sendefrequenz.** Diese wird mit einer linearen Funktion periodisch um wenige 100 MHz verschoben (siehe Abb. 8.8). Durch die Laufzeit des Signals zum Objekt und zurück, ist die empfangene **Frequenzrampe** in einer anderen Phasenlage der Dreiecksfunktion. Zur Auswertung werden das lokale und empfangene Signal gemischt, so dass die Frequenzdifferenz bestimmt werden kann. Befindet sich das Signal zum Zeitpunkt t gerade in der ansteigenden Frequenzrampe (mit α: Frequenzänderung pro Zeit), lässt sich die Frequenz als

$$f_{TX}(t) = f_0 + \alpha t \tag{8.12}$$

beschreiben. Die empfangene Frequenz ist um die Laufzeit $t_d = 2d/c$ (d: Distanz, c: Lichtgeschwindigkeit) vom Sender zum Objekt und wieder zurück verzögert. Daher ist die empfangene Frequenz

$$f_{RX}(t) = f_0 + \alpha(t - t_d). \tag{8.13}$$

Die *Frequenzdifferenz* enthält damit die Entfernung

$$\Delta f = f_{TX}()t - f_{RX}(t) = \alpha t_d = \alpha \frac{2d}{c}. \tag{8.14}$$

In der fallenden Rampe entsteht das gleiche Ergebnis mit umgekehrtem Vorzeichen.

Dieses Resultat gilt jedoch nur exakt, wenn sowohl Sender als auch Objekt keine Relativgeschwindigkeit besitzen. Bewegen sich beide mit der Geschwindigkeit v relativ zueinander, wird die Frequenz aufgrund des relativistischen **Doppler-Effekts** verändert. Die Frequenz des Senders f_{TX} ist aus Sicht des Objektes f_O leicht erhöht. Die Verschiebung ist gegeben durch

$$f_O = f_{TX}\sqrt{\frac{1 + v/c}{1 - v/c}} \tag{8.15}$$

. Hier steht c für die Lichtgeschwindigkeit Diese Frequenz wird reflektiert, so dass erneut der gleiche Faktor auftritt, wenn die erhöhte Frequenz aus Sicht des Senders (Empfängers f_{RX}) beobachtet wird. Die empfangene Frequenz ist damit

$$f_{RX} = f_{TX}\left(\sqrt{\frac{1 + v/c}{1 - v/c}}\right)^2 = f_{TX}\frac{1 + v/c}{1 - v/c} \approx f_{TX}\left(1 + 2\frac{v}{c}\right). \tag{8.16}$$

Die empfangene Frequenz liegt damit systematisch höher (siehe gestrichelte Linie in Abb. 8.8). Diese Verschiebung ist bei der typischen Sendefrequenz von 77 GHz und einer Relativgeschwindigkeit von 5 m/sec ca. 2,57 kHz. Je nach steigender oder fallender Rampe

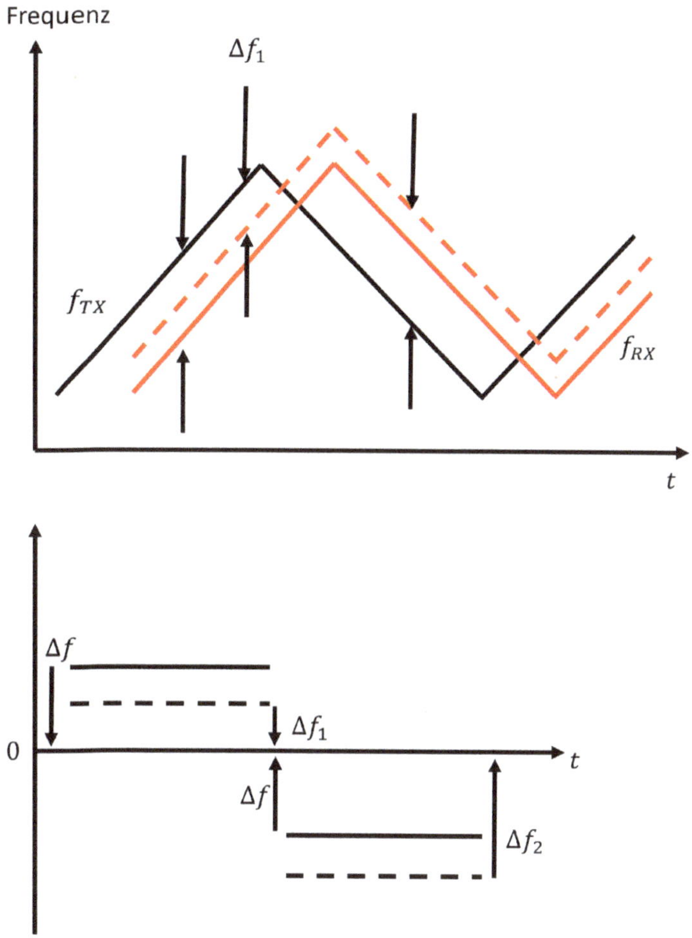

Abb. 8.8 Schematischer Verlauf der Sende- und Empfangsfrequenzen eines FMCW-Radars. Oben: absolute Frequenzrampen, die durchgezogene Linie stellt den Verlauf ohne Relativgeschwindigkeit dar, die gestrichelte Linie für eine Bewegung aufeinander zu. Unten: Differenz zwischen Sende- (f_{TX}) und Empfangsfrequenzen (f_{RX}) für beide Situationen

ergeben sich daher unterschiedliche Frequenzdifferenzen

$$\begin{aligned} \Delta f_1 \approx & \quad \alpha \frac{2d}{c} - 2 f_0 \frac{v}{c} \\ \Delta f_2 \approx - & \quad \alpha \frac{2d}{c} - 2 f_0 \frac{v}{c} \end{aligned} \tag{8.17}$$

wobei in der Rechnung noch weitere untergeordnete Effekte vernachlässigt werden. Aus der Summe $\Delta f_1 + \Delta f_2$ der Frequenzdifferenzen kann damit die Geschwindigkeit bestimmt werden, während aus der Differenz $\Delta f_1 - \Delta f_2$ der Abstand ermittelt werden kann. Aufgrund der recht geringen Frequenzdifferenzen (kHz) im Vergleich zur Sendefrequenz (77 GHz), stellt die Messung recht hohe Anforderungen an die **Linearität** der Frequenzrampe.

9 Spezielle Sensorsysteme und neuere Entwicklungen

Die bisher vorgestellten Sensoren stellen auch nur eine Auswahl der häufig anzutreffenden Konzepte dar. Darüber hinaus gibt es noch eine Vielzahl von weiteren Möglichkeiten eine physikalische Größe in ein elektrisch verarbeitbares Signal zu wandeln. An dieser Stelle sollen daher noch weitere ausgewählte Konzepte besprochen werden, deren Messprinzip sich deutlich von den zuvor beschriebenen Sensorelementen unterscheidet. Teilweise lassen sich damit noch deutlich höhere Auflösungen erreichen oder neue Anwendungsfelder erschließen.

9.1 Sagnac-Effekt Drehrate-Sensor

Neben den in Abschn. 4.2 beschriebenen Inertialsensoren auf Basis der Messung von Kräften, ist es ebenfalls möglich, durch die Messung von Lichtlaufzeiten auf eine Drehbewegung zu schließen. Das Grundprinzip ist in Abb. 9.1 dargestellt. Ein Lichtstrahl wird in zwei verschiedene Richtungen auf eine Kreisbahn gelenkt, etwa in einer Glasfaser. Wird die Anordnung um die vertikale Achse gedreht, so ergeben sich zwei unterschiedliche Laufzeiten für den Strahl. Dieser zugrundeliegende Effekt wird in **Sagnac-Interferometern** ausgenutzt. In die jeweilige Richtung verlängert oder verkürzt sich der Weg um $\Delta s = \Omega R t$

$$t_{links} = \frac{2\pi R + \Delta s}{c} \Rightarrow t_{links} = \frac{2\pi R}{c - \Omega R} \tag{9.1}$$

Für den umgekehrten Weg gilt das gleiche mit umgekehrtem Vorzeichen.

$$t_{rechts} = \frac{2\pi R}{c + \Omega R} \tag{9.2}$$

Insgesamt entsteht damit einer Laufzeitdifferenz von

M. Hattaß, *Sensorik*,
https://doi.org/10.1007/978-3-662-73845-0_9

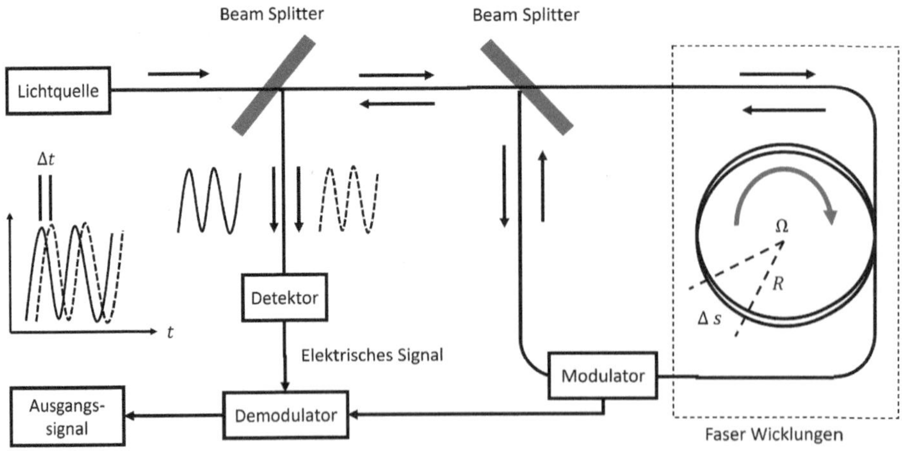

Abb. 9.1 Schematischer Aufbau eines Faseroptischen Gyroskops: Eine Lichtstrahl (Laser) wird am zweiten Beamsplitter in zwei Richtungen durch die Faserwicklungen geschickt. Die zurückkehrenden Strahlen werden am ersten Beamsplitter ausgekoppelt und auf dem Detektor zur Überlagerung gebracht. Die Weglänge für die beiden Strahlen unterscheidet sich je nach Durchlaufrichtung, wenn eine Drehung um die Hochachse stattfindet. Der zusätzliche Modulator verbessert die Messbarkeit des Effektes, in dem das quasi-statische Signal auf eine hohe Frequenz von mehreren MHz moduliert wird. Am Demodulator wird das Signal wieder in das Basisband geholt

$$\Delta t = t_{links} - t_{rechts} = \frac{4\pi R^2 \Omega}{c^2 - \Omega^2 R^2} \approx \frac{4A\Omega}{c^2} \tag{9.3}$$

wobei im letzten Schritt berücksichtigt wurde, dass typischerweise die Geschwindigkeit am Rand ΩR deutlich unter der Lichtgeschwindigkeit c liegt. Zusätzlich wurde πR^2 durch die umlaufene Fläche A ersetzt. Tatsächlich lässt sich zeigen, dass nur die umlaufene Fläche eine Rolle spielt und nicht die genaue Form. Für praktische Zahlenwerte ist die Laufzeitdifferenz immer noch sehr gering (im Bereich 10^{-18} s für 1 m^2 und Drehrate von 1 °/s). Daher werden wesentlich mehr Umläufe durchgeführt (>1000) und die Laufzeitdifferenz als Phasendifferenz $\Delta\Phi$ nachgewiesen. Diese beträgt

$$\Delta\Phi = \frac{2\pi c}{\lambda}\Delta t = \frac{8\pi A}{\lambda c}\Omega \tag{9.4}$$

Die Phasendifferenz wird als Beugungsmuster auf einem Photodetektor nachgewiesen. In der praktischen Umsetzung wird einem der Pfade häufig noch eine zusätzliche Phasenmodulation im Bereich von einigen MHz aufgeprägt. Dies ermöglicht eine stabilere Auswertung über eine phasensensitive Demodulation (siehe auch Abschn. 11.5.1).

Faseroptische Drehratesensoren (**Fiber Optical Gyroscope,** FOG) erreichen eine recht hohe Offsetstabilität (**Bias Stability**) von ca. $1 \cdot 10^{-2}$ °/h bis $1 \cdot 10^{-5}$ °/h. Zusätzlich sind sie praktisch nicht anfällig für Störbeschleunigungen. Wird der Ring nicht nur als Lichtleiter aufgebaut, sondern als aktives Lasermedium, lassen sich noch höhere Genauigkeiten erreichen (**Ring Laser Gyroscope,** RLG). Diese Sensoren finden sich hauptsächlich in Trägheitsnavigationssystemen (**Inertial Navigation System,** INS) in der zivilen oder militärischen Luft- und Raumfahrt.

9.2 Alternative Magnetfeldsensoren

In Abschn. 2.3 und 2.9 wurden bereits Effekte beschrieben, die zur Umsetzung von Magnetfeldsensoren verwendet werden. Darüber hinaus gibt es aber noch weitere Messmethoden für Magnetfelder. Je nach Anforderungen an Kosten, Bauraum oder Auflösung kann ein anderes Messkonzept geeigneter sein. Daher sollen hier noch weitere wichtige Konzepte vorgestellt werden.

9.2.1 Fluxgate/Sättigungskernmagnetometer

Für Anwendungen, die eine sehr hohe Auflösung in der Magnetfeldmessung erfordern, sind Hall-Sensoren oder magnetoresistive Sensoren häufig nicht mehr ausreichend. Ein völlig anderes Konzept liegt dem **Fluxgate-Magnetometer** (auch **Sättigungskern-Magnetometer**, **Förster**-Sonde) zugrunde. Ein Fluxgate besteht im Wesentlichen aus einem **ferromagnetischen Kern** und zwei getrennten Spulen um den Kern (Abb. 9.3). Die erste Spule wird mit einem Wechselstrom betrieben, der den Kern periodisch in die **Sättigungsmagnetisierung** bringt. Die zweite Spule nimmt den magnetischen Fluss des Kerns auf und erzeugt entsprechend eine Induktionsspannung. Durch den Betrieb des Kerns bis in den Sättigungsbereich gibt es keinen linearen Zusammenhang zwischen Antriebsstrom und magnetischer Flussdichte. Daher kommt es zur Ausbildung von **Oberwellen.** Zur Veranschaulichung wird der magnetische Fluss B im Kern durch die magnetische Erregung $H(t) = H_0 e^{j\omega t}$ der ersten Spule näherungsweise durch ein Polynom dritter Ordung beschrieben:

$$B = \mu(H) = \mu_1 H(t) + \mu_3 H(t)^3 = \mu H_0 e^{i\omega t} + \mu_3 H_0^3 e^{i3\omega t} \tag{9.5}$$

Offensichtlich wird ein Teil der Energie in die 3. Oberwelle (3ω) umverteilt. Kommt nun noch ein externes statisches Feld $H(t) = H_0 e^{i\omega t} + H_{ext}$ hinzu, das den Kern ebenfalls magnetisiert, ändert sich die Zusammensetzung der Oberwellen:

$$\begin{aligned} B &= \mu(H_0 e^{i\omega t} + H_{ext}) \\ &= \mu_1(H_0 e^{i\omega t} + H_{ext}) + \mu_3(H_0 e^{i\omega t} + H_{ext})^3 \\ &= \mu H_0 e^{i\omega t} + \mu H_0 e^{i\omega t} \\ &\cdots + \mu_3(H_0 e^{i3\omega t} + \mathbf{3H_0^2 H_{ext} e^{i2!t}} + 3 H_0 H_{ext}^2 e^{i\omega t} + H_{ext}^3 e^{i\omega t}) \end{aligned} \tag{9.6}$$

Durch die Verschiebung der periodischen Schwingung aus der Mitte, kommt es zu einer ungleichen Sättigung des magnetischen Flusses je nachdem in welche Richtung der Kern magnetisiert wurde. Dies führt zur Ausbildung von weiteren Oberwellen. Diese liegen aber bei der **zweifachen Frequenz der Anregung** (2ω). Die Amplitude dieser Oberwelle bei der zweiten Ordnung ist dabei direkt linear abhängig vom externen Feld (markierter Term in (9.6)). Durch eine geeignete Filterung oder Demodulation bei dieser Frequenz ist das Signal damit ein Maß für das externe Feld (Abb. 9.2).

Für Fluxgate-Magnetometer existieren verschiedene weitere Geometrien und Betriebsmodi (Abb. 9.3). Um die erste Ordnung im Detektionspfad zu unterdrücken, kommt eine Ringkern- oder eine **Race Track**-Geometrie zum Einsatz. Hier ist die Primärspule als Ring ausgeführt, während die Sekundärspule diesen vollständig entlang des Durchmessers umfasst. Da das externe Feld einmal mit und einmal gegen den durch die Anregungsspule erzeugten Fluss wirkt, geht das Anregungssignal damit *zweimal* in die Detektionsspule ein wobei die Vorzeichen jeweils entgegengesetzt sind. Damit bleibt nur das Oberwellensignal aus der zweiten Ordnung übrig. Für den Betriebsmodus kann anstatt einer Sinusanregung auch eine **Dreiecksanregung** gewählt werden. Ist die Magnetisierungskurve sehr nichtlinear bzw. entspricht näherungsweise einer Stufenfunktion, so ändert sich schlagartig die

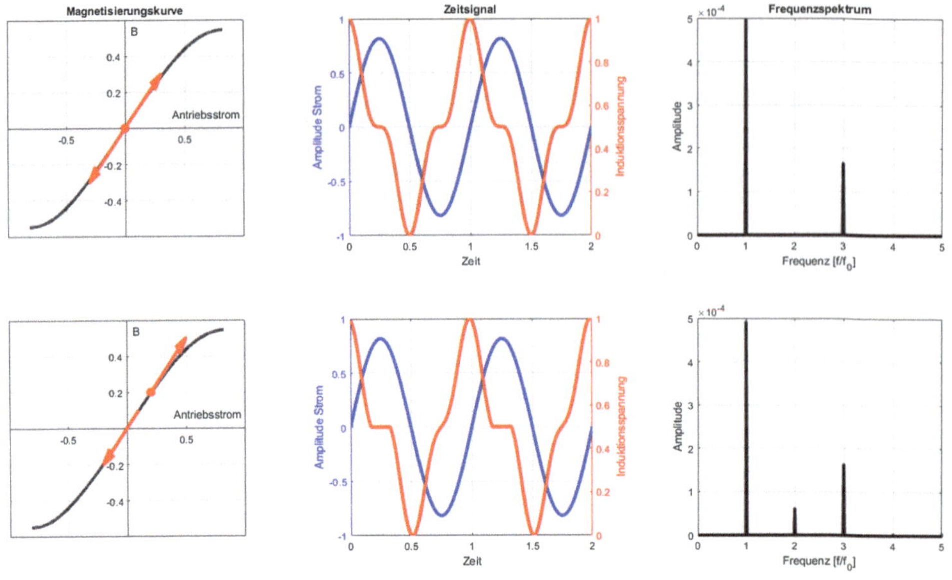

Abb. 9.2 Grundsätzliches Funktionsprinzip eines Fluxgate-Magnetfeldsensors. Ein ferromagnetischer Kern wird periodisch in beide Richtungen magnetisiert. Ohne externes Feld erfolgt dies um den Koordinatenursprung (oben links), während bei Vorhandensein eines externen Feldes der Mittelpunkt der Anregung um das Offset-Feld verschoben ist. Das Zeitsignal der Induktionsspannung erhält daher Oberwellenanteile, die im Fall ohne externes Feld nur die ungeraden Vielfachen, mit Feld jedoch auch noch gerade Vielfache der Grundfrequenz enthalten

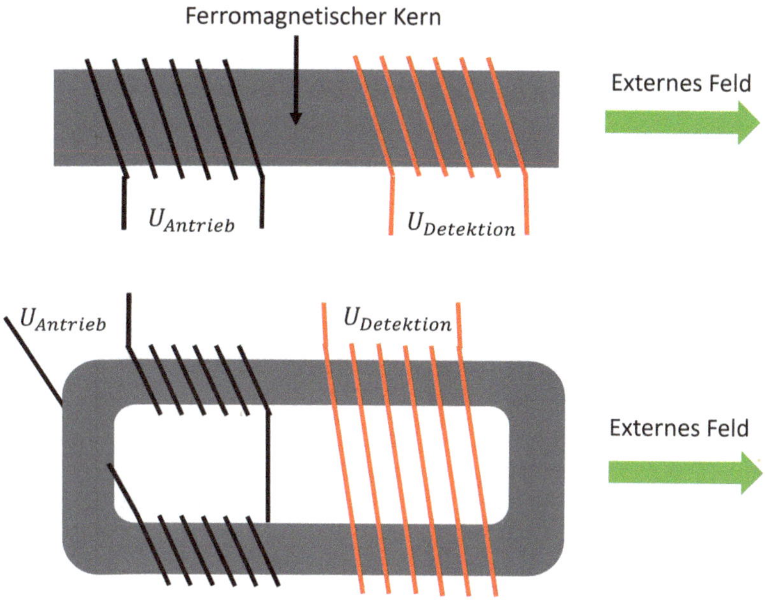

Abb. 9.3 Geometrien für Fluxgate-Sensoren. Oben: lineares Design, unten: *race-track*-Design

Magnetisierungsrichtung beim Nulldurchgang und die zweite Spule gibt einen Induktionspuls aus. Gleiches wiederholt sich in der Gegenrichtung. Ein externes Feld verschiebt diesen Umschaltzeitpunkt leicht, so dass der Kern etwas mehr oder weniger Zeit braucht, bis wieder ein Umklappen passiert. Werden die Zeitdifferenzen zwischen den Pulsen ausgewertet, so sind diese ein Maß für das externe Feld (**Residence Time Difference** Fluxgate).

Fluxgate-Magnetometer zeichnen sich durch eine sehr hohe erreichbare Auflösung aus. Sie finden sich häufig in wissenschaftlichen Anwendungen in denen sehr schwache Felder gemessen werden sollen. Ein Beispiel sind die Voyager-Raumsonden, die interplanetare Magnetfelder vermessen. Eine andere Anwendung findet sich in der Archäologie. Hier werden die Magnetometer als **Gradiometer** betrieben (zwei Sensoren mit definiertem Abstand), die sehr kleine Inhomogenitäten aufspüren können. Die erreichbare Rauschleistungsdichte geht bis in die Größenordnung $10 \ldots 100\ \mathrm{pT}/\sqrt{\mathrm{Hz}}$.

9.2.2 Quantensensorik: Elektronenspin-Resonanz in Diamant NV-Zentren

Ein aktueller Trend in der Sensorik ist die Ausnutzung von speziellen Quanteneffekten. Als Beispiel soll hier vereinfacht ein Magnetometer beschrieben werden, das die **Elektronenspin-Resonanz** in NV-Zentren (**Nitrogen Vacancy**) in Diamanten ausnutzt. Die NV-Zentren sind besondere elektronische Zustände, die sich im Zusammenhang mit der Dotierung eines Diamanten mit Stickstoff ergeben. Hier ist im Kohlenstoffgitter ein Atom durch Stickstoff ersetzt und eine benachbarte Leerstelle **(Vacancy)** entstanden. Diese Kombination verhält sich im Gitter wie ein neues Atom mit besonderen Eigenschaften hinsichtlich der elektronischen Anregungszustände [29]. Insbesondere die optischen Übergänge werden für Anwendungen in der Quantenkommunikation, als Qubits für Quantencomputer oder als neuartige Sensorsysteme untersucht.

Die elektronischen Zustände lassen sich unter anderem nutzen, um Magnetfelder zu messen. Hierfür muss das Termschema (Anordnung der energetischen Anregungszustände) des NV-Zentrums näher betrachtet werden. Im Wesentlichen arbeitet das NV-Zentren Magnetometer mit drei Zuständen (Abb. 9.4). Zunächst existiert ein **Grundzustand,** der wiederum aus drei Unterzuständen besteht **(Triplett).** Aufgrund der Felder und Symmetrien im Gitter ist dieser nicht vollständig entartet (gleiche Energien), sondern der Zustand mit einem Gesamtspin von $m = 0$ liegt etwas tiefer als der (Grund-)Zustand mit $m = \pm 1$. Aus beiden Zuständen heraus können Elektronen in höher liegende Zustände angeregt werden. Typischerweise erfolgt die Anregung mit einem Laser bei 532 nm. Der Rückweg in den Grundzustand jedoch unterscheidet sich zwischen beiden Pfaden. Während der Rückweg aus dem $m = 0$ Zustand im Wesentlichen unter Aussenden von **Fluoreszenz-Licht** bei 637 nm erfolgt, zerfällt der $m = \pm 1$ Zustand vorwiegend über **nicht-strahlende Prozesse.** Zusätzlich ist es möglich, durch elektromagnetische Strahlung im **Mikrowellenbereich** (2,87 GHz) zwischen den bei-

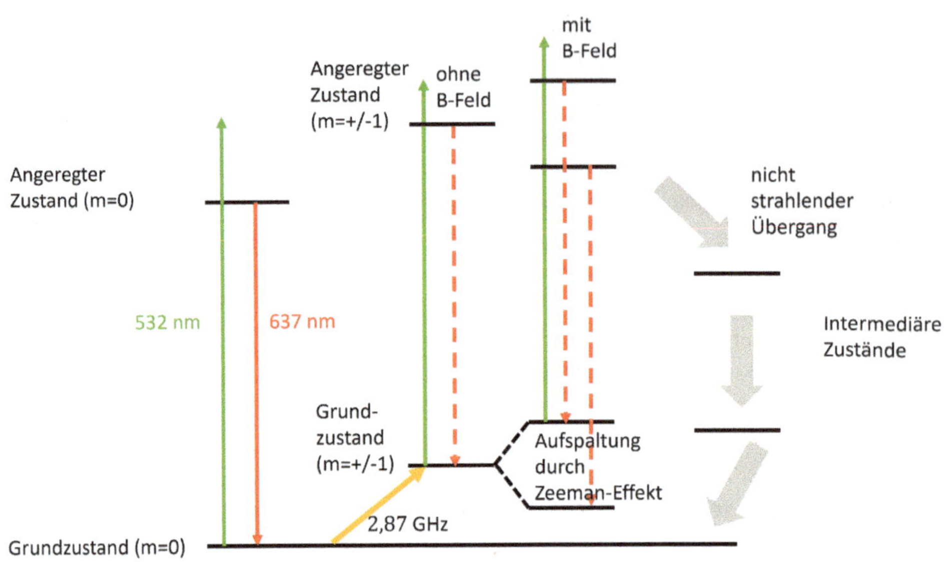

Abb. 9.4 Vereinfachtes Termschema eines NV-Zentrums für die Magnetfeldmessung. Der Grundzustand besteht aus zwei unterschiedlichen Niveaus ($m = 0$ und $m = \pm 1$), deren Zerfallspfade unterschiedlich verlaufen (strahlend oder nicht-strahlend). Der Wechsel in den höherliegenden Grundzustand ist durch das Einstrahlen der passenden Übergangsfrequenz im Mikrowellenbereich möglich

den Niveaus im Grundzustand zu wechseln. Wird das NV-Zentrum mit dem Anregungslaser beleuchtet, so ist die sekundäre 637 nm-Fluoreszenzstrahlung zu beobachten. Wird parallel noch die Mikrowellenstrahlung mit der passenden Frequenz überlagert, so reduziert sich das sekundäre Signal (Abb. 9.5 unten rechts). Die Messung von Magnetfeldern wird durch den **Zeeman-Effekt** möglich. Dieser verursacht eine weitere energetische Aufspaltung des $m = \pm 1$ Grundzustandes. Hierdurch verschiebt ebenfalls sich die Mikrowellen-Frequenz, die für die Anregung vom $m = 0$ in den $m = +1$ oder $m = -1$ Grundzustand erforderlich ist. Wird die Mikrowellenfrequenz kontinuierlich verändert, so lassen sich zwei Frequenzen einstellen, bei denen die Fluoreszenz reduziert ist. Der Frequenzabstand ist proportional zum vorhandenen magnetischen Feld. Tatsächlich spaltet das zwischen Niveau *unterschiedlich* auf, je nachdem wie die Orientierung des Magnetfeldes relativ zu den Kristallachsen steht. Daher kann aus der Messung sogar das Magnetfeld in allen drei Raumrichtungen ermittelt werden.

Das Verfahren benötigt zwar eine recht aufwändige Messmethode mit Laser, optischer Detektion und Anregung mit Mikrowellen. Jedoch wurden mit der Methode schon Auflösungen im Bereich von unter 1 $pT/\sqrt{Hz}$ erreicht [30]. Der besondere Vorteil ist, dass das eigentliche sensitive Messvolumen sehr klein sein kann. Daher lassen sich damit auch sehr kleinräumige Magnetfelder mit hoher Auflösung vermessen. Interessante Anwendungsfälle sind hier die **Medizintechnik** (Neuronale Aktivität), **Materialwissenschaften** (magnetische Nanopartikel, Materialprüfung) und andere.

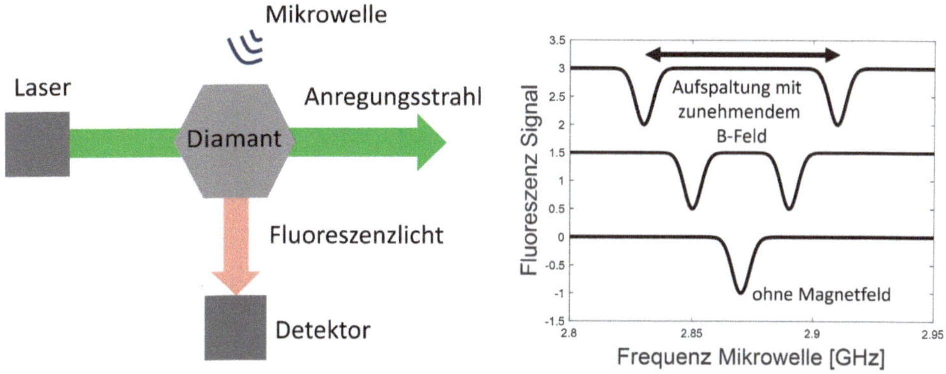

Abb. 9.5 Schematischer Messaufbau eines NV-Zentren Magnetometers: Die Anregung und Relaxation der elektronischen Zustände im Diamant führt zur Aussendung von Fluoreszenzlicht. Wird mit der eingekoppelten Mikrowelle genau die Übergangsfrequenz in den alternativen Grundzustand getroffen, verringert sich das Signal. Die Aufspaltung (Frequenzabstand) der beiden Minima ist ein Maß für das Magnetfeld

Detektoren und Spektrometer für ionisierende Strahlung 10

Der Nachweis von Teilchen-Strahlung bzw. einzelner Teilchen unterscheidet sich in den Methoden recht deutlich von der Messung anderer physikalischer Größen. Da die Nachweis-Ereignisse nur punktuell in der Zeit stattfinden, handelt es sich immer um einen sehr schnellen **transienten Prozess.** Auch ist die vom Teilchen mitgelieferte Energie, makroskopisch betrachtet, nicht sehr groß. Daher beruhen praktisch alle modernen Nachweisverfahren auf einem **Lawineneffekt,** um aus einem einzelnen Teilchen ein nachweisbares Signal zu erzeugen.

10.1 Zähler

Ein Zähler liefert zunächst nur digital die Information über den Durchtritt oder Eintritt eines Teilchens in den Detektor. Möglicherweise kann aber zusätzlich noch eine Zeit- und Ortsinformation abgeleitet werden.

10.1.1 Geiger-Müller-Zählrohr

Nach dem **Spitzenzähler** ist das nach *Geiger* und *Müller* benannte Zählrohr das erste elektronische Instrument zum Strahlungsnachweis, das auch heute noch breit zum Einsatz kommt. Der wesentliche Aufbau ist in Abb. 10.1 gezeigt.

Grundsätzlich besteht der Detektor aus einem metallischen Röhrchen in dem ein dünner Draht entlang der Achse fixiert ist. Dieser wird auf eine **Hochspannung** von einigen 100 V gelegt, so dass sich zwischen Draht und Wand ein elektrisches Feld ausbildet. Das Volumen ist mit einem Edelgas mit einem Druck von einigen 100 mbar gefüllt. Trifft ein **ionisierendes Teilchen** in das Volumen, so werden freie Elektronen und Ionen erzeugt, die im elektrischen Feld getrennt und beschleunigt werden. Ist die Spannungsdifferenz ausrei-

M. Hattaß, *Sensorik*,
https://doi.org/10.1007/978-3-662-73845-0_10

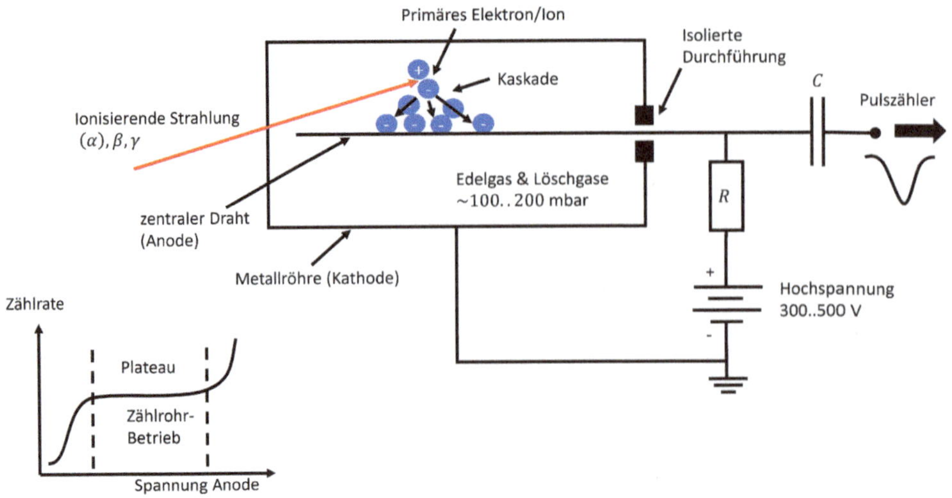

Abb. 10.1 Schematischer Aufbau eines *Geiger-Müller*-Zählrohrs. Eine Hochspannung wird auf den innerhalb einer zylindrischen Metallröhre aufgespannten Draht gegeben. Tritt ein ionisierende Teilchen in das Volumen ein und ionisiert ein Atom des Restgases (Ar, Ne), werden die Elektronen und Ionen zu den jeweiligen Elektroden beschleunigt. Auf dem Weg finden weitere Sekundäre Ionisationsprozesse statt, so dass bei ausreichend hoher Spannung ein Lawineneffekt einsetzt. Ab einer Mindestspannung (Plateau-Bereich unten links) werden alle unmittelbar verfügbaren Atome ionisiert, so dass die ausgegebene Pulshöhe unabhängig von der Energie der eintreffenden Teilchen ist (Zähler-Betrieb)

chend hoch, werden durch **Stoßionisation** weitere freie Ladungsträger erzeugt. In der Folge entsteht eine Ladungslawine, die groß genug ist, um einen messbaren Puls am Anschluss des Drahtes abnehmen zu können. Die Abhängigkeit der erzeugten Ladungsträger von der angelegten Spannung folgt dabei einer für derartige Nachweisverfahren typischen Kurve. Für niedrige Spannungen kommt es zu keiner ausreichenden Verstärkung und zu keinem Lawineneffekt. Für zunehmende Spannungen ist die erzeugte Ladungsmenge der Energie des Primärteilchens proportional. Allerdings ist der Prozess aufgrund der statistischen Natur des Prozesses nur begrenzt als Energiemessung einsetzbar. Wird die Spannung noch weiter erhöht, erfasst die Ladungslawine praktisch das gesamte Volumen und ein gut messbarer Puls entsteht. Durch den Widerstand zur Hochspannungsquelle, bricht die Spannung kurzzeitig ein und die Entladung wird gelöscht **(Quenching).** Die zugefügten **Löschgase** unterstützen bei der schnelleren Regeneration indem überschüssige Ladungsträger abgefangen werden. Dies ist der typische Arbeitsbereich eines Geiger-Müller-Zählrohrs und wird Plateaubereich genannt. Wird die Spannung noch weiter erhöht, kann die Entladung nicht mehr gelöscht werden und eine dauerhaft Gasentladung entsteht. Die Füllgase sind üblicherweise **Neon** oder **Argon,** wobei für einen besseren Nachweis von γ-Strahlung auch **Xenon** verwendet wird. Dieses hat aufgrund der hohen Kernladungszahl eine höhere Wahrscheinlichkeit auch hochenergetischere γ-Strahlung zu absorbieren. Nachweisen lassen sich prinzipiell $\alpha-$, $\beta-$

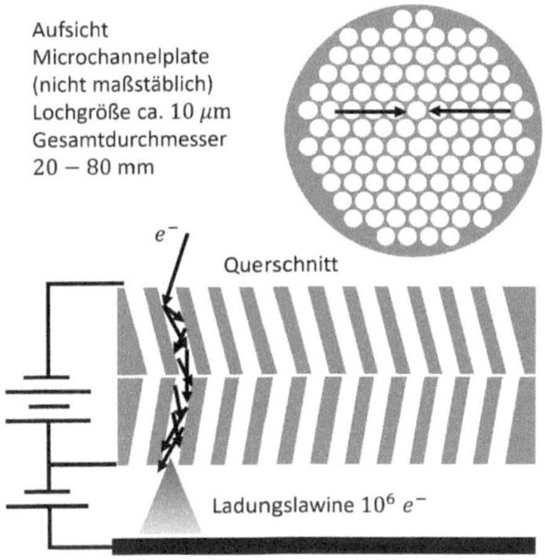

REM Aufnahme einer Bruchkante

Abb. 10.2 Mikrochannel-Plate zum Nachweis von Teilchenstrahlung. Beim Auftreffen eines Teilchens auf der Frontseite, werden Sekundärelektronen erzeugt, die in die Kanäle beschleunigt werden und weitere Sekundärelektronenkaskaden auslösen. Um eine ausreichend hohe Verstärkung zu erzielen, werden zwei oder drei Microchannel-Plates gestapelt

und $\gamma-$Strahlung. Dennoch muss für $\alpha-$Strahlung aufgrund der geringen Reichweite das Eintrittsfenster sehr dünn sein. Geiger-Müller-Zähler sind in der Überwachung radioaktiver Strahlung weit verbreitet. Sie werden entweder als stationäre Einrichtung oder auch als tragbares Gerät verwendet.

In der experimentellen **Teilchenphysik** wird das Konzept noch erweitert und statt einer zentralen Elektrode viele parallele Drähte verwendet, die individuell ausgelesen werden können. Als äußere Elektrode werden dann zwei Platten oder noch eine weitere Lage mit gekreuzten Drähten verwendet. Damit wird es möglich, auch den genauen geometrischen Eintrittspunkt der Strahlung zu bestimmen **(Drahtkammer, Drift Chamber).**

10.1.2 Microchannel Plates

Mikro-Kanalplatten oder **Microchannel Plates** (MCP) werden ebenfalls für den Nachweis von Teilchen verwendet. Die Verstärkung des initial eintreffenden Teilchens wird auch hier über einen Lawineneffekt erzeugt (siehe Abb. 10.2). Ein Microchannel-Plate besteht im Wesentlichen aus einer Platte mit sehr regelmäßig angeordneten Kanälen. Die Dicke der Platte liegt im Bereich von einigen 100 µm, während die Kanäle einen Durchmesser von 10–25 µm besitzen. Die Kanäle sind leicht gegen die Senkrechte geneigt. Die Vorder- und Rückseite ist durch Aufbringen einer leitfähigen Schicht als Elektrode ausgebildet. Über die Platte wird eine hohe Spannung von ca. 1000 V angelegt. Trifft ein Teilchen auf der Vorderseite auf, so werden Sekundärelektronen aus der Platte herausgeschlagen und durch die hohe Spannung in die Kanäle hinein beschleunigt. Dort treffen sie erneut auf die Wände und erzeugen weitere **Sekundärelektronen.** Typischerweise werden mehrere solcher Platten hintereinander geschaltet (2–3 Stück), so dass ein großer Verstärkungseffekt von bis zu 10^7 Elektronen pro eintreffendes Teilchen entsteht. Der **Ladungspuls** wird am hinteren Ausgang der Platte auf eine weitere Elektrode beschleunigt und mit einer geeigneten Schaltung von der Hochspannung entkoppelt und gemessen. Auch hier kann die Elektrode als Draht oder mehrere gekreuzte Drähte ausgeführt werden, was die Bestimmung der Auftreffposition, sogar für gleichzeitig eintreffende Teilchen, ermöglicht [31]. Microchannel-Plates werden in Elektronen- oder Massenspektrometern oder auch als Restlichtverstärker für Nachtsichtgeräte verwendet. Sie müssen allerdings unter Vakuum betrieben werden, was den breiteren Einsatz etwas einschränkt.

10.2 Spektrometer

Neben der reinen Zählung ist es häufig zusätzlich notwendig, die Strahlung genauer zu analysieren. Da die anderen Messmethoden zumeist durch den Lawineneffekt alle verfügbaren Ladungsträger aktivieren, kann damit im Allgemeinen kein Rückschluss mehr auf die ursprüngliche Energie der Teilchen getroffen werden. Insbesondere in den Materialwissenschaften und der Medizin ist aber die von bestimmten Stoffen ausgesendete charakteristische Röntgen- oder γ-Strahlung von Interesse.

10.2.1 Szintillationszähler und Photomultiplier

Der wesentliche Messeffekt eines **Szintillationszählers** wurde schon vor dem Geiger-Müller-Zähler für den Nachweis von ionisierender Teilchenstrahlung verwendet. Trifft ein solches Teilchen auf bestimmte Kristalle (NaI, ZnS) und erzeugt mehrere Elektron-Loch-Paare, wird bei der Rekombination in ein schwacher Lichtblitz erzeugt. Dieser kann unter idealen Bedingungen mit dem bloßen Auge wahrgenommen werden. In der elektronischen Umsetzung ergibt sich ein Aufbau wie in Abb. 10.3.

Zumeist wird heute damit Röntgen- oder γ-Strahlung untersucht. Wichtig für das Grundverständnis des Nachweisverfahrens ist, dass ein einzelnes eintreffendes Photon zunächst nur ein **hochenergetisches Elektron** erzeugt. Dieses hat im Kristall aber nur eine kurze Reichweite und erzeugt auf seiner Bahn zahlreiche **weitere Elektron-Loch-Paare.** Im Wesentlichen wird dabei pro Elektron-Loch-Paar immer die gleiche Energie benötigt (ca. 10 eV) oder weniger). Die ursprüngliche Photonenenergie wird daher in Einheiten dieser Ionisationsenergie aufgeteilt. Die Anzahl der bei der Rekombination ausgestrahlten niederenergetischen Photonen ist anschließend im Idealfall direkt proportional zur ursprünglichen Energie des einzelnen primären Photons. Der Kristall wird von außen mit reflektierender Folie ausgestattet, so dass nur eine der Seiten frei bleibt. So werden möglichst alle Photonen reflektiert

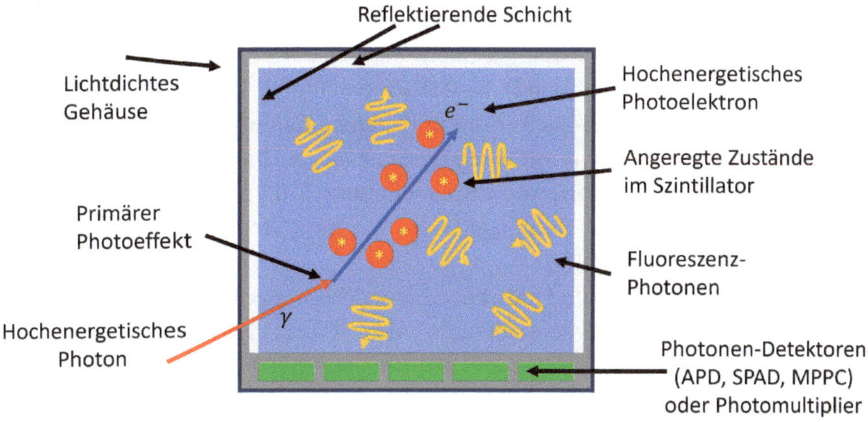

Abb. 10.3 Schematischer Aufbau eines Szintillationszählers. Die eintreffenden hochenergetischen Photonen werden im Material absorbiert und erzeugen zunächst ein einzelnes hochenergetisches Elektron. Dieses führt über Sekundärprozesse zu weiteren Anregungen im Szintillator. Die angeregten Zustände zerfallen nach kurzer Zeit und senden ein (für das Szintillatormaterial) charakteristisches Sekundärphoton aus. Durch die reflektierenden Schichten um den Szintillator werden möglichst alle Photonen zu den Photodetektoren geleitet. Aus der Summer aller Photonen kann auf die ursprüngliche Energie des γ-Photons geschlossen werden

und verlassen den Kristall in eine definierte Richtung. Danach schließt sich eine Einheit zur Konvertierung der Photonen in einen Ladungsimpuls an (**Photo Multiplier Tube,** PMT). Früher wurden hierfür in einer evakuierten Glasröhre eine Reihe von Elektroden (**Dynoden**) mit aufsteigender positiver Spannung verwendet, um die an der ersten Elektrode ausgelösten Sekundärelektronen weiter zu vervielfältigen und schließlich an der letzten Elektrode als Ladungspuls messbar zu machen. Die Pulshöhe ist ein Maß für die Energie der eingetroffenen Photonen. Werden die gemessenen Pulshöhen in ein Histogramm einsortiert, entsteht so ein Spektrum aller ausgesendeten Röntgen- oder γ-Quanten.

Mittlerweile werden als Photomultiplier auch direkt optoelektronische Bauteile wie **Avalanche Photo Dioden** (APD) oder Arrays aus Single Photon Avalanche Dioden (SPAD) verwendet (**Silicon Photo Multiplier, SiPM**) eingesetzt. Ein häufig für messtechnische Zwecke eingesetztes Szintillationsmedium ist Natriumiodid, das mit Thallium dotiert wird (NaI(Tl)). Für Anwendungen in der Medizintechnik (Positronen-Emissionstomografie, PET), die den Nachweis von noch höherenergetischer Strahlung erfordert, werden Bismutgermanat (BGO) oder Lutetium(yttrium)oxyorthosilikat (L(Y)SO) eingesetzt.

10.2.2 Halbleiter-Detektoren

Die Auflösung der Szintillationszähler ist unter anderem durch die Anzahl der Elektron-Loch-Paare pro Photon im Szintillator gegeben. Mit einer höheren Anzahl wird die Mittelwertbildung stabiler und es lassen sich höhere Auflösungen erreichen. Dies lässt sich mit Halbleitern ermöglichen, da hier weniger Energie für ein einzelnes Elektron-Loch-Paar aufgewendet werden muss (Bandabstand). Zusätzlich entfällt bei **Halbleiterdetektoren** auch die Konvertierung der Elektron-Loch-Paare in Photonen und wieder zurück in Elektronen. Daher ist der weitere Signalpfad mit weniger statistischen Effekten gefaltet. Für den niederenergetischen Bereich kommen mit Lithium dotierte Silizium Detektoren zum Einsatz (Si(Li)). Für höherenergetische Strahlung bis in den MeV Bereich werden **Germanium-Detektoren** verwendet (Ge(Li)).

Für hochenergetische Strahlung müssen verschiedene weitere Effekte bei der Interpretation der gemessenen Spektren berücksichtigt werden (Abb. 10.4). Im Idealfall wird das erste Elektron durch den **Photoeffekt** freigesetzt und erzeugt durch Stöße weitere Elektron-Loch-Paare, die durch einen Ladungsverstärker integriert und als Pulshöhe ausgegeben werden. Mit zunehmender Energie tritt zusätzlich vermehrt **Compton-Streuung** auf. Bei diesem elastischen Stoß-Prozess wird nur ein Teil der Energie des Photons an ein Elektron übertragen, während das verbliebene Photon den Kristall wieder verlässt. Damit fehlt dem ersten schnellen Elektron ein Teil der ursprünglichen Gesamtenergie, die sich im Spektrum in der **Compton-Kante** bemerkbar macht. Die Compton-Streuung erzeugt ein breites Kontinuum im Spektrum, da alle Streuwinkel auftreten können. Am niederenergetischen Ende entsteht dazu noch der **Rückstreu-Peak,** der durch Compton-Streuung der primären Photonen im Umfeld der radioaktiven Probe (nicht notwendigerweise im Detektor) erzeugt wurden. In diesem Fall erreicht das *gestreute* Photon wieder den Detektor und wird nachgewiesen. Es handelt sich daher um das Komplement zur Compton-Kante. Übersteigt die Energie des Photons, die Ruhemasse für ein **Elektron-Positron-Paar** (1022 keV), können weitere Prozesse stattfinden. Zwar kann auch in diesem Fall die kinetische Energie des Elektrons und Positrons integriert werden. Jedoch kommt es beim Positron nach kurzer Zeit zu einer **Annihilation** (Zerstrahlung mit einem anderen Elektron des Materials). Bei diesem Prozess entstehen zwei Photonen mit jeweils 511 keV, die wiederum sämtliche Nachweisprozesse durchlaufen und so schließlich zur Gesamtenergie aufsummiert werden können. Es ist aber auch möglich, dass eines oder beide der (511 keV) Photonen den Detektor verlassen und damit diskret genau diese Energie zur vollen Summe fehlt. Die Struktur im Spektrum wird als **Single** oder **Double Escape**-Peak bezeichnet (Abb. 10.5).

10.2.3 Anwendungen für Spektrometer für ionisierende Strahlung

In den Materialwissenschaften werden **Röntgenfluoreszenzspektrometer** eingesetzt. Diese bestrahlen zunächst eine Probe mit Röntgenstrahlung aus einer kleinen Quelle. Diese Strahlung wird von den Atomen der Probe über den Photoeffekt absorbiert. Dabei werden insbesondere Elektronen aus den inneren Schalen der Atome emittiert. Beim Füllen dieser freien Plätze wird ein für das Material charakteristische Röntgenphoton ausgesendet **(Fluoreszenz).** Das resultierende Spektrum kann, zusammen mit weiteren Informationen zur Stärke

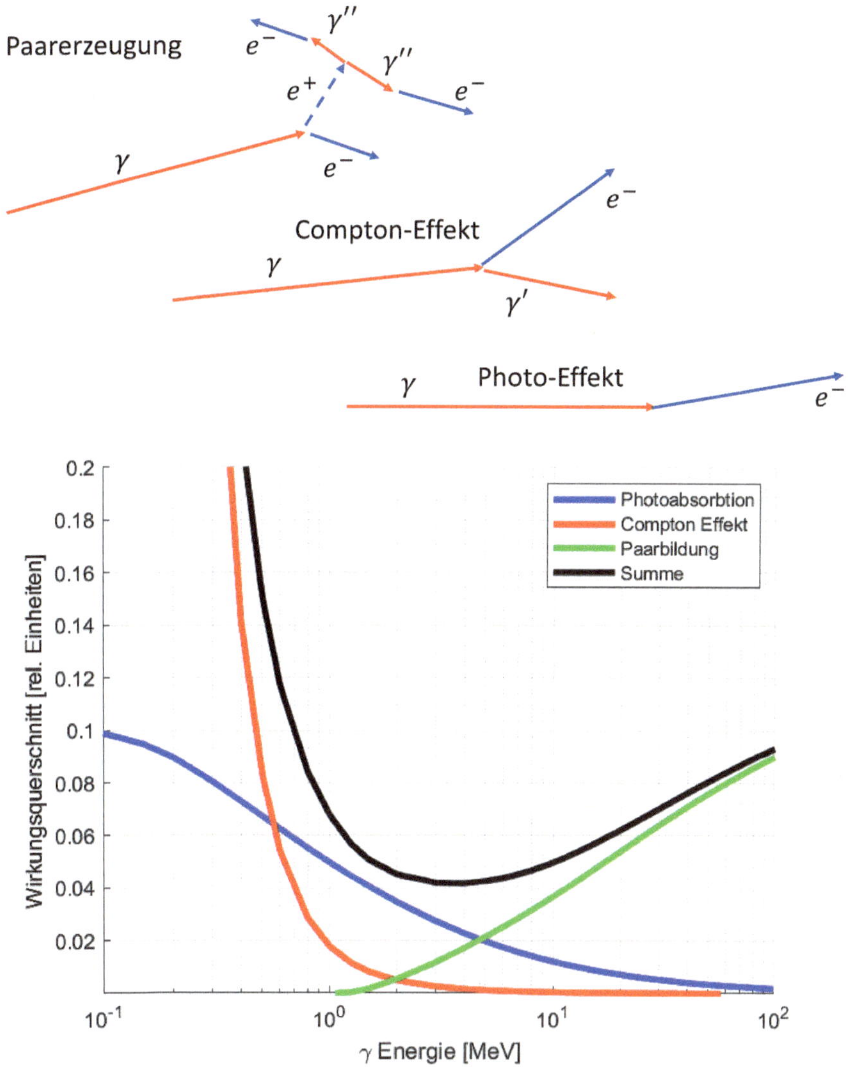

Abb. 10.4 Die verschiedenen relevanten Prozesse beim Nachweis von γ-Strahlung und der Verlauf der Wirkungsquerschnitte (Maß für die Reaktionswahrscheinlichkeiten)

eines Übergangs, zur quantitativen Untersuchung der Zusammensetzung einer Probe verwendet werden.

Die Erzeugung der ionisierten Atome in der Probe kann allerdings auch über andere Strahlung erfolgen. Zum Beispiel finden in **Raster-Elektronen-Mikroskopen** (REM) durch die Bestrahlung der Probe mit **hochenergetischen Elektronen** ebenfalls Ionisationsprozesse statt. In diesem Fall wird die Methode als **Energy Dispersive X-Ray spectroscopy** (EDX) bezeichnet. Daneben existiert noch die **Wavelength Dispersive X-Ray spectroscopy**

(WDX) mit einer noch deutlich höheren Auflösung, die aber auf einem Beugungsverfahren für die Energieselektion beruht. Dieses Verfahren ist aber nur unter Vakuum anwendbar, da der Elektronen-Strahl die Probe sonst nicht erreichen kann. Sollte weder ein Elektronenstrahl (kein Vakuum) noch eine Röntgenquelle (zu viel Energieverbrauch) zur Verfügung stehen, können auch radioaktive α-Strahler zum Einsatz kommen, um die Probe anzuregen (**Alpha Particle induced X-Ray spectroscopy,** APX). Ein prominenter Einsatzfall hierfür sind Mars-Sonden (z. B. die Rover *Spirit* und *Opportunity*).

Im Bereich höhererenergetischerer Strahlung ist in der Medizintechnik insbesondere die **Positronen-Emissions-Tomografie** zu nennen (Abb. 10.6). Das Prinzip dieses bildgebenden Verfahrens beruht auf dem Nachweis der korrelierten Emission von zwei (511 keV)-Photonen, die nach der Annihilation eines Elektron-Position-Paares entstehen. Hierfür wird der zu untersuchenden Person ein mit **radioaktivem Fluor markierter Zucker** injiziert (Fluor-18 Desoxyglucose, ^{18}F-FDG). Dieser verteilt sich im Körper und sammelt sich an Stellen mit hoher Stoffwechselaktivität (z. B. einem Tumor, s. Abb. 10.7). Dort zerfällt das radioaktive Fluor-Atom in ein Sauerstoff-Atom und ein Positron. Das Positron wird in der Nähe des Entstehungsortes von einem Elektron eingefangen und zerstrahlt mit diesem in zwei Photonen mit 511 keV, die exakt in die entgegengesetzte Richtung emittiert werden. Werden um die Person zahlreiche Szintillationszähler montiert, so können diese Photonen dort nachgewiesen werden. Zunächst liefert jeder getroffene Detektor ein **Zeitsignal,** das mit dem Detektor auf der anderen Seite korreliert werden kann. Aus der Zeitdifferenz zwischen den Signalen der Detektoren, kann der Emissionsort bestimmt werden. Durch die Energieselektivität auf die 511 keV-Photonen kann zusätzlich sichergestellt werden, dass im folgenden nur die Ereignisse aus diesem Prozess weiterverarbeitet werden. Damit kann der Untergrund der Messung reduziert werden und die Messung schneller erfolgen.

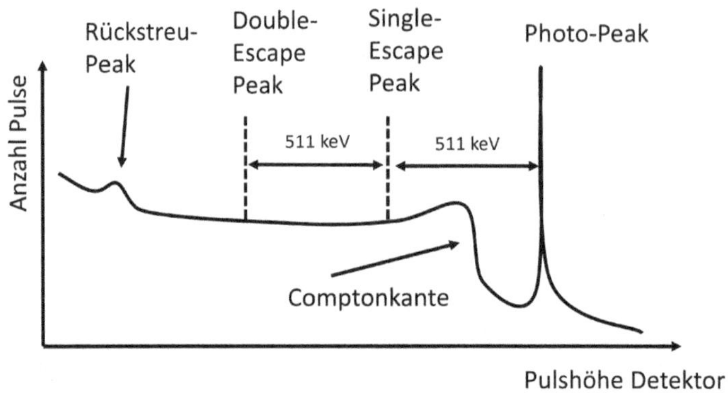

Abb. 10.5 Schematisches Spektrum eines γ-Strahlers

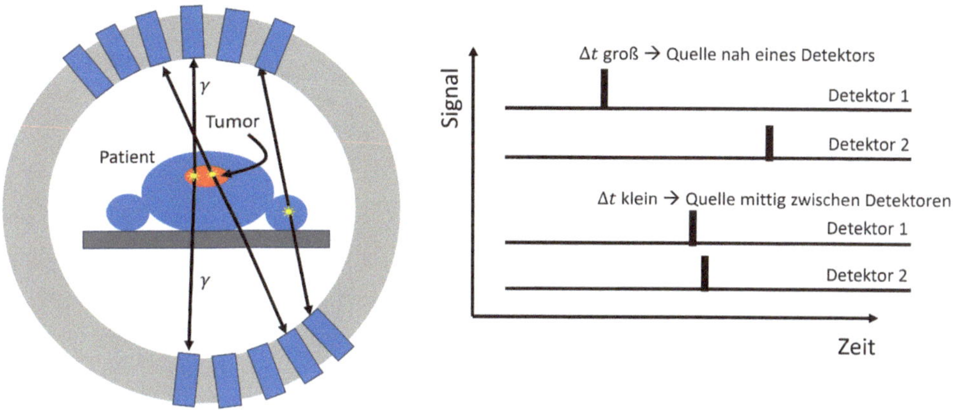

Abb. 10.6 Funktionsprinzip eines Positronen-Emissionstomograph (PET). Der Patient liegt zentral in einem Ring aus Szintillationszählern. Der radioaktiv markierte Stoff lagert sich im Bereich eines Tumors an. Dort finden aufgrund der emittierten Positronen e^+e^--Paarvernichtungsprozesse statt, die paarweise γ-Quanten erzeugen und unter 180° den Körper verlassen. Die gegenüberliegenden Detektoren sprechen auf die Strahlung an, sofern sie innerhalb eines bestimmten Zeitfensters eintreffen. Die Zeitdifferenz zwischen den Nachweisen ermöglicht die Rückrechnung auf den Emissionsort

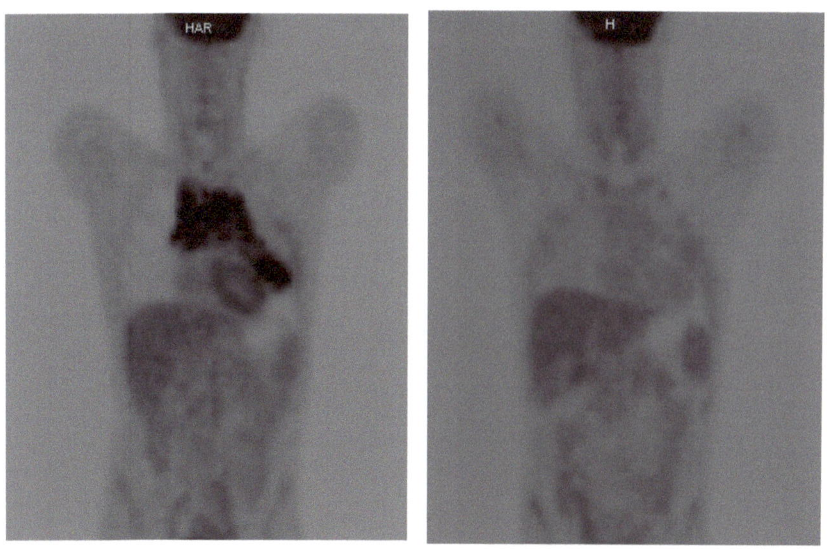

Abb. 10.7 Beispiel für die Verlaufskontrolle einer Chemotherapie mit der FDG-Positronenemissionstomographie. Zu sehen ist ein Oberkörper und dunkel zentral im Bild die Abbildung eines Tumors (Hodgkin-Lymphom) vor Therapie (links) und nach mehreren Zyklen(rechts). Bild mit freundlicher Genehmigung durch das Universitätsklinikum Tübingen

Auswerteschaltungen und -konzepte 11

Die zuvor beschriebenen Sensorkonzepte ermöglichen zunächst nur die Bereitstellung eines Messsignals, das von der physikalischen Größe abhängig ist. In manchen Fällen mag es ausreichen, das erzeugte Signal direkt zu messen. Häufig jedoch kann der Sensorausgang nur wenig belastet werden, ohne das Signal deutlich zu stören oder das Signal muss noch über weite Strecken transportiert werden, bis eine Weiterverarbeitung folgt. Daher ist es meistens sinnvoll, das Signal direkt am Sensor zu verstärken oder es frühzeitig zu digitalisieren, damit die weitere Störungen vermieden werden können. Dafür sollen hier verschiedene Auswertekonzepte für Sensorgrundschaltungen vorgestellt werden.

11.1 Auswertung von resistiven Sensoren

Die Auswertung eines resistiven Sensors, der im Wesentlichen aus einem einfachen Widerstand besteht, kann je nach Anforderungen verschiedene Herausforderungen aufzeigen. Je nach Größe der Veränderung oder gewünschter Linearität der Messung, können unterschiedliche Verfahren sinnvoll sein. Im Wesentlichen steht hier das Ziel im Vordergrund, den Messwert an sich aufzuzeichnen. Wird die Information des Sensors aber in einer Regelung weiterverwendet und der eigentliche Messwert ist von untergeordneter Bedeutung, können andere Schaltungen eine bessere Wahl darstellen.

11.1.1 Messung mit Vorwiderstand oder Konstantstromquelle

Kann auf eine Verstärkung verzichtet werden und der erwartete Wertebereich des Widerstand ist recht groß im Vergleich zum Nominalwert (Variation von $0\,\% \ldots > 100\,\%$), so

M. Hattaß, *Sensorik*,
https://doi.org/10.1007/978-3-662-73845-0_11

kann der Messwiderstand in Reihe mit einem Vorwiderstand als Spannungsteiler betrieben werden. Damit wird einfach der Spannungsabfall über den Messwiderstand gemessen. Stellt die Messung eine zu große Last für die Schaltung dar, so sollte die Schaltung um einen Impedanzwandler ergänzt werden. Der Aufbau ist zwar einfach, aber da der Messwiderstand selbst auch den Strom durch die Reihenschaltung beeinflusst, ist sie auch recht nichtlinear. Für viele Anwendungen, die das eigentliche Messsignal nicht quantitativ benötigten (Schwellwertschalter oder ähnliches), ist dies aber oft ausreichend.

Ist eine hohe Linearität der gemessenen Spannung mit dem Widerstandswert erforderlich, so ist es besser, den Strom durch den Messwiderstand R_M konstant zu halten. Damit ist der Spannungsabfall am Widerstand $U = R_M I_{mess]}$ automatisch proportional zum Widerstandswert. Dies lässt sich durch eine **Konstantstromquelle** erreichen. Eine einfache Beispielschaltung mit npn-Transistor ist in Abb. 11.1 gegeben. Hier hält die Gegenkopplung des Emitter-Widerstands R_E die Spannung zwischen Basis und Emitter des Transistors konstant. Der Strom ist alleine durch die Zener-Spannung der Diode U_z, der Vorwärtsspannung der Basis-Emitter-Strecke U_{BE} und dem Wert des Emitter-Widerstands R_E gegeben:

$$I_{mess} = \frac{U_z - U_{BE}}{R_E} \tag{11.1}$$

Wird am Knoten zwischen Messwiderstand und Transistor die Spannung ausgewertet, sind die Änderungen der Spannung linear mit den Änderungen der Widerstandswertes. Bedingung ist, dass der Messwiderstand $R_M \leq (U_0 - R_E I_{mess})/I_{mess}$ ist, damit der Transistor aussteuern kann.

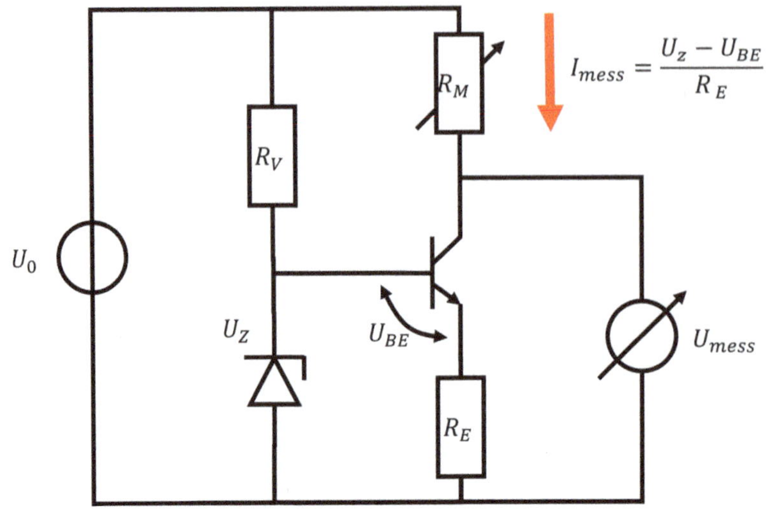

Abb. 11.1 Konstantstromquelle mit einem npn-Transistor und Zener-Diode

11.2 Grundschaltungen mit Operationsverstärker

Operationsverstärker (OPV) sind universelle Bauelemente, die es ermöglichen, verschiedene Operationen mit Spannungssignalen durchzuführen. Grundsätzlich gibt es eine große Vielfalt von Varianten. Für die hier betrachteten Grundschaltungen wird jedoch stets von einem idealen Operationsverstärker ausgegangen. Die wesentlichen Grundannahmen sind dafür

- Verstärkung der Spannung zwischen den Eingangsklemmen $A = \infty$
- Eingangswiderstand an den Klemmen $R_{+/-} = \infty$

11.2.1 Invertierende Operationsverstärkerschaltung

Die invertierende Operationsverstärkerschaltung gehört zu den wichtigsten Basistypen (Abb. 11.2). Durch die Rückführung des Ausgangs auf den negativen Eingang (und der „unendlichen“ Verstärkung) wird die Differenzspannung zwischen den Eingangsklemmen zu 0 kompensiert. Dies lässt sich veranschaulichen, wenn der Spannungsteiler zwischen U_E und U_A betrachtet wird. Ist die Differenzspannung zwischen dem invertierenden (-)-Eingang größer als die am (+)-Eingang wird U_A *geringer.* Das schreitet so lange voran, bis die Differenzspannung infinitesimal gering wird. Sollte die Differenzspannung zuerst kleiner sein, läuft der Prozess umgekehrt ab. Um die Verstärkung der gesamten Schaltung zu berechnen, wird die Eingangs- und Ausgangsmasche betrachtet. Auf der Eingangsseite gilt

$$I_1 = \frac{U_E}{R_1} \tag{11.2}$$

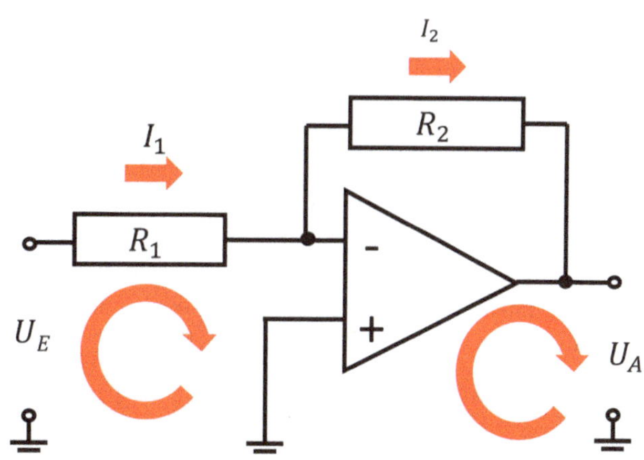

Abb. 11.2 Invertierende Operationsverstärkerschaltung

auf der Ausgangsseite

$$I_2 = \frac{0 - U_A}{R_2} \tag{11.3}$$

Da aufgrund der Annahme des unendlichen hohen Eingangswiderstands der Strom in die Klemmen verschwindet, ist der Strom durch R_1 gleich dem Strom durch R_2 ($I_1 = I_2$). Damit ergibt sich

$$U_A = -\frac{R_2}{R_1} U_E \quad \text{Verstärkung} \quad V = \frac{U_A}{U_E} = -\frac{R_2}{R_1} \tag{11.4}$$

Ein für die Schaltung wichtiger Punkt ist, dass zwar der Eingangswiderstand des *OPV* „unendlich" ist, der Widerstand der *gesamten Schaltung* jedoch nicht. Die Signalquelle wird mit dem Strom $I = U_E/R_1$ belastet, so dass je nach Innenwiderstand der Quelle R_i diese eine um $\Delta U_E = R_i I$ niedrigere Spannung ausgibt und mit der Schaltung verstärkt wird. Oder anders betrachtet die wirksame Verstärkung bei $V = -R_2/(R_1 + R_i)$ liegt.

11.2.2 Nicht-invertierende OPV-Schaltung

Sollte die Belastbarkeit der Signalquelle relevant sein (hohe Ausgangsimpedanz) oder aber das zu messende Signal einen Massebezug besitzen, so ist eine nicht-invertierende Operationsverstärker-Schaltung geeigneter (Abb. 11.3 links), da hier vom hohen Eingangswiderstand des OPV Gebrauch gemacht werden kann. Die Verstärkung ergibt sich (unter Annahme eines idealen OPV) wieder aus der Betrachtung der Ströme, hier durch R_1. Da aufgrund der Rückkopplung U_d auf „0" reduziert wird, gilt

$$I_2 = \frac{U_E}{R_1} = \frac{U_A}{R_1 + R_2} \tag{11.5}$$

$$\Rightarrow V = \frac{U_A}{U_E} = 1 + \frac{R_2}{R_1} \tag{11.6}$$

Eine elegante Methode, um einen Widerstand auf eine Spannung abzubilden ist es, den Widerstand R_2 im Beschaltungsnetz der nicht-invertierenden Operationsverstärker-Schaltung zu verwenden. An den nicht-invertierenden Eingang des OPVs wird dafür eine konstante Spannung angelegt, die zusammen mit Gl. 11.6 die Ausgangsspannung ergibt. Einerseits wird damit wieder ein konstanter Messstrom für den Widerstand verwendet ($I_{mess} = U_E/R_1$). Zusätzlich kann aber durch die Spannung U_E die Verstärkung einfach geändert und so unterschiedliche Messbereiche abgedeckt werden.

Abb. 11.3 Nichtinvertierende Operationsverstärkerschaltung

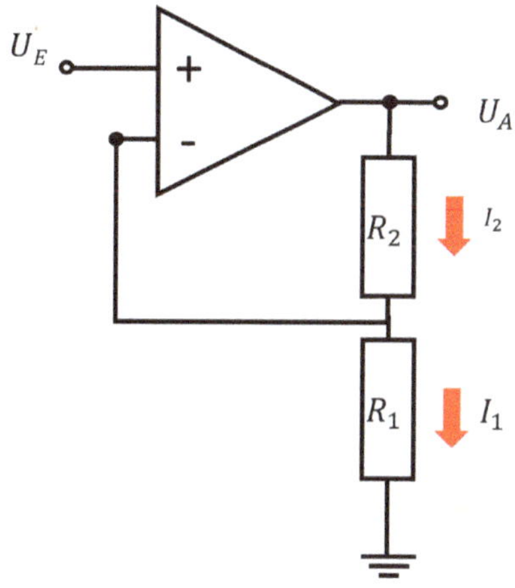

11.2.3 Brücke mit invertierender OPV-Schaltung

Ein typischer Fall für die Auswertung eines Aufbaus aus resistiven Messelementen (z. B. Temperaturwiderständen oder Dehnmessstreifen) ist die Brückenschaltung. Verschiedene Varianten hierfür wurden bereits in Abschn. 2.1 vorgestellt. Sofern der Messwert verstärkt und später digital weiterverwendet wird, ist eines der einfachsten Auswertekonzepte die Kombination der Brücke mit einer invertierenden Operationsverstärker-Schaltung (siehe Abb. 11.4). Die Schaltung bietet sich insbesondere an, wenn das Messsignal keinen Massebezug hat und Brücke und nachfolgender Analog-Digital-Konverter (ADC) mit der gleichen Versorgungsspannung betrieben werden. Der Vorteil liegt darin, dass das Messsignal bei entsprechender Auslegung sowohl verstärkt, also auch automatisch in die Mitte des Messbereichs des ADC geschoben wird. Zusätzlich führt das dazu, dass – wenn Brücke und ADC-Messbereich von der gleichen Versorgungsspannung abgeleitet werden – der Messwert unabhängig von möglichen Schwankungen der Versorgungsspannung wird.

Das Ausgangssignal der Brücke kann unter der Annahme eines idealen Operationsverstärkers für die Schaltung in Abb. 11.4 wie folgt berechnet werden.

Zunächst wird angenommen, dass der Widerstand R_1 deutlich größer ist als die Widerstände des linken Brückenzweigs. Die Spannungen U_x und U_{VM} ergeben sich einfach über einen Spannungsteiler zu

$$U_x = U_0 \frac{R_x}{R + R_x} \quad \text{und} \quad U_{VM} = U_0 \frac{R}{R + R} = \frac{U_0}{2}. \tag{11.7}$$

Die Spannung $U_V M$ wird auch **virtuelle Masse** genannt. Im nächsten Schritt wird für die weitere Berechnung das Überlagerungsverfahren (Superpositionsverfahren) verwendet. Hierfür werden die beiden Eingangsspannungen U_x und U_{VM} getrennt betrachtet, während die jeweils andere auf Masse gelegt wird. Für U_x ergibt sich damit das Bild der invertierenden

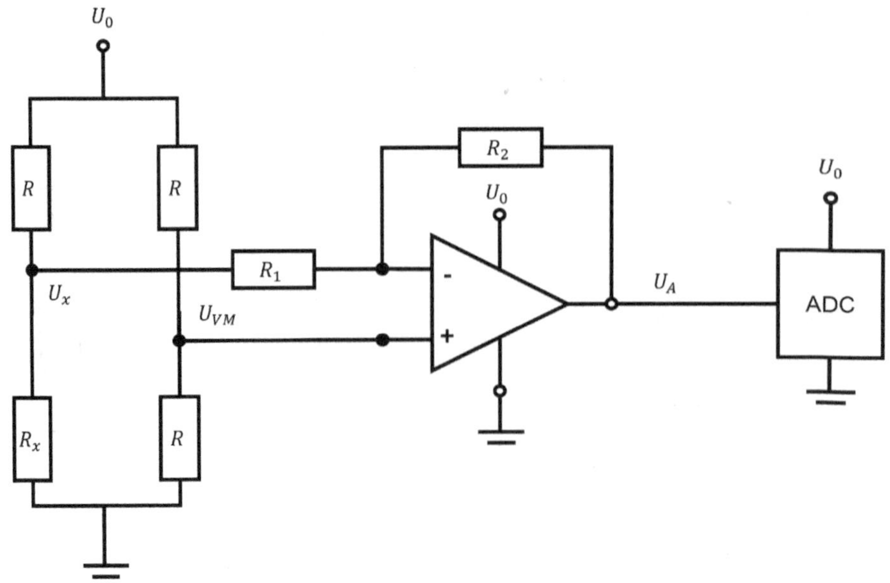

Abb. 11.4 Viertel-Brückenschaltung mit Auswertung über eine invertierende Operationsverstärker-Schaltung

OPV-Schaltung mit dem Teilergebnis

$$U_{A1} = -\frac{R_2}{R_1} U_x. \tag{11.8}$$

Für U_{VM} entsteht die nicht-invertierenden OPV-Schaltung mit Teilergebnis

$$U_{A2} = \left(1 + \frac{R_2}{R_1}\right) U_{VM}. \tag{11.9}$$

Im Gesamtergebnis entsteht nach dem Ordnen der Terme

$$U_A = U_{A1} + U_{A2} = U_{VM} - \frac{R_2}{R_1}(U_{VM} - U_x). \tag{11.10}$$

Die Schaltung bildet die Differenzspannung an den Abgriffen der Brücke, verstärkt diese und addiert sie wieder auf die Spannung U_{VM} (virtuelle Masse). Zu Beginn wurde angenommen, dass der Widerstand R_1 wesentlich größer als der der Brückenwiderstände ist. Im Allgemeinen wird dies aber nicht zutreffen. Daher muss noch berücksichtigt werden, dass die Brücke durch den Eingangswiderstand der invertierenden OPV-Schaltung belastet wird (siehe auch Aufgabe 15.2.10).

11.2.4 Instrumentenverstärker

Der **Instrumentenverstärker** zeichnet sich dadurch aus, dass verschiedene Nachteile der anderen Schaltungen vermieden werden können. Hier ist keine Massereferenz notwendig und der Eingangswiderstand ist sehr groß. Allerdings steht selbstverständlich auch ein deutlich höherer Schaltungsaufwand dagegen. Daher finden sich Instrumentenverstärker meist als fertiges Bauteil. Die Herstellung als integrierte Schaltung in einem Halbleiterprozess bietet zusätzlich den Vorteil, dass alle Schaltungselemente die korrelierende Toleranzabweichungen aufweisen und gemeinsam abgeglichen werden können. Damit kann die Schaltung sehr symmetrisch aufgebaut werden.

Die Verstärkung der Schaltung lässt sich wie folgt unter der Annahme eines idealen Operationsverstärkers berechnen: Der dritte Operationsverstärker rechts kann bis zu den Knoten 1 und 2 (siehe Abb. 11.5) zunächst als einfacher Differenzverstärker betrachtet werden. Dieser wird z. B. mit dem Superpositionsverfahren berechnet, indem wechselnd für die beiden Eingänge die Knoten entweder auf eine Spannung oder auf Masse gelegt werden. Damit ergibt sich für die Einspeisung über Knoten 1 die invertierende Operationsverstärkerschaltung und damit für die erste Teilausgangsspannung

$$U_{a1} = -U_1 \frac{R_{12}}{R_{11}}. \tag{11.11}$$

Für den Eingang über Knoten 2 ergibt sich die nicht-invertierende OPV-Schaltung mit der Eingangsspannung, die über den Spannungsteiler über R_{21} und R_{22} gegeben ist.

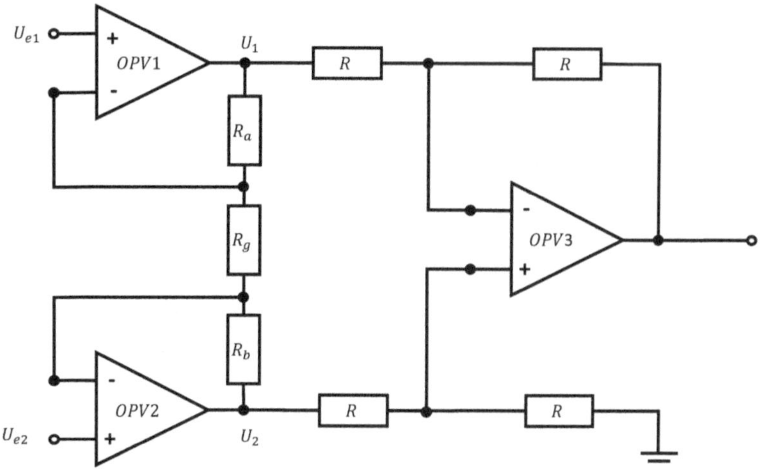

Abb. 11.5 Instrumentenverstärker zur Auswertung der Spannungsdifferenz zwischen U_{e1} und U_{e2}

$$U_{a2} = U_2 \frac{R_{22}}{R_{21} + R_{22}} \left(1 + \frac{R_{11}}{R_{12}}\right) = U_2 \tag{11.12}$$

Im Folgenden wird angenommen, dass $R_{11} = R_{12} = R_{21} = R_{22}$. Damit ergibt sich die Ausgangsspannung in Abhängigkeit der Spannungen an den Knoten 1 und 2 zu

$$U_a = U_{a2} + U_{a1} = (U_2 - U_1) \tag{11.13}$$

Die Verknüpfung zu den Eingangsspannungen U_{e1} und U_{e2} erfolgt über den Strom durch die Reihenschaltung der Widerstände R_a, R_g und R_b. Es gilt, da aufgrund der Rückkopplung die Spannungsdifferenz an den Eingängen von OPV1 und OPV2 zu „0" werden:

$$I_{R_g} = \frac{U_2 - U_1}{R_a + R_g + R_b} = \frac{U_{e2} - U_{e1}}{R_g} \tag{11.14}$$

Wird $R_a = R_b$ angenommen ergibt sich nach etwas Umformung mit 11.13

$$V = \frac{U_a}{U_{e1} - U_{e2}} = 1 + \frac{2R}{Rg} \tag{11.15}$$

Typischerweise wird bei den fertig verfügbaren Bausteinen R_g durch eine äußere Beschaltung festgelegt. Instrumentenverstärker bieten sich insbesondere für Messungen kleiner Differenzspannungen auf einem schlecht definierten gemeinsamen Gleichtaktpotenzial an. Die Schaltung erreicht eine bessere Unterdrückung des **Common Mode Signal** (hoher **Common Mode Rejection Ratio,** CMRR). Zusätzlich ist der hohe Eingangswiderstand für beide Eingänge bei Messbrücken mit großer Ausgangsimpedanz von Vorteil.

11.2.5 Integrierende OPV-Schaltung und Ladungsverstärker

Vor allem Sensoren mit piezoelektrischen Sensorelementen liefern ein **Ladungssignal** $Q(t)$, das die physikalische Messgröße repräsentiert. Um dieses in eine Spannung zu wandeln, wird eine integrierende OPV-Schaltung verwendet (Abb. 11.6). Für die Berechnung des Ausgangs wird der Strom in den Knoten am invertierenden Eingang betrachtet und die Eigenschaften des idealen OPV verwendet. Da der hinein fließende Strom I_{ein} gleich dem Strom in den Kondensator $I_C = \dot{Q}$ sein muss und durch die negative Rückkopplung die Spannung zwischen den Eingangsklemmen zu 0 kompensiert wird, gilt

$$\begin{aligned} I = I_C = \dot{Q}_C = C\frac{d}{dt}(0 - U_A) - C\dot{U}_A \\ \Rightarrow \dot{U}_A = -\frac{1}{C}I \\ \Rightarrow U_A(t) - U_A(t_0) = -\int_{t_0}^{t} \frac{1}{C} I(\tau)\, d\tau = -\frac{1}{C}(Q(t) - Q_0) \end{aligned} \tag{11.16}$$

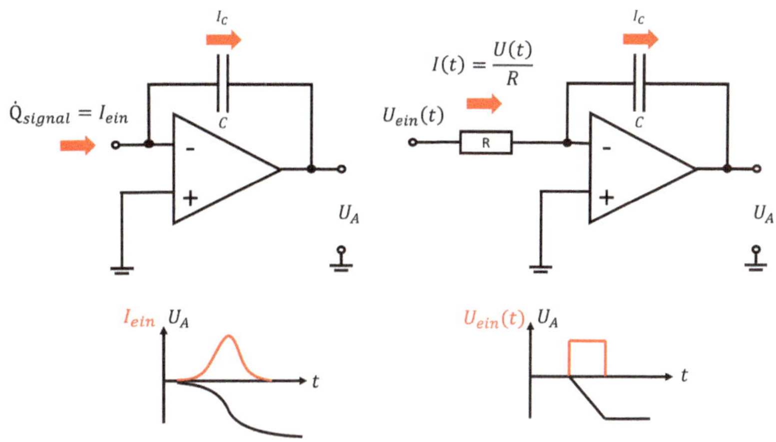

Abb. 11.6 Grundschaltung eines Ladungsverstärkers mit OPV. Links: Strom- oder Ladungseingang. Rechts: Spannungseingang

Insgesamt wird durch die Schaltung also ein Spannungssignal ausgegeben, das der eingehenden Ladungsmenge entspricht. Alternativ kann auch ein Spannungssignal integriert werden, indem die anliegende Eingangsspannung $U_{ein}(t)$ mit einem Eingangswiderstand in einen Strom übersetzt wird. Diese Schaltung bietet sich auch an, um die Länge eines Spannungspulses zu bestimmen. Für einen Puls der Länge T und der konstanten Spannungshöhe U_0 ergibt sich

$$U_A(t) - U_A(t_0) = -\frac{U_0}{RC}T. \tag{11.17}$$

11.3 Auswerteschaltungen für kapazitive Sensoren

11.3.1 Ladezeit

Eine der einfachsten Möglichkeiten eine einzelne Kapazität auszuwerten, ist die Messung der Auf- oder Entladezeit bis zu einem definierten Spannungslevel. Eine sehr einfache Schaltung mit einem Mikrocontroller ist in Abb. 11.7 dargestellt. Der Mikrocontroller-Pin wird zu Beginn als Ausgangspin geschaltet und auf LOW gesetzt, damit der Kondensator vollständig entladen wird. Anschließend wird der Pin als Eingangspin geschaltet (d. h. hochohmig) und eine Zeitmessung gestartet. Beim Erreichen der HIGH-Schwelle U_{th} des Pins, wird die Zeitmessung gestoppt. Die Kapazität ergibt sich dann zu

$$C = -\frac{t}{R \ln\left(1 - \frac{U_{th}}{U_0}\right)}. \tag{11.18}$$

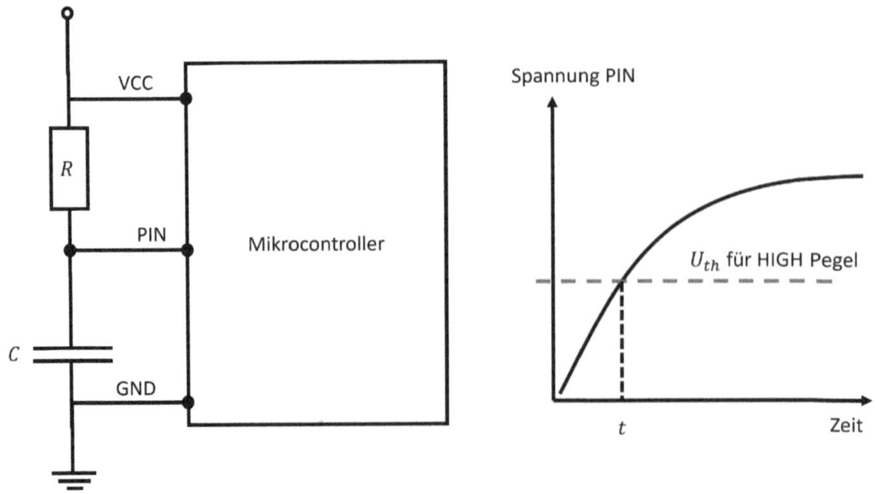

Abb. 11.7 Einfache Auswertung einer einzelnen Kapazität mit einem Mikrocontroller

Alternativ könnte auch über einen ADC das Spannungslevel nach einer definierten Zeitspanne gemessen werden. Allerdings muss dann beachtet werden, dass ein nicht-linearer Zusammenhang zwischen der Kapazität und der gemessenen Spannung entsteht.

11.3.2 Differentielle trägerfrequente Auswertung

Viele kapazitive Sensoren bestehen nicht aus einer einzelnen variierenden Kapazität. Wie in Abschn. 2.5 beschrieben, ist die Verwendung einer differentiellen Kapazität, insbesondere bei der Auswertung von Abstandsänderungen der Elektroden, vorteilhafter. Dies ist insbesondere bei kapazitiven Inertialsensoren in MEMS-Technologie der Fall. Für eine zeit-kontinuierliche Auswertung ist die in Abb. 11.8 gezeigte Schaltung geeignet [32]. Eine Spannungsquelle speist ein **Trägersignal** auf die Mittelelektrode der differenziellen Kapazitäten ein, das über die variablen Messkapazitäten auf die Operationsverstärker geht. Die Bewegung der Mittelelektrode ändert die beiden Kapazitäten C_{x1} und C_{x2} prägt dabei eine Amplituden-Modulation auf das Trägersignal auf. Die beiden symmetrisch aufgebauten Verstärker erzeugen ein differenzielles Signal. Beide Anteile werden anschließend mit den Dioden durch Gleichrichtung vom Träger getrennt. Das nun wieder im **Basisband** liegende differenzielle Signal wird schließlich nach einem Instrumentenverstärker (INA) ein *single-ended* Signal erzeugt, das weiter verarbeitet werden kann. Alternativ kann statt der Demodulation über die Dioden und RC-Glieder auch ein PSD **(Phase Sensitive Detector)** verwendet werden (siehe Abschn. 11.5.1).

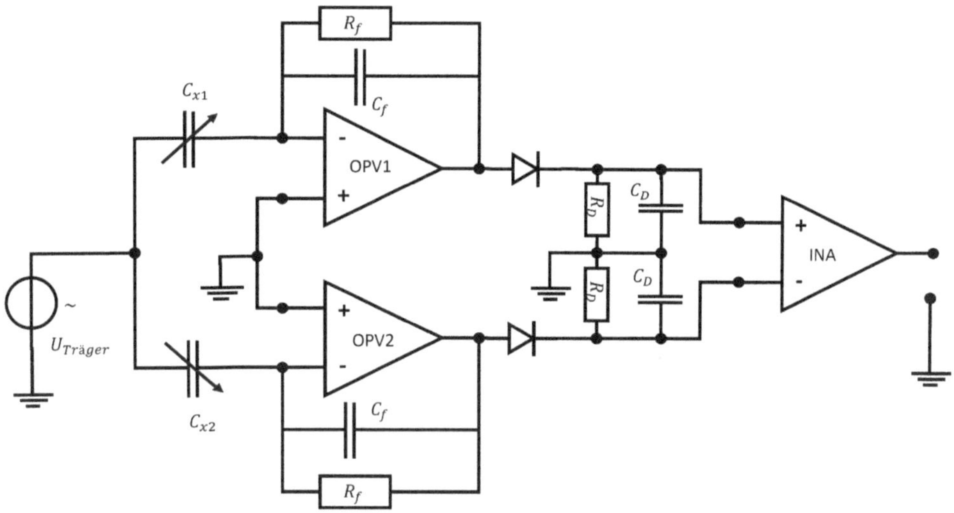

Abb. 11.8 Trägerfrequente Auswertung einer differentiellen Kapazität nach [32]

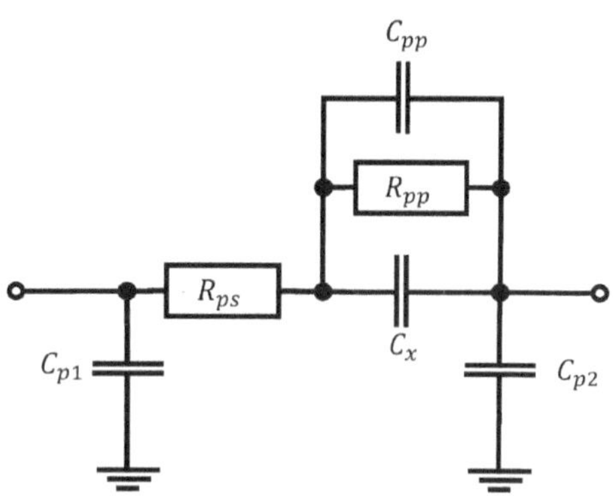

Abb. 11.9 Überblick der typischen parasitären Kapazitäten und Widerstände eines kapazitiven Sensors. C_x: eigentliche Messkapazität, C_{pp}: parallele Parasitärkapazität, die nicht am Messeffekt teilnimmt, $C_{p1,2}$ parasitäre Kapazitäten gegen Masse an den Anschlüssen, $R_p p$: parasitärer Leckwiderstand parallel zur Messkapazität, $R_p s$: Zuleitungswiderstand zur Messkapazität. Nach [32]

Bei der praktischen Anwendung muss allerdings beachtet werden, dass zu den Messkapazitäten häufig noch weitere parasitäre Kapazitäten und Widerstände hinzukommen, die die Übertragungsfunktion stark beeinflussen können **(parasitäre Kapazitäten).** Abb. 11.9 zeigt das zugehörige Ersatzschaltbild einer typischen Messkapazität.

11.4 Erzeugung und Verarbeitung von Frequenzsignalen

11.4.1 Messoszillator

Nicht immer ist die Übersetzung einer Widerstands- oder Kapazitätsmessung in eine analoge Spannung das Ziel. Für manche Anwendungen ist die Wandlung des Ausgangs des Sensorelementes in eine Frequenz geeigneter. Dies kann der Fall sein, wenn das Signal über längere Strecken übertragen werden soll und sonst zu anfällig für Störungen wäre. Ein anderer Fall ist die Auswertung des Signals über die Digitalpins eines Mikrocontrollers. Damit lässt sich die Verwendung eines Analog-Digital-Wandlers (ADC) vermeiden und die Messung rein über eine Zählung von Pulsen und eine Zeitmessung realisieren. Ein Beispiel für eine mögliche Schaltung ist der **RC-Messoszillator** (siehe Abb. 11.10), der die RC-Zeitkonstante der beiden oberen Bauteile in eine Frequenz übersetzt. Die Funktionalität ähnelt einem Schmitt-Trigger, wobei das Eingangssignal durch das Auf- und Entladen des Kondensators bestimmt wird. Zu besseren Übersicht wird angenommen, dass $R_1 = R_2$ gilt und eine symmetrische Spannungsversorgung des Operationsverstärkers (zwischen $\pm U_0$) vorliegt. Zur Ermittlung der Frequenz wird zunächst angenommen, dass sich der Ausgang am oberen Anschlag bei $+U_0$ befindet und der Kondensator entladen war (siehe Abb. 11.11). Die Spannung am negativen Eingang des OPV durch wird Laden des Kondensators zunächst ansteigen. Wenn die Spannung über dem Kondensator die des Spannungsteilers aus R_1 und R_2 erreicht (hier $U_0/2$), kommt es zum Umschlagen des Ausgangs. Damit beginnt die Entladung des Kondensators von der Spannung $U_0/2$ mit dem asymptotischen Ziel $-U_0$:

$$U_C(t) = -U_0 + \left(\frac{U_0}{2} - (-U_0)\right) e^{-\frac{t}{RC}}. \tag{11.19}$$

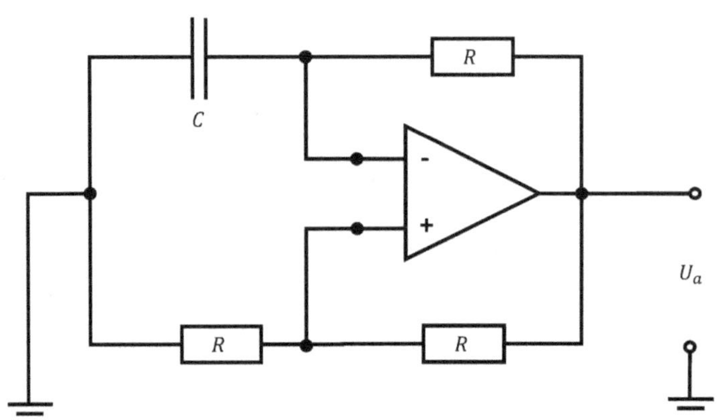

Abb. 11.10 RC-Messoszillator: OPV wirkt als Komparator mit wechselnder Vergleichsspannung, so dass eine Schwingung entsteht. Die Periodendauer wird durch das RC-Glied bestimmt

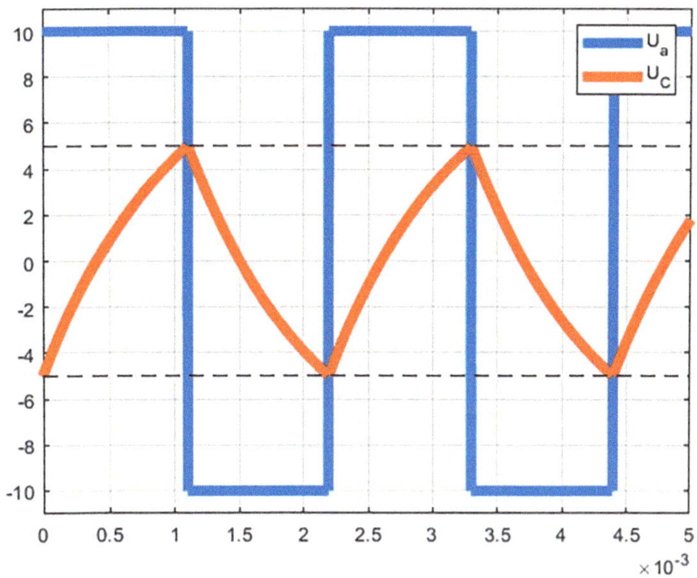

Abb. 11.11 Zeitverlauf der Spannungen am Messoszillator (U_a: Ausgangsspannung, U_C: Spannung über Kondensator)

Allerdings liegt durch das Umschlagen die neue Spannung am positiven Eingang bei $-U_0/2$, so dass ab dieser Spannung über den Kondensator erneut der Wechsel des Ausgangs auf $+U_0$ stattfindet. Die Zeitdauer bis zu diesem Punkt ergibt sich aus:

$$-\frac{U_0}{2} = -U_0 + \left(\frac{U_0}{2} - (-U_0)\right) e^{-\frac{t_1}{RC}} \Rightarrow t_1 = \ln 3RC \qquad (11.20)$$

Anschließend wird der Kondensator erneut geladen bis wieder die obere Grenze bei $+U_0/2$ erreicht wird. Für die Zeitdauer des Aufladens t_2 ergibt sich hier noch einmal der gleich Term. Damit ist insgesamt die Periodendauer des Oszillators

$$T = 2\ln 3RC \approx 2,197RC \qquad (11.21)$$

11.4.2 Frequenz-Spannungswandlung

Umgekehrt kann es notwendig sein, aus einem Frequenz-Signal ein analoges Spannungssignal zu erzeugen. Ein einfaches Verfahren hierfür ist in Abb. 11.12 gezeigt. Das Signal wird auf einen Komparator gegeben, der die positiven Nulldurchgänge detektiert. Der Aus-

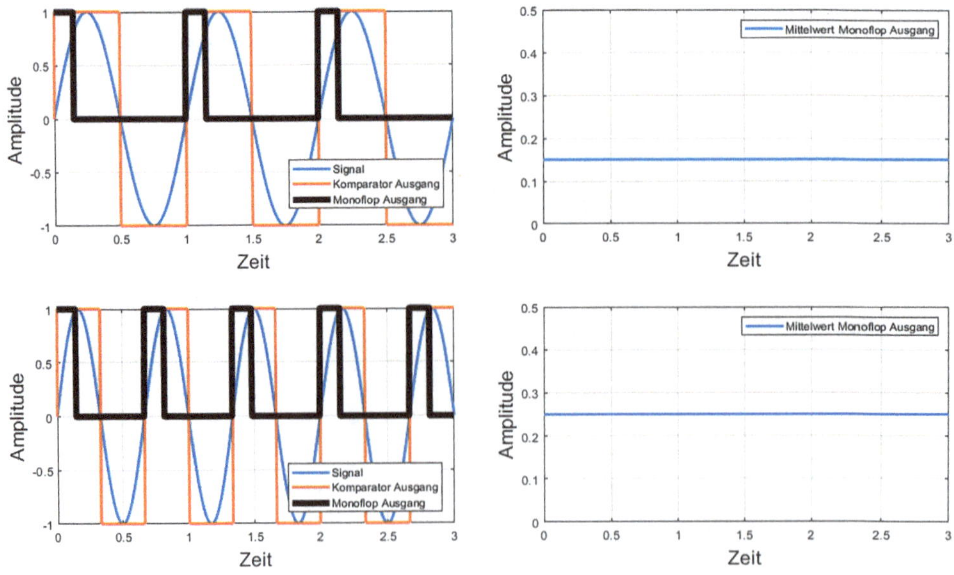

Abb. 11.12 Zeitverlauf der Spannungen am Messoszillator (U_a: Ausgangsspannung, U_C: Spannung über Kondensator)

gangs des Komparators wiederum löst ein **Monoflop** mit definierter Einschaltzeit aus. Die Zeitdauer muss kürzer sein als die niedrigste zu erwartende Frequenz. Das Ausgangssignal des Monoflops hat zwar nun weiterhin die Frequenz des ursprünglichen Signals. Aber durch die konstante Einschaltzeit ändert sich der Effektivwert des Signals mit der Frequenz, da die Abstände zwischen den Einschaltphasen variieren. Es entsteht damit ein **Pulsweiten-Moduliertes Signal** (**PWM**-Signal). Das PWM-Signal kann anschließend mit einem Tiefpass-Filter zur Mittelwertbildung in eine Spannung überführt werden. Zu berücksichtigen ist allerdings, dass die Grenzfrequenz des Filters niedrig genug sein muss, damit die **Restwelligkeit** gering bleibt.

11.4.3 Differenzfrequenz

In manchen Verfahren ist es notwendig, die relative Änderung zweier Frequenzen auszuwerten. Dies kann eine variable Frequenz und eine Referenz sein oder auch zwei veränderliche Frequenzen. Sind die absoluten Änderungen sehr klein gegenüber der typischen Frequenz, kann es unnötig aufwändig sein, beide sehr exakt zu vermessen, um anschließend die Differenz zu bilden. Daher ist es oft vorteilhaft, zuerst eine Differenzfrequenz zu bilden und

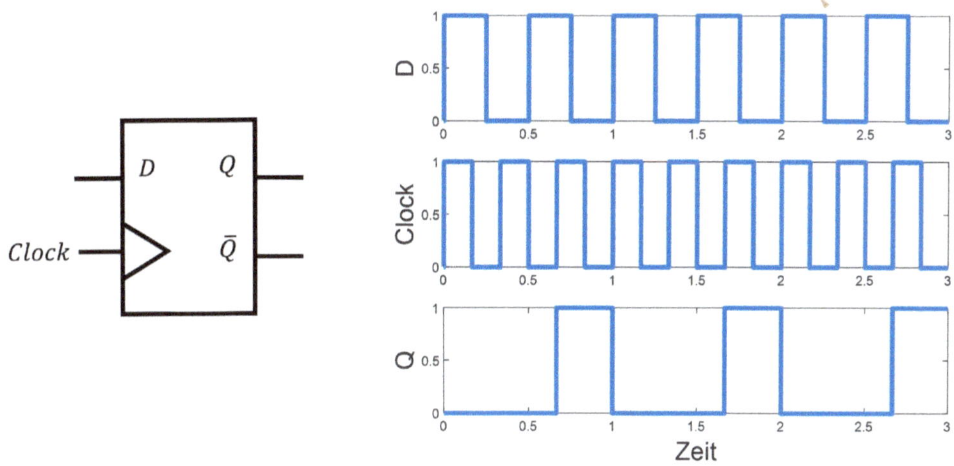

Abb. 11.13 Bildung einer Differenzfrequenz mit einem D-Flip-Flop. An der steigenden Flanke des Clock-Inputs wird der Zustand des D-Eingangs übernommen. Es entsteht ein Signal mit der Differenzfrequenz am Q Ausgang

danach die Frequenzmessung durchzuführen. Dies ist möglich mit einem einfachen (flankengesteuerten) D-Flip-Flop (Abb. 11.13).

11.5 Beispiele für fortgeschrittene Auswertekonzepte

Die vorgestellten Schaltungen stellen einen Einstieg in die Verarbeitung der Sensorsignale dar. Oft sind diese Konzepte alleine noch nicht ausreichend, um das eigentliche Signal mit ausreichender Qualität zu vermessen. Eines der wesentlichen Probleme ist das Rauschen des Signalpfades bei niedrigen Frequenzen ($1/f$-Rauschen). Insbesondere, wenn das Messsignal nahezu ein DC-Signal ist, also ebenfalls bei niedrigen Frequenzen liegt, überlagert sich dieses mit dem Rauschen und kann nur schwer zu trennen sein (direkte Auswertung im **Basisband**).

Abb. 11.14 (oben) zeigt die Situation für ein Signal bei 10 Hz im Zeit- und Frequenzbereich. Soll das Messsignal über eine gewisse Bandbreite ausgewertet werden (zum Beispiel von 0–100 Hz), wird ebenfalls das Rauschen mit aufintegriert.

Dieses Problem lässt sich umgehen, wenn es möglich ist, das Messsignal selbst zu höheren Frequenzen zu verschieben, so dass es in einem Bereich von geringerem Rauschen liegt. Verfahren dieser Art werden als **trägerfrequente Auswerteverfahren** bezeichnet. Ein typisches Beispiel sind Sensoren mit einem optischen Messprinzip, die die Absorption eines Lichtstrahls auswerten. Hier wird der Lichtstrahl selbst mit einer bekannten Frequenz moduliert (im einfachsten Fall durch Ein- und Ausschalten), so dass auch dem Messsignal

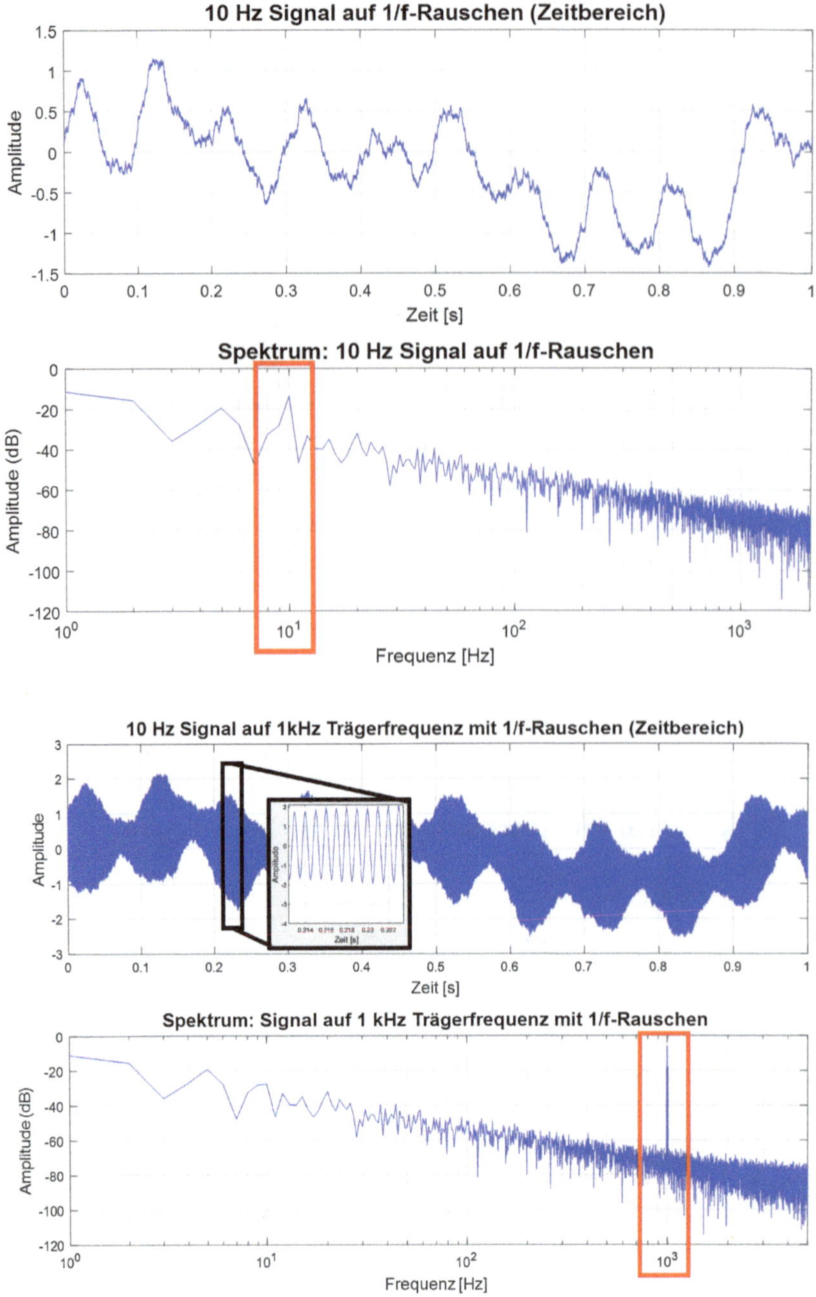

Abb. 11.14 Beispiel für ein Signal bei niedriger Frequenz (10 Hz), das von 1/f-Rauschen überlagert wird. Dieses dominiert bei niedrigen Frequenzen und lässt nur ein Signal-Rausch-Verhältnis von ca. 15 dB zu. Wird das Signal durch eine Modulation auf 1 kHz gehoben, befindet es sich im Spektrum in einem Bereich mit deutlich geringerem Rauschen (ca. 60 dB)

die gleiche Frequenz aufgeprägt wird. Da das Rauschen in diesem Bereich aufgrund der **$1/f$-Charakteristik** deutlich geringer ist, wird bei gleicher ausgewerteter Bandbreite der **Signal-Rausch-Abstand** für das extrahierte Messsignal deutlich besser (Abb. 11.14 unten).

11.5.1 Phasen-sensitiver Detektor

Um das Messsignal wieder in das Basisband zu verschieben, muss eine Demodulation mit der bekannten Trägerfrequenz stattfinden. Je nach Komplexität kommen dafür phasen-sensitive Detektoren **(PSD)** zum Einsatz. Abb. 11.15 zeigt das wesentliche Prinzip. Mit einem der Trägerfrequenz ω_c entsprechenden Rechteck-Signal wird ein Schalter angesteuert. Dieser lädt je nach Polarität das Messsignal oder das invertierte Messsignal auf eine Kapazität. Wenn dies mit der richtigen Frequenz geschieht, wird dadurch das Messsignal gleichgerichtet. Voraussetzung ist, dass die Phase des Messsignals zum Referenzsignal passt. Anschließend wird das Signal durch einen Tiefpassfilter geleitet, so dass die Amplitude des ursprünglichen Signals wiedergegeben wird. Langsame Driften des Messsignals werden durch längere Mittelung kompensiert, da diese bei einer anderen Frequenz oder Phase liegen. Mathematisch kann man den Vorgang als Multiplikation des Signals $A\sin(\omega_c t)$ mit einer harmonischen Funktion $A\sin(\omega_o t + \varphi)$ verstehen. Da das Integral

$$I = \frac{1}{T}\int_0^T A\sin(\omega_c t)\sin(\omega_0 t + \varphi)\,dt \qquad (11.22)$$

nur dann ungleich 0 ist, wenn $\omega_c = \omega_0$ gilt, wird nur die gesuchte Amplitude aus dem Frequenzgemisch heraus projiziert. Die Demodulationsphase ($\varphi = 0$) muss ebenfalls übereinstimmen, um das Signal zu maximieren.

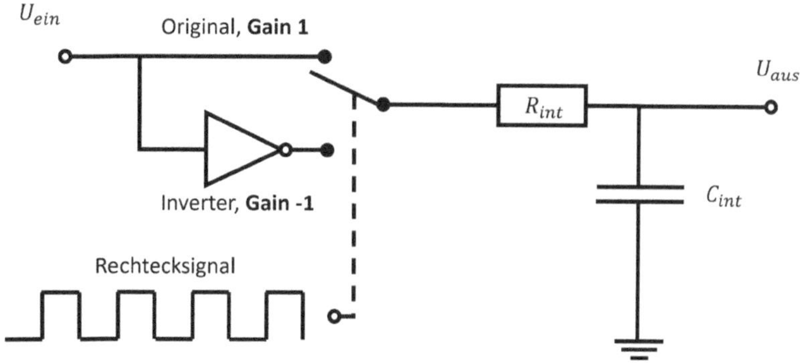

Abb. 11.15 Schematischer Aufbau eines phasensensitiven Detektors

Das Verfahren kann noch erweitert werden, indem das Messsignal mit zwei Referenzsignalen demoduliert wird, die jeweils eine Phasenlage von 90° zueinander besitzen. Dadurch entstehen zwei Ausgangssignale, die mit I und Q (**In-Phase** und **Quadratur-Phase**) bezeichnet werden. Auf diese Weise kann auch noch aus der exakten Phasenlage des Messsignals weitere Informationen abgeleitet werden (Abb. 11.16).

11.5.2 Boxcar und Correlated Double Sampling

Eine weitere Möglichkeit, ein schwaches Messsignal vom Rauschen zu trennen ist das **Boxcar Sampling.** Abb. 11.17 zeigt die wesentliche Idee des Konzeptes. Voraussetzung ist, dass das Messsignal periodisch wiederholt vorliegt, wobei das Tastverhältnis (also die Dauer des interessanten Signals im Vergleich zur Periodendauer) recht klein ist. Dies ist in optischen Sensoren oder anderen geschalteten Systemen oft der Fall. Grundsätzlich könnte einfach ein Mittelwert des gesamten Zeitverlaufs gebildet werden. Allerdings würde bei der Mittelwertberechnung auch der Untergrund mit in die Rechnung deutlich eingehen und aufgrund des ungünstigen Tastverhältnisses deutlich in den finalen Messwert eingehen. Dies lässt sich deutlich verbessern, indem das Signal nur in dem Zeitfenster integriert wird, wenn die Information tatsächlich vorliegt. Damit wird nur der Untergrund im relevanten Zeitfenster aufintegriert. Auch dieser Untergrund lässt sich noch vermeiden, wenn noch ein zweites Messfenster in den „ruhigen“ Abschnitt gelegt wird. Da hier bekannt ist, dass zu diesem Zeitpunkt nur der Untergrund gemessen wird, kann dieser Messwert als Offset vom eigentlichen Signal aus dem ersten Fenster abgezogen werden. Da das typische $1/f$-Rauschen deutlich langsamere Änderungen aufweist als das Messsignal, sind die Rauschanteile in der Ruhephase mit der unter dem Messsignal deutlich korreliert. Die Technik wird daher auch

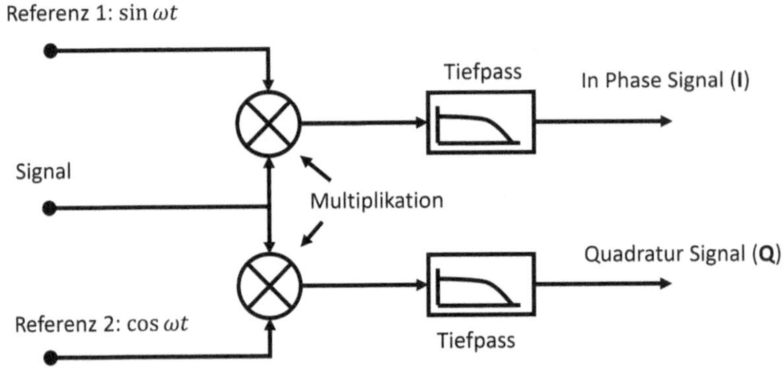

Abb. 11.16 Demodulation des trägerfrequenten Signals nach In-Phase-Signal und Quadratur-Signal

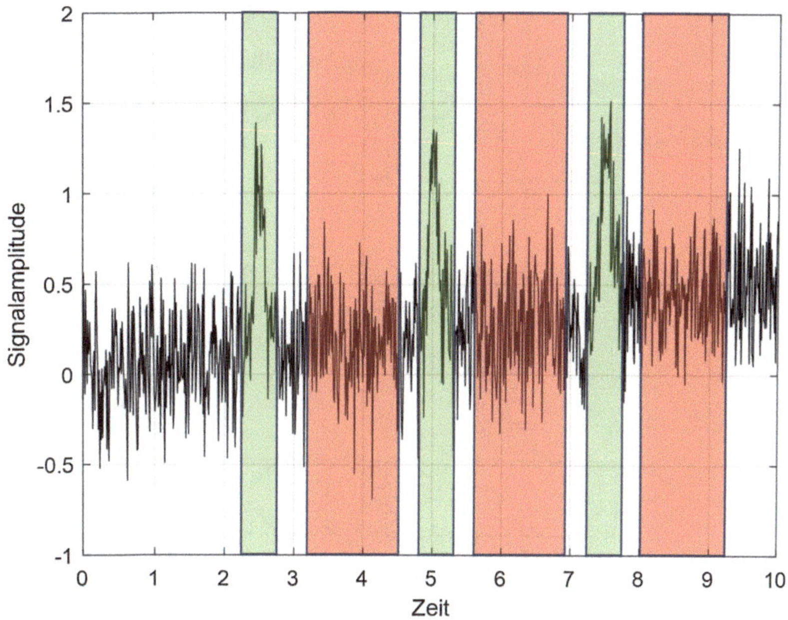

Abb. 11.17 Grundsätzliches Konzept des *boxcar*-sampling. Ein (verrauschtes) Messsignal tritt periodisch für eine kurze Zeitspanne auf, wobei zusätzlich ein langsam veränderlicher Untergrund vorhanden ist. Wird das Signal nur im Bereich des zu messenden Pulses integriert, lässt sich der Rauschanteil deutlich verringern. Wird zusätzlich das nahegelegene Referenzfenster ohne Signal als Untergrund abgezogen, lässt sich die Signalqualität weiter verbessern

als **Correlated Double Sampling** (CDS) bezeichnet. Diese kommt insbesondere in getakteten integrierten Schaltungen zum Einsatz. Ein Beispiel für eine praktische Umsetzung ist in Abb. 11.18 gezeigt.

Die darstellte Schaltung wertet eine differenzielle Kapazität eines MEMS Inertialsensors aus. In einer ersten Phase werden die Eingänge vollständig zurückgesetzt, so dass die Integration bei entladener Lastkapazität C_L beginnt. Anschließend wird werden die Eingänge aktiviert, aber die Sensorkapazitäten weiterhin nicht geladen. Das so entstehende Signal wird auf die Lastkapazitäten geladen. In der dritten Phase wird die Sensorkapazität geladen und das Signal nach dem Verstärker mit umgekehrtem Vorzeichen auf die Lastkapazität gegeben. Wenn man davon Ausgehen kann, dass sich die Rauschspannung nur wenig verändert hat zwischen den Zyklen (dies ist bei hoher Abstastung und $1/f$-Rauschen der Fall), wird dieses Fehlersignal kompensiert und nur das eigentlich interessierende Signal wird ausgegeben.

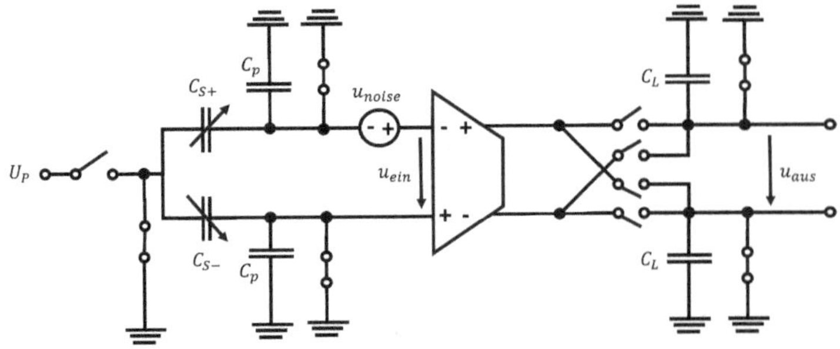

(a) Bild 1

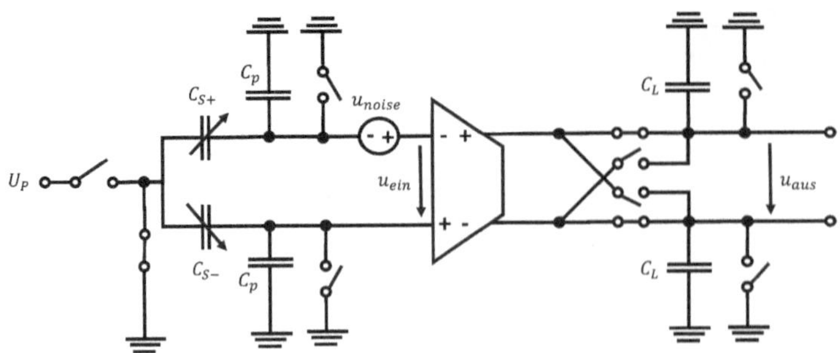

(b) Bild 2

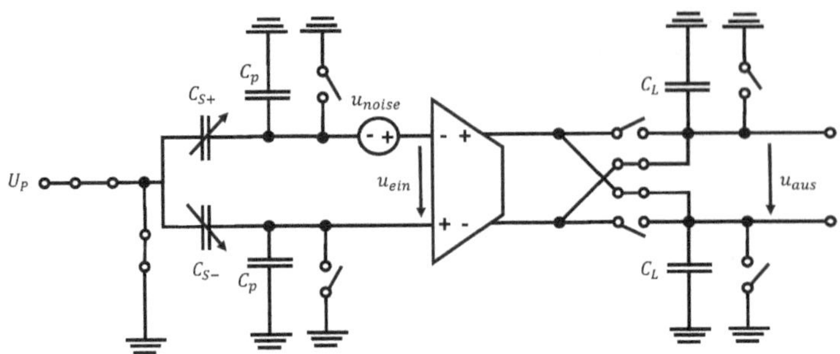

(c) Bild 3

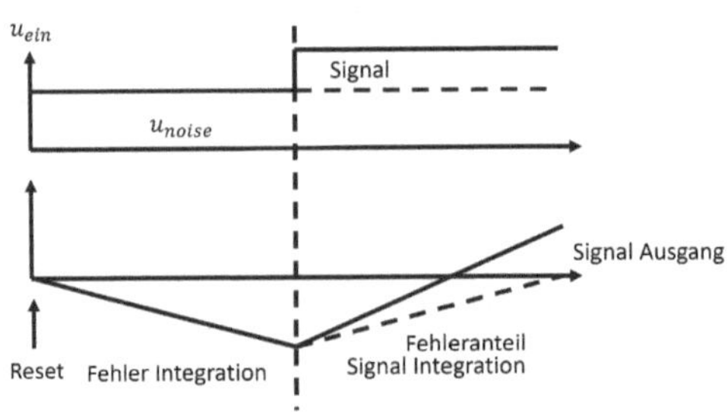

(d) Bild 4

Abb. 11.18 Umsetzung eines correlated double sampling für ein kapazitives Frontend nach [33]

Messwertverarbeitung 12

Für einen rein analogen Sensor ist nach der elektronischen Aufbereitung (Verstärkung, Impedanzanpassung, Filterung) des Signals die wesentliche Funktion des Sensors abgeschlossen und die Verarbeitung im nachfolgenden System kann beginnen. Möglicherweise wird das analoge Signal direkt in einer analogen Regelung weiterverwendet und wird nicht nach außen sichtbar. Oder es wird in einem weiteren System digitalisiert und dort aufgezeichnet oder verrechnet. Je nach Integrationslevel des Sensors, schließen sich aber noch weitere höhere Funktionen direkt im System des Sensors an (siehe auch Kap. 14). Oft stellt der Sensor den Messwert digital zur Verfügung oder noch weitere, auf den verrechneten Messwerten beruhende, aggregierte Information. Als erster Schritt ist hierfür die Diskretisierung des Signals erforderlich.

12.1 Analog-Digital-Wandlung

Die Umwandlung eines analogen Signals in digitale Werte ist stets mit einem gewissen **Informationsverlust** verbunden. Dabei wird das kontinuierliche Signal, das prinzipiell unendlich viele Werte annehmen kann, auf eine endliche Anzahl diskreter Stufen abgebildet. Dieser Verlust muss jedoch nicht zwangsläufig von praktischer Bedeutung sein. Wie bereits in Abschnitt erläutert, wird der nutzbare Dynamikbereich des Signals häufig ohnehin durch das inhärente Rauschen des Sensors begrenzt. Eine wesentlich feinere Quantisierung würde in solchen Fällen kaum zu einer Verbesserung der Messqualität führen. Abhängig vom konkreten Anwendungsfall haben sich unterschiedliche Verfahren zur Analog-Digital-Wandlung etabliert, die im Folgenden näher betrachtet werden sollen.

M. Hattaß, *Sensorik*,
https://doi.org/10.1007/978-3-662-73845-0_12

12.1.1 Anti-Aliasing Filter

Bevor die eigentliche Wandlung des Signals beginnt kann es notwendig sein, das Frequenzspektrum des Signal anzupassen. Da die Abtastung des Signals mit einer fest definierten Frequenz f_s stattfindet, können Frequenzanteile bis maximal

$$f_{Ny} = \frac{f_s}{2} \tag{12.1}$$

eindeutig erfasst werden. Die Frequenz f_{Ny} wird **Nyquist-Frequenz** genannt. Sollten noch höhere Frequenzen im Signal vorhanden sein, werden diese beim Abtasten auf niedrigere Frequenzen gefaltet ($f_{neu} = |f_{alt} - kf_s|$). Dieser Effekt wird als **Aliasing** bezeichnet. Um dies zu verhindern, wird der Analog-Digital-Wandlung ein Tiefpassfilter vorgeschaltet, das die hohen Frequenzen aus dem Signal entfernt **(Anti-Aliasing-Filter).**

12.1.2 Sample & Hold

Ist der Sensor dauerhaft mit dem zu vermessenden System verbunden, ändert sich das Ausgangssignal in der Regel zeitlich. Da die Analog-Digital-Wandlung jedoch eine gewisse Zeit benötigt, muss das analoge Signal während der Wandlung stabil gehalten werden. Dies erfolgt mithilfe eines Abtast- und Halteglieds, auch als **Sample & Hold**-Schaltung bezeichnet (Abb. 12.1).

Ein solches Sample & Hold-Glied besteht im Wesentlichen aus einem Kondensator, der über einen Schalter mit der Signalquelle verbunden ist. Die Signalquelle sollte idealerweise eine sehr geringe Ausgangsimpedanz besitzen, um eine schnelle Aufladung des Kondensators zu gewährleisten. Die am Kondensator anliegende Spannung wird anschließend einem Operationsverstärker zugeführt, der als **Spannungsfolger (Buffer)** geschaltet ist. Solange der Schalter geschlossen ist, folgt der Ausgang des Spannungsfolgers nahezu exakt dem Eingangssignal (Abb. 12.2).

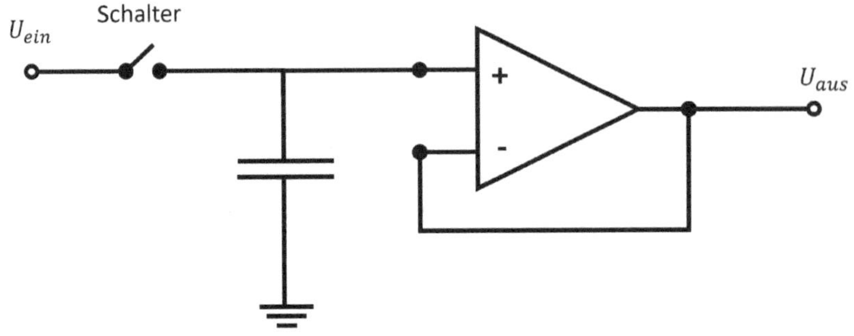

Abb. 12.1 Schematischer Aufbau eines Abtast-Halteglieds (Sample & Hold-Schaltung)

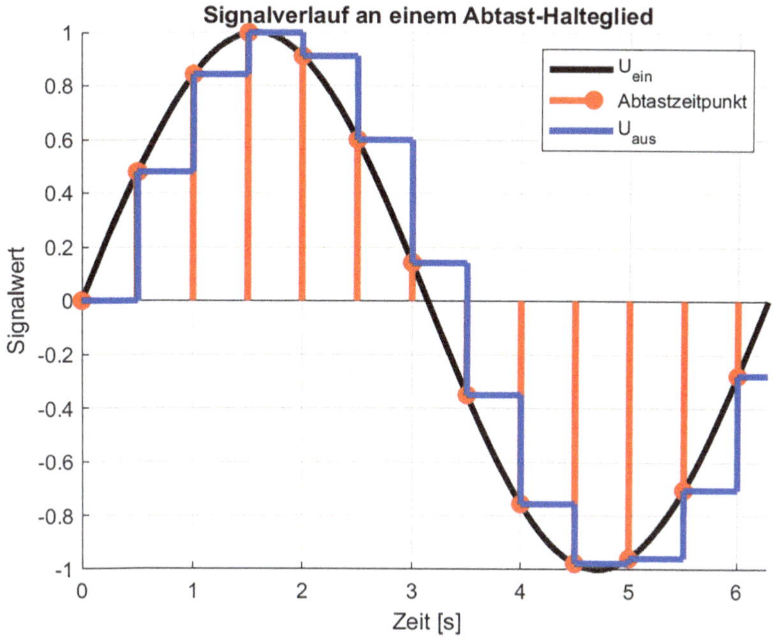

Abb. 12.2 Signalverlauf an einem Abtast-Halteglied. Wird der Schalter nur für einen sehr kurzen Moment geschlossen, wird die Spannung am Kondensator und damit die Ausgangsspannung immer wieder neu auf den aktuellen Wert des Eingangssignals gelegt

Um das Signal während der Digitalisierung konstant zu halten, wird der Schalter zum Zeitpunkt der Abtastung geöffnet. Aufgrund des sehr hohen Eingangswiderstands des Spannungsfolgers (idealerweise unendlich) bleibt die am Kondensator gespeicherte Spannung weitgehend erhalten. Wird der Schalter mit einem regelmäßigen Takt betrieben, entsteht insgesamt ein treppenförmiger Signalverlauf, dessen Stufen aber prinzipiell noch beliebige Werte annehmen können. Der Ausgang liefert somit ein durch den Takt vorgegebenes, stabiles Spannungssignal, das anschließend zuverlässig digitalisiert und weiterverarbeitet werden kann. Oft ist es notwendig bei Signalquellen mit hohem Ausgangswiderstand vor der eigentlichen Schaltung noch einen Impedanzwandler zu schalten, da sonst die Zeitkonstante des Aufladevorgangs die Ausgabe verfälscht wird.

12.1.3 Sukzessive Approximation

Prinzipiell ließe sich ein analoger Spannungswert digitalisieren, indem schrittweise, beginnend beim kleinsten möglichen Wert, verschiedene Vergleichsspannungen ausprobiert werden. Sobald eine Vergleichsspannung die anliegende Eingangsspannung überschreitet, ist der zugehörige Digitalwert gefunden. Dieses Verfahren wäre jedoch äußerst ineffizient: Für eine Auflösung von 12 Bit wären im ungünstigsten Fall bis zu $2^{12} = 4096$ Vergleichsvorgänge erforderlich. Zudem hängt die Wandlungsdauer vom tatsächlichen Signalpegel ab, da höhere Spannungen mehr Vergleichsschritte erfordern als niedrigere.

Effizienter ist ein Verfahren, bei dem die Vergleichsspannung iterativ angenähert wird. Dieses wird **Wägeverfahren** oder **Successive Approximation Method** genannt. Es basiert auf einer schrittweisen **Intervallhalbierung,** ähnlich dem Vorgehen beim Bestimmen eines unbekannten Gewichts mit einer Balkenwaage.

Der Wandlungsprozess beginnt mit dem höchstwertigen Bit, dem **Most Significant Bit, MSB.** Zunächst wird geprüft, ob die Eingangsspannung größer oder kleiner als die zur aktuellen Bit-Kombination gehörige Vergleichsspannung ist:

- Ist die Eingangsspannung größer, wird das Bit gesetzt, und die nächst kleinere Spannungseinheit (nächstniedrigere Bit-Stufe) wird hinzugefügt.
- Ist die Spannung kleiner, bleibt das Bit auf null, und ebenfalls wird mit der nächst kleineren Bit-Stufe fortgefahren.

Mit jedem Schritt wird der Suchbereich halbiert, wodurch sich die angenäherte Vergleichsspannung sukzessive dem tatsächlichen Signalwert nähert. Nach n Schritten ist eine n-Bit-genaue Quantisierung erreicht (Abb. 12.3).

Mathematisch gesehen benötigt dieses Verfahren nur $\log_2(N)$ Vergleiche, um unter N möglichen Quantisierungsstufen den passenden Wert zu finden. Für einen 12-Bit-Wandler bedeutet das exakt 12 Vergleichsvorgänge – eine erhebliche Reduktion gegenüber der linearen Suche mit bis zu 4096 Vergleichen. Analog-Digital-Konverter, die dieses Prinzip nutzen

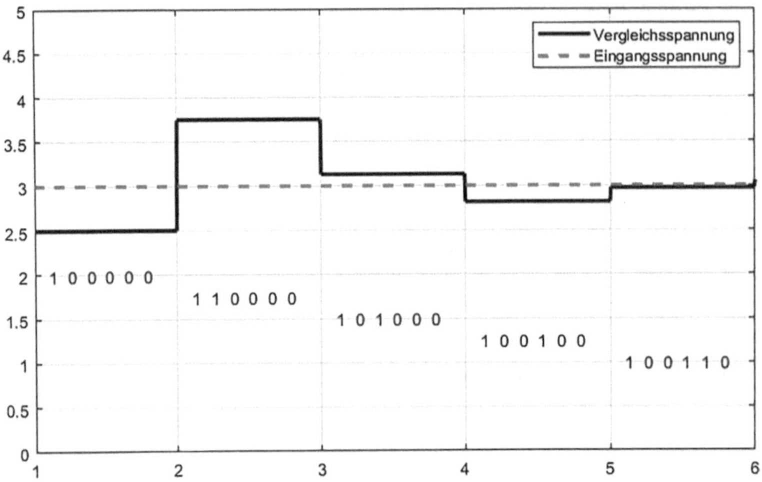

Abb. 12.3 Beispiel für die sukzessive Approximation eines Spannungswerts über verschiedene Vergleichsspannungen in einem Bereich bis 5 V

werden als SAR-ADC bezeichnet **(Sucessive Approximation Register-Analog Digital Converter).** Dieser Typ stellt für viele Anwendungen einen guten Kompromiss hinsichtlich der Konvertierungsgeschwindigkeit und Auflösung dar. Dennoch ist die Architektur vergleichsweise aufwändig, da die unterschiedlichen Vergleichsspannungen mit der erforderlichen Genauigkeit über einen Digital-Analog-Wandler bereitgestellt werden müssen. Es lassen sich aber recht hohe Abtastraten von bis zu einigen 10^5 Samples pro Sekunde und Auflösungen bis über 14 Bit erreichen.

12.1.4 Dual-Slope

Der Dual-Slope-ADC nutzt eine Zeitmessung, um die Höhe der Signalspannung zu messen. In der elektronischen Umsetzung ist das Verfahren schematisch in Abb. 12.4 dargestellt. In der ersten Stufe wird entweder die zu messende Spannung U_{ein} oder eine (negative) Referenzspannung $-U_{ref}$ auf einen invertierenden Integrator gegeben. In der ersten Phase wird die unbekannte Spannung U_{ein} angelegt und über eine fest eingestellte Zeit t_{int} auf den Kondensator integriert. Die Spannung am Ausgang des Integrators ist dann

$$V_L = -\frac{1}{RC} U_{ein} t_{int} \tag{12.2}$$

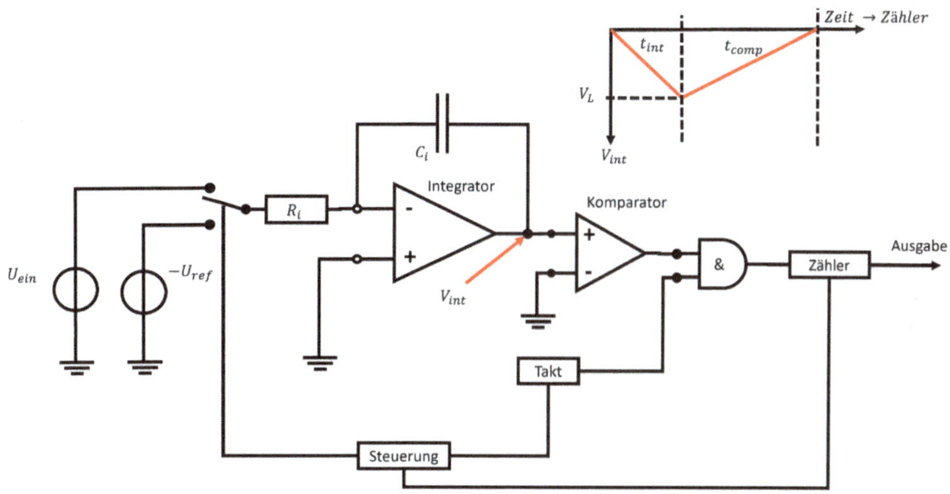

Abb. 12.4 Schematischer Aufbau eines Dual Slope Analog Digital Wandlers. Zunächst wird die zu messende Eingangsspannung für eine feste Zeit t_int integriert. Anschließend wird eine definierte Referenzspannung mit invertiertem Vorzeichen integriert und die Zeit bis zur vollständigen Kompensation gemessen

Wird anschließend eine negative Referenzspannung angelegt, entlädt sich der Kondensator wieder und die Spannung am Ausgang baut sich in gleicher Weise ab. Entscheidend ist hierbei, dass nun die Rate des Abbaus bekannt ist $(1/(RC)U_{ref})$. Die Zeit t_{comp} bis die Spannung wieder beim Ausgangsniveau liegt, ist

$$t_{comp} = \frac{U_{ein}}{U_{ref}} t_{int} \tag{12.3}$$

Diese Zeit wird gemessen, indem während der zweiten Phase über einen Komparator ein Taktsignal auf einen Zähler freigeschaltet wird. Der Zählerausgang entspricht damit der Zeitspanne t_{comp} und ist damit über V_L proportional zur Spannung U_{ein}. Die Genauigkeit kann über die Referenzspannung U_{ref} und Frequenz des Zählers eingestellt werden. Insgesamt kann mit dem Verfahren eine hohe Auflösung (16–17 Bit) erreicht werden. Allerdings liegt die typischen Abtastrate nur im Bereich von einigen Samples pro Sekunde. Ein besonderer Vorteil des Verfahrens ist auch, dass die Zahlenwerte von R und C nicht t_{comp} eingehen. Daher die spielen Fertigungsschwankungen für diese Größen keine Rolle.

12.1.5 Flash-ADC

Für Anwendungen mit extrem hohen Anforderungen an die Abtastrate, etwa bei transienten, nicht-periodischen Signalen, kommen sogenannte **Flash-ADCs** zum Einsatz. Diese ermöglichen eine Digitalisierung der Eingangsspannung praktisch in einem einzigen Taktzyklus, indem alle Vergleichsstufen parallel ausgewertet werden.

Die hohe Geschwindigkeit dieses Verfahrens basiert auf maximaler **Parallelisierung:** Für eine Auflösung von n Bit sind $2^n - 1$ Komparatoren erforderlich, die jeweils mit einer eigenen Referenzspannung arbeiten. Bereits bei einer Auflösung von nur 4 Bit werden somit 15 Komparatoren und ebenso viele Referenzspannungen benötigt. Die Ausgänge dieser Komparatoren bilden ein sogenanntes **Thermometer-Code**-Muster, das anschließend von einem Kodierer in eine binäre Darstellung überführt wird.

Die reine Wandlungszeit ist im Idealfall lediglich durch die Schaltgeschwindigkeit der Komparatoren begrenzt. In der Praxis muss allerdings sichergestellt werden, dass die digitalisierten Daten schnell genug zwischengespeichert werden. Ansonsten ersetzt schon das nächste Sample den zuvor erhaltenen Wert. Aus diesem Grund werden Flash-ADCs meist mit schnellen Puffer- oder Latch-Schaltungen kombiniert. Häufig wird ganze Sequenz, bestehend aus vielen Samples, automatisiert aufgenommen und zwischengespeichert, bevor sie über eine separate Schnittstelle ausgelesen wird.

Trotz des erheblichen Schaltungsaufwands lassen sich mit dieser Architektur sehr hohe Abtastraten realisieren, typischerweise im Bereich mehrerer 10^9 Samples pro Sekunde. Aufgrund des exponentiell steigenden Hardwarebedarfs sind Flash-ADCs mit mehr als 8–10 Bit Auflösung jedoch selten und werden meist nur in Spezialanwendungen eingesetzt.

12.1.6 $\Delta\Sigma$-Analog-Digital-Wandler

Die zuvor beschriebenen Methoden SAR-ADC und Flash-ADC basieren auf dem parallelen oder sequentiellen Vergleich der zu messenden Spannung mit mehreren Referenzspannungen. Eine weitere Möglichkeit besteht darin, das Signal mit einer sehr hohen Frequenz **überabzutasten** und gleichzeitig zu versuchen es zu **kompensieren.** Die zugrunde liegende Technik wird auch **Charge Balancing** genannt. In einem geregelten Prozess wird dabei mit der zu messenden Spannung ein Integrator geladen und je nach Höhe mit einer Referenzspannung überkompensiert oder nicht ausreichend kompensiert. Wenn dieser Prozess getaktet abläuft, entsteht ein Schaltmuster **(Bit Stream),** das die Information über das analoge Spannungssignal enthält. Aufgrund der abwechselnden Differenz und Summenbildung (Integration) wird das Verfahren auch als **Delta-Sigma-Wandler** ($\Delta\Sigma$) bezeichnet (manchmal auch Sigma-Delta-Wandler).

Elektrisch lässt sich dieses Konzept mit der Schaltung in Abb. 12.5 erreichen. Der erste Operationsverstärker summiert die Eingangsspannung mit der (negativen) Kompensationsspannung und integriert entsprechend die Ladung auf den Kondensator. Der nachfolgende Operationsverstärker agiert als Komparator und entscheidet, ob über- oder unterkompensiert wurde. Dessen Ausgang wird mit einem D-Flip-Flop in ein zeitdiskretes Signal überführt. Das D-Flip-Flop übernimmt immer bei einer positiven Taktflanke des ebenfalls anliegenden Taktsignals den logischen Zustand am D-Pin zum Ausgang Q. Dieses Signal steuert nun einen Schalter an, der entweder die Kompensationsspannung an den Summierer am Eingang anlegt oder die Kompensation aussetzt. Gleichzeitig geht das Signal des Flip-Flops in die weitere Verarbeitung. In einem nachfolgenden Dezimierfilter werden immer mehrere Bits

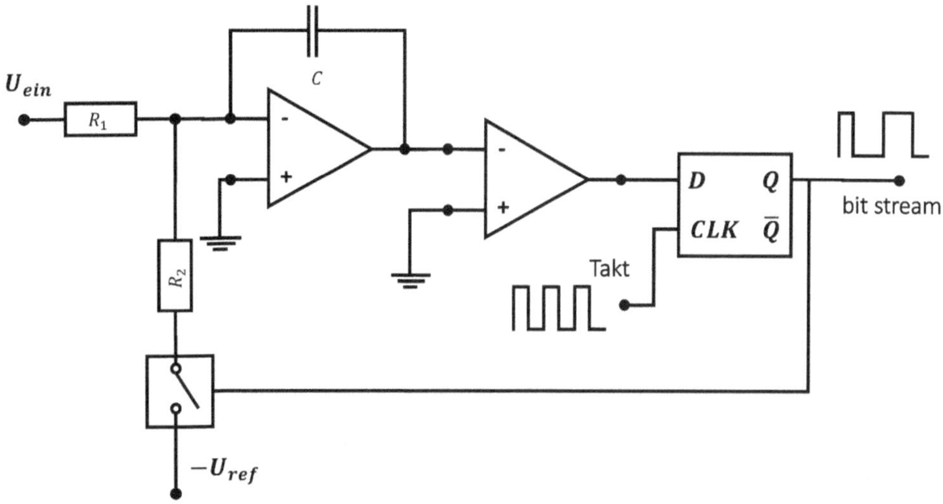

Abb. 12.5 Schaltung für einen $\Delta\Sigma$-Wandler erster Ordnung

zu einem digitalen Wert zusammengefasst, der das finale Ergebnis darstellt. Der verwendete Takt ist sehr hoch, so dass das Signal mehrfach überabgetastet wurde (64-fach und mehr) bevor ein Ausgabewert entsteht.

Diese Vorgehen hat zusätzlich den Vorteil, dass das **Quantisierungsrauschen** besondere spektrale Eigenschaften erhält (auch als Rauschformung oder **Noise Shaping** bezeichnet). Anschaulich lässt sich das daran erkennen, dass andere ADCs für eine gegebene Spannungsrampe immer gleich viele Quantisierungsschritte haben. Das bedeutet im Frequenzbereich aber auch, dass je nach Anstiegsrate der Rampe die Frequenz der Quantisierungsschritt ebenfalls mit zu hohen oder niedrigen Frequenzen wandert, also breitbandig ist. Durch die extrem hohe Überabtastung des Sigma-Delta-Konzeptes hingegen, liegt das Quantisierungsrauschen stets Richtung höherer Frequenzen verschoben. Dieser Effekt ermöglicht, dass mit Sigma-Delta-ADCs sehr hohe Auflösungen bis 24 Bit erreicht werden können bei immer noch hohen Abtastraten des Signals von $\geq 50 \cdot 10^3$ Samples pro Sekunde. Um dies zu erreichen werden allerdings auch noch weitere Sigma-Delta-Stufen hintereinander geschaltet, so dass ein Wandler höherer Ordnung entsteht (3. oder 4. Ordnung). Zusätzlich werden auch noch Zufallszahlen in die Wandlung mit eingespielt, um periodische Folgen zu verhindern **(Dithering).**

Auf dem $\Delta\Sigma$-Prinzip basierende Analog-Digital-Wandler sind insbesondere für Signale im Audiobereich etabliert. Sie finden sich ebenfalls in den integrierten Auswerteschaltungen für kapazitive MEMS-Inertialsensoren.

12.2 Digitale Signalverarbeitung

Liegen die Daten in digitaler Form vor, so können weitere Methoden zur Aufbereitung und Verarbeitung angeschlossen werden. Im Allgemeinen werden dies zumeist als erstes Methoden zur Reduktion des Rauschens sein oder zur Vermeidung von Signal-Ausreißern. Aber auch die Kompensation von Offset- oder Empfindlichkeitsfehlern kann an dieser Stelle geschehen. Je nach Einsatzzweck des Sensors, folgen erste Vorbereitungen für die eigentliche Anwendung.

12.2.1 Gleitender Mittelwert

Eine der einfachsten Möglichkeiten das Signal weiter zu glätten und zu stabilisieren, ist die Anwendung eines **gleitenden Mittelwerts.** Prinzipiell könnte man immer zunächst n einzelne Werte sammeln und deren Mittelwert berechnen. Dann würde aber die Ausgangsdatenrate des Sensors um den Faktor $1/n$ niedriger liegen. Dies lässt sich vermeiden, in dem die Werte in einen Durchlaufspeicher **(First In Last Out, FIFO)** geschoben werden. Jeder neue Wert verschiebt die schon vorhandenen um eine Position. Danach wird von allen Werten der Mittelwert berechnet.

$$\bar{x}_t = \frac{1}{n}\sum_{i=1}^{n} x_{t-i} \tag{12.4}$$

So entsteht pro neuem Messwert auch ein neuer gleitender Mittelwert. Offensichtlich benötigt aber eine sprungförmige Änderung des Eingangssignals n Schritte, bis auch der gleitende Mittelwert vollständig eingeschwungen ist. Die Reaktion auf einen Sprung ist daher *endlich* lang.

Möglicherweise ist es zu aufwändig eine FIFO-artige Struktur zu implementieren. Ein ähnlicher Glättungseffekt ergibt sich, wenn immer aus dem letzten Mittelwert $\bar{x}_{t-1}$ und dem neuesten Messwert x_t ein neuer (Mittelwert) gebildet wird. Diese wird berechnet, indem die beiden Werte gewichtet in die Rechnung eingehen.

$$\bar{x}_t = a_1\bar{x}_{t-1} + a_2 x_t \tag{12.5}$$

mit $a_{1,2} \in \{0..1\}$ wobei $a_1 + a_2 = 1$. So ist nur die Speicherung des letzten Mittelwertes notwendig. Allerdings hat diese Glättung ein etwas anderes Verhalten als der zuvor genannte. In diesem Fall nähert sich der neue Ausgabe wert formal nur asymptotisch dem statischen Wert nach einer Sprungfunktion an. Die Antwort zieht also eine *unendlich* lange Reaktion nach sich.

In beiden Verfahren ist je nach Implementierung noch zu berücksichtigen, ob die Rechnung mit Fließkommazahlen möglich ist. Ansonsten sind entsprechende Skalierungen notwendig, um nicht aus dem Bereich von Integer-Zahlen heraus zu fallen.

12.2.2 Digitale Filter

Die beiden oben beschriebenen Filtervarianten stellen gerade Prototypen des **Finite Impulse Response- (FIR)** und **Infinite Impulse Response**-Filter **(IIR)** dar. Die Grundstrukturen der beiden Filter unterscheiden sich insbesondere um das Vorhandensein einer Rückkopplung.

FIR-Filter sind nicht rückgekoppelte Filterstrukturen. Daher ist nach dem Durchlauf des Signals der Ausgang vollständig eingeschwungen. In der Darstellung als Blockschaltbild ergibt sich ein FIR-Filter wie in Abb. 12.6.

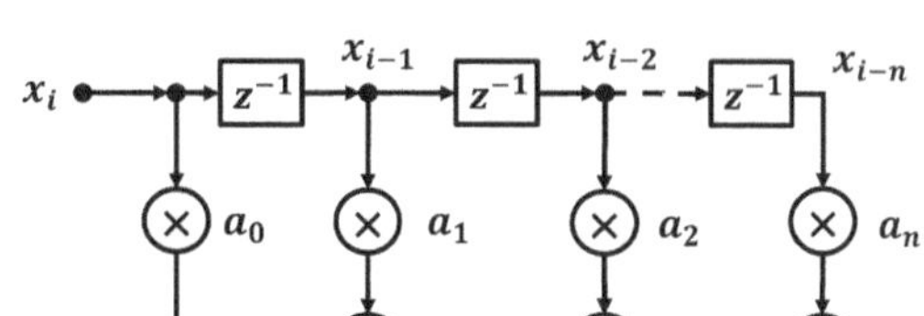

Abb. 12.6 Blockschaltbild eines FIR-Filters. Die Berechnung des Ausgangswertes erfolgt durch die Multiplikation der jeweils um einen Abtastschritt (z^{-1}) verzögerten Messwerte mit einem Filterkoeffizienten $a_{1,2,...}$ und der Summierung der Ergebnisse

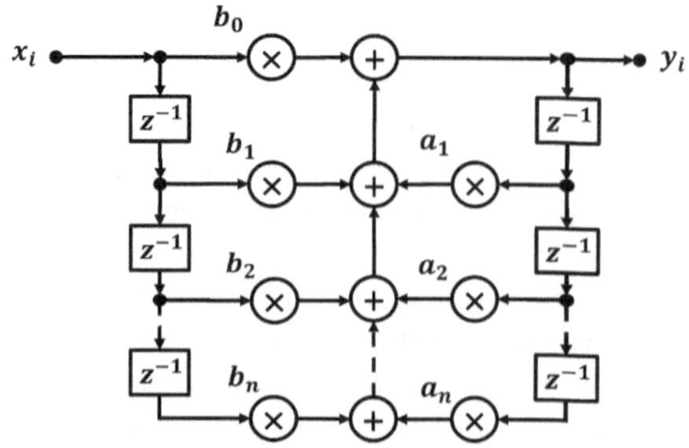

Abb. 12.7 Blockschaltbild eines IIR-Filters. Durch die Rückkopplung der Ausgangssignale y_i mit den Koeffizienten a_i kommt es zu einem asymptotischen Verhalten des Ausgangssignals

Ein IIR-Filter dagegen führt das Ausgangssignal wieder zurück. Im Blockschaltbild zeigt sich das wie in Abb. 12.7.

Beide Filtertypen werden zur weiteren Signalkonditionierung eingesetzt. Neben der reinen Rauschunterdrückung bei höheren oder tieferen Frequenzen, können die Filter auch als schmale Bandstop-Filter **(Notch Filter)** ausgelegt werden, um einzelne störende Frequenzen aus dem Signal zu entfernen.

Optimal-Filter

Eine weitere Einsatzmöglichkeit eines FIR-Filters ist die Anwendung als **Optimal-Filter** oder **Matched Filter.** Eine typische Anwendung hierfür ist die Erkennung bestimmter Signaturen in einem verrauschten Signal. Dies tritt bei Radar- oder LiDAR Sensoren auf, aber auch im Audiobereich, um bestimmte Trigger-Signale zu erkennen. Prinzipiell stellt der FIR-Filter eine **Faltung** des Signals mit einer durch die Filterkoeffizienten gegebenen Signalform dar. Das Ergebnis ist die Kreuzkorrelation der beiden Signale. Diese wird dann am höchsten sein, wenn im Messsignal die gesuchte Signalform vorhanden ist. Dies hat deutliche Vorteile in der Rauschunterdrückung. Ein einfaches Beispiel ist für einen Gauß-förmigen Puls in Abb. 12.8 dargestellt. Ist diese Signalform bekannt, wird der gesuchte Puls nach der Faltungsoperation klarer herausgearbeitet. Damit kann das Signal-Rausch-Verhältnis deutlich verbessert werden.

12.2.3 Signalpfad

Die Ausgabe des Signals geschieht, zumindest für etwas komplexere digitale Sensoren (Beschleunigung, Drehrate, Druck, Magnetfeld), typischerweise nicht ohne verschiedene **Korrekturschritte.** Im besten Fall erscheint das Signal am Ausgang als das eines idealen Sensors. Das heißt frei von systematischen Abweichungen (Offset) und exakt mit der spezifizierten Empfindlichkeit, Nichtlinearitäten treten nicht auf und das Signal ist unabhängig von anderen Störgrößen. Dieser Idealzustand lässt sich meist nur näherungsweise

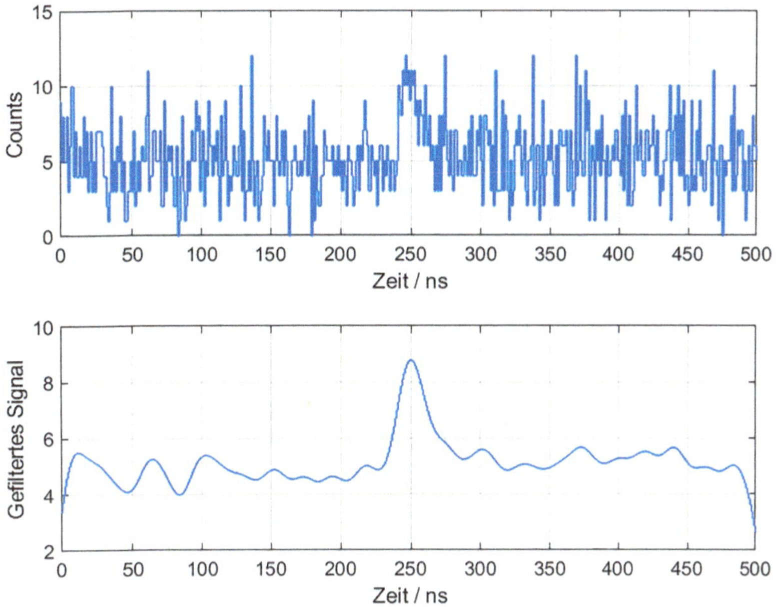

Abb. 12.8 Beispiel für die Filterung eines Signals mit einem Optimal-Filter. Im oberen Diagramm ist das Original-Signal zusehen. Der zu detektierende Puls liegt bei 250 ns. Ein direkter Nachweis über einen einfachen Schwellwert ist praktisch nicht möglich oder mit einer sehr hohen Falsch-Positiv-Rate verbunden. Das mit der bekannten Signalform gefilterte Signal erlaubt dagegen eine robuste Detektion

und durch weitere Eingriffe in den Signalpfad erreichen. Abb. 12.9 zeigt ein schematisches Beispiel wie ein realer Signalpfad gestaltet sein kann. Das native Signal vom Sensorelement erfährt möglicherweise schon auf der analogen Seite eine grobe Offset- und gegebenenfalls Empfindlichkeitskorrektur, um das Signal in den richtigen Messbereich der ersten Stufe zu bekommen. Danach folgt nach der Analog-Digital-Wandlung erneut eine Feinkorrektur in Offset und Empfindlichkeit. Je nach Anforderung an die Signalstabilität ist dies aber noch nicht ausreichend. Möglicherweise zeigt das Sensorelement eine Temperaturdrift, die am Ausgang nicht mehr erscheinen soll. Daher ist der Korrekturwert im Offset und der Empfindlichkeit selbst wiederum temperaturabhängig und muss auf Basis des ebenfalls im Sensor integrierten Temperatursensors berechnet werden. Je nach Ursache der Temperaturabhängigkeiten müssen auch noch höhere Ordnungen in der Temperatur (quadratische Anteile) berücksichtigt werden. Hierdurch entstehen komplexe Abhängigkeiten der verschiedenen Eingangssignale, die im Rahmen des **System Engineering** bedacht und ausgelegt werden müssen. Es könnte zuerst der Offset und anschließend die Empfindlichkeit korrigiert werden oder umgekehrt:

$$x_{out} = (x_{in} + x_{offset})k_{gain} \tag{12.6}$$

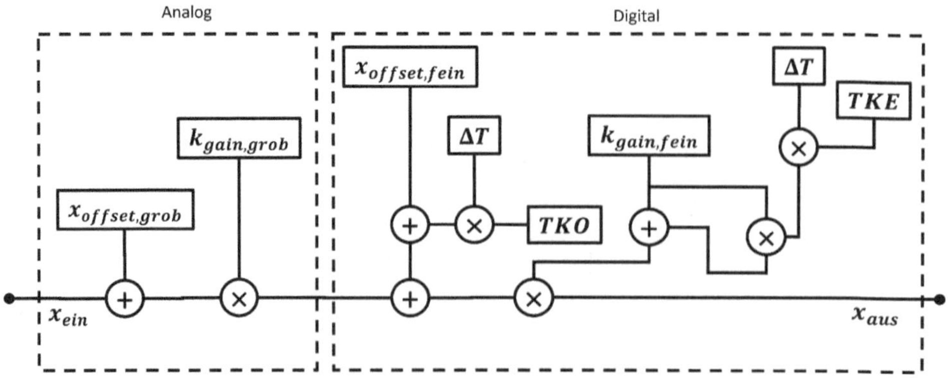

Abb. 12.9 Beispiel für einen Signalpfad eines kapazitiven Beschleunigungssensors. Im analogen Teil der Auswerteschaltung werden durch zusätzliche Kapazitäten der Offset kompensiert sowie eine erste Verstärkung eingestellt, so dass die nachfolgenden Schaltungsteile nicht in Sättigung geraten. Im Digitalteil wird erneut ein Feinabgleich des Offsets und der Empfindlichkeit vorgenommen. Dabei wird sowohl die Offset- als auch Empfindlichkeitskorrektur über Temperatur durchgeführt (TKO, TKE: Temperaturkoeffizient Offset, Empfindlichkeit)

oder

$$x_{out} = x_{in} k_{gain} + x_{offset} \tag{12.7}$$

Je nach Ursache, Art oder Größe der zu kompensierenden Abweichungen können unterschiedliche Architekturen sinnvoll sein. Hat der Offset eine Ursache „vor“ der Verstärkung des Sensorelements, ist Variante (12.6) sinnvoller, ansonsten kann Variante (12.7) geeigneter sein.

13 Abgleich und Test von Sensoren

Sensoren können aus unterschiedlichen Blickwinkeln betrachtet werden. Einerseits ist für die Verwendung von Sensoren ein Verständnis der physikalisch-technischen Zusammenhänge notwendig. Andererseits ist auch die Entwicklung und Herstellung des Sensors eine nicht minder herausfordernde Aufgabe. Daher soll an dieser Stelle auf einige grundsätzliche Aspekte in der Produktion eingegangen werden.

Nicht immer erfüllt ein Sensor direkt nach der Produktion bereits exakt die Spezifikationen für Empfindlichkeit und Offset. Grundsätzlich wäre das zwar denkbar, allerdings erfordert dies eine sehr gute Kontrolle sämtlicher Herstellungsparameter und Prozessschritte. Zum Beispiel führen bereits leichte Streuungen von Widerstandswerten in einer Verstärkerschaltung, Schichtdicken in integrierten Kapazitäten oder mechanische Strukturgrößen in MEMS-Sensoren zu Abweichungen von der Idealität. Diese verursachen Offset-, Empfindlichkeits- oder Linearitätsfehler. Um Sensoren daher mit hohen Stückzahlen und trotzdem niedrigen Kosten innerhalb der Spezifikation herstellen zu können, findet am Ende des Herstellungsprozesses ein **Abgleichschritt (Sensor Trim)** statt.

Die grundsätzliche Idee eines Abgleich ist in Abb. 13.1 links dargestellt. Die hergestellten Sensoren zeigen für einen bestimmten Parameter – zum Beispiel die Empfindlichkeit – eine breite Häufigkeitsverteilung, die die Toleranzbreite der Spezifikation deutlich überschreiten. Durch Anpassung von internen Verstärkungsfaktoren wird die Empfindlichkeit auf den Zielwert eingestellt, so dass die Sensoren anschließend innerhalb der Zielspezifikation liegen. Alternativ kann es sich auch um einen einseitigen Abgleich handeln. Dies tritt auf, wenn nur in eine Richtung korrigiert werden kann (z. B. Lasertrimming von Widerständen). So einfach der Vorgang aussieht, ist nicht zu vernachlässigen, dass dies bedeutet, dass auch die *Messung* des Parameters mit ausreichender Genauigkeit durchgeführt werden kann. Ein verbreiteter Irrtum ist, dass die Messung nur „so gut wie die Spezifikationsgrenzen" sein muss. Tatsächlich würde damit sehr viel Ausschuss produziert werden. Daher soll hier auch noch auf die Aspekte der **Prüf- und Abgleichtechnik** eingegangen werden.

M. Hattaß, *Sensorik*,
https://doi.org/10.1007/978-3-662-73845-0_13

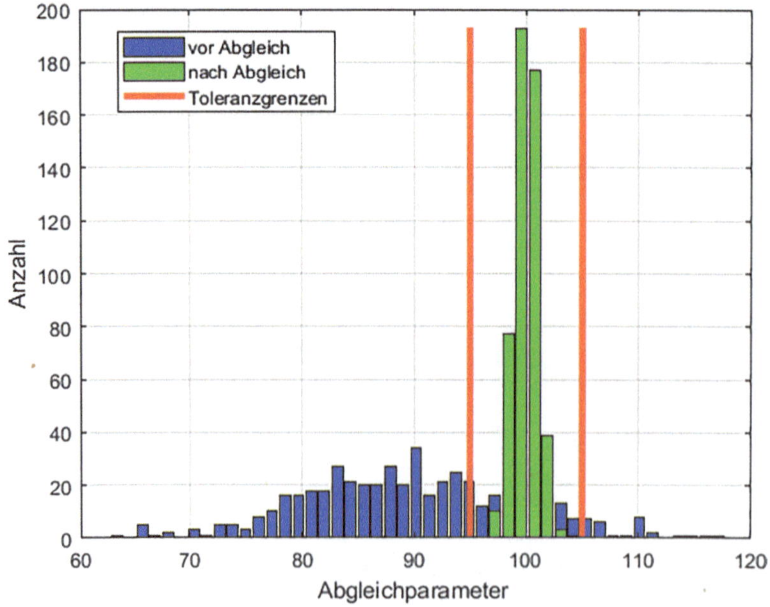

Abb. 13.1 Verteilung eines Sensorparameters vor und nach Abgleich. Ziel der Abgleichs ist es, alle Bauteile in die Toleranzgrenzen zu verschieben

13.1 Prüftechnik und Abgleich

13.1.1 Allgemeines zur Spezifikation eines Sensors

Die Spezifikation ist die Aufstellung der funktionalen und nicht-funktionalen Anforderungen eines Sensors. Sie wird oft „von oben" durch die Anwendung und „von unten" durch die Herstellbarkeit und die Kosten bestimmt. Da die im System höherliegende Anwendung vom Sensor keine beliebig hohe Genauigkeit fordern kann, muss am Übergabepunkt eine Vereinbarung getroffen werden, mit welchen Werten das System noch ausreichend funktional bleibt. Typischerweise finden sich im Datenblatt des Sensors hierfür Angaben zu den Toleranzen. Je nach Ziel-Markt des Sensors (möglicherweise sicherheitskritische Anwendungen im Fahrzeug) sollten diese auch als absolute Grenzen verstanden werden können. Dennoch können sich die angegebenen Grenzen auch auf eine Gauß-Verteilung beziehen und dort nur die $\pm 3\sigma$ Grenzen wiedergeben. Das bedeutet zwar, dass beeindruckende $99,7\%$ der Bauteile in der Spezifikation liegen. Es bedeutet aber gleichzeitig auch, dass statistisch $0,3\%$ dies nicht tun. Für eine Anwendung im Automotive Bereich mit Qualitätsanforderungen von 1 ppm (ppm: parts-per-million, also 1 Fehler pro 10^6), stünde der Zulieferer mit 3000 ppm vor erheblichen Problemen. Um die Anforderungen an einen einzelnen Parameter nicht unnötig hoch zu stellen, ist es Teil des **Requirements Rngineering** die wahren Zusammenhänge zu

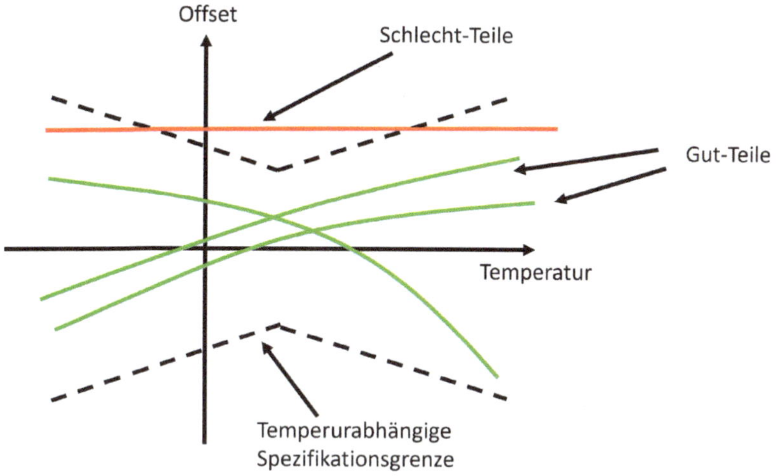

Abb. 13.2 Beispiel für ein detailliertere Spezifikation, die zusätzlich den Einfluss der Temperatur für den Offset berücksichtigt. In bestimmten typischen Nutzungsbereichen wird der Sensor enger spezifiziert als an weiter außenliegenden

klären und gegebenenfalls die Spezifikation durch weitere Parameter zu verfeinern. Etwa kann die Toleranz für den Offset eines Beschleunigungssensors für typische Temperaturen als klein angegeben sein, während zusätzlich noch Angaben zur maximal zu erwartenden Drift der Ausgangswerte über Temperatur (TKO: Temperatur-Koeffizient Offset) gemacht werden (Abb. 13.2). Das bedeutet aber auch, dass der Hersteller diese erste und zweite Ordnung der Sensorparameter ebenfalls messen und kontrollieren muss.

13.1.2 Systematische Fehler in der Kalibrierung

Sofern der Sensor eine Feineinstellung eines Parameters benötigt, um die Spezifikation zu erfüllen, muss mindestens eine Messung stattfinden, um den Ist-Zustand zu bestimmen. Je nach Art des Sensors ist das der Ausgabewert bei verschwindendem physikalischem Stimulus (z. B. Beschleunigung 0g für einen Beschleunigungssensor) oder bei einem Referenzwert (z. B. Temperatursensor bei 25 °C oder Drucksensor bei Normdruck 1013 mbar). Die erste Herausforderung dabei ist, ob der Referenzwert hinreichend genau bekannt ist. Darauf zu vertrauen, dass die Raumtemperatur beim Abgleich eines Temperatursensors immer exakt 25 °C beträgt, wäre sicherlich fahrlässig bei einem spezifizierten Offset-Fehler von ±0,5 °C. Daher ist in vielen Fällen ein Referenzsensor (ein **Prüfnormal**) notwendig, der offensichtlich deutlich *besser* sein muss, als der abzugleichende Sensor.

13.1.3 Messfähigkeit

Grundsätzlich lässt sich kein absolut sicherer Messprozess herleiten. Alle Ergebnisse sind nur im Rahmen der Statistik hinreichend gut oder eben nicht. Damit ist es letztlich eine Frage der Qualitätsanforderungen, welchen Aufwand eine Messung haben muss. Dennoch hat sich aus der Automobil-Industrie heraus eine Vorgehensweise etabliert, die allgemein akzeptierte Ergebnisse erzeugt. Diese sind in verschiedenen Normen zusammengefasst (siehe z. B. ASTM E2782, IATF16949, VDA Buch 5, AIAG MSA) und unter dem Begriff **Messsystemanalyse (MSA)** bekannt. Ein wesentliches Verfahren soll hier kurz vorgestellt werden.

MSA Verfahren 1 – Systematische Messabweichung und Wiederholbarkeit
Zur Bewertung der Messfähigkeit eines Systems wird mehrfach *dasselbe* Bauteil gemessen und sowohl Mittelwert $\bar{x}$ und Standardabweichung σ berechnet. Wichtig ist, dass wirklich der vollständige Messprozess durchlaufen wird. Das bedeutet, dass das Bauteil wiederholt aus der Messeinrichtung genommen und wieder eingesetzt wird. Der Umfang der Messungen liegt bei ca. $n = 30$. Anschließend werden die Messwerte mit der Toleranzbreite T (Differenz aus oberer Grenze und unterer Grenze) und dem Referenzwert x_m verglichen. Hierfür werden die Größen

$$C_g = \frac{0,2T}{6\sigma} \quad \text{und} \quad C_{gk} = \frac{0,1T - |\bar{x} - x_m|}{3\sigma} \tag{13.1}$$

berechnet. Die angegebenen 6σ und 3σ im Nenner stellen den Standard dar, können aber jeweils auch basierend auf der typischen Prozessstreubreite anders definiert werden. C_g bewertet die reine Wiederholbarkeit und wird als **potenzieller Fähigkeitsindex** bezeichnet. C_{gk} ist der sogenannte **kritische Fähigkeitsindex** und enthält Informationen zur systematischen Messabweichung. Der Prozess wird als geeignet bewertet, wenn $C_g \geq 1{,}33$ und $C_{gk} \geq 1{,}33$. Dabei darf nicht vergessen werden, dass die Standardabweichung σ die Streuung der Messwerte *über alles* enthält. Bei einem analogen Sensorausgang ist das sowohl das Messrauschen des (Prüf-)Instrumentes als auch das des Sensors.
Darüber hinaus gibt es weitere Verfahren, die die Abweichungen zwischen Messsystemen und deren Bediener bewerten, die Linearität des Prozesses auswerten und weitere statistische Größen ermitteln.

13.2 Selbsttest

Insbesondere sicherheitskritische Anwendungen erfordern eine Absicherung der Funktionalität des Sensors. Offensichtlich wäre die Fehlfunktion eines Beschleunigungssensors im Airbag-Steuergerät fatal. Das gilt sowohl für den Fall einer ungerechtfertigten Auslösung als auch einer Nicht-Auslösung im Fall einer schweren Kollision. Im Automotive Bereich wird daher die Entwicklung nach der Norm zur **Funktionalen Sicherheit** ISO26262 gefordert. Zur Erfüllung der Sicherheitsziele **(Safety Goals)** werden verschiedene Maßnahmen angewendet, um die Wahrscheinlichkeit für sicherheitsrelevante Ausfälle zu reduzieren. Insbesondere für zufällige Fehler (Defekte durch Überlast, Alterung etc.) können das auch Diagnosetests des Sensors sein. Eine Überprüfung der Sensor-Parameter (nur) im Rahmen der Hauptuntersuchung eines Fahrzeugs ist sicherlich nicht sinnvoll, da die Abstände zwischen den Prüfungen zu groß sind oder aber der Aufwand, jeden relevanten Sensor einzeln zu testen, zu groß oder technisch nicht realisierbar ist.

Zur Sicherstellung der Funktionalität des Sensors werden daher **Selbsttests** verwendet. Diese haben das Ziel, die Funktion innerhalb gewisser Grenzen überprüfen zu können. Für das genannte Beispiel eines Beschleunigungssensors wird dies erreicht, indem in der Auswerteschaltung weitere Fähigkeiten zusätzlich zur reinen Messung hinterlegt sind. Das kann unter anderem die elektrostatische Auslenkung der seismischen Masse des Sensors sein. Wenn sich die Masse in beide Richtungen bewegen lässt, kann zumindest mit einer gewissen Sicherheit ausgeschlossen werden, dass keine Partikel im Auslenkungsbereich liegen und die Bewegung im Ernstfall blockieren könnten. Ein solcher Fall könnte durch eine vorausgegangene Überlast und Abbrüche oder andere Defekte auftreten.

Wird auch noch die Höhe des Signals bei der Auslenkung gemessen, kann auf möglicherweise stattgefundene Änderungen der Empfindlichkeit des Sensors (oder anderen Betriebsparameter wie der internen Spannungen) geschlossen werden. Wurde dieses Testsignal schon direkt nach dem Endprüfen durchgeführt, kann dieser Wert im Sensor hinterlegt werden und immer wieder als Referenz verwendet werden. Dieser Selbsttest kann zu jedem Start des Fahrzeugs innerhalb weniger 100 ms durchgeführt werden. Sollte der Test nicht erfolgreich durchgeführt worden sein, wird dies über eine Warnlampe sichtbar gemacht.

Beispiel MEMS-Beschleunigungssensor

Zum Verständnis des Nutzens von Testsignalen soll hier am Beispiel eines Beschleunigungssensors gezeigt werden, wie der Signalpfad von Testsignal und echtem Stimulus zusammenhängen. Die Empfindlichkeit des Sensors dU_a/da (Änderung des Ausgangssignals U_a pro Änderung der Beschleunigung a) gegenüber einer Beschleunigung kann geschrieben werden als:

$$\frac{dU_a}{da} = \frac{dU}{dC}\frac{dC}{dx}\frac{dx}{dF}\frac{dF}{da}. \tag{13.2}$$

Hierfür ist es wieder essenziell, sich der mehrfachen Umformungen des physikalischen Signals in das Ausgangssignal bewusst zu werden. Von rechts gelesen enthält die Formel (13.2): die Änderung des Beschleunigung a bedingt eine Änderung der Kraft F auf die seismische Masse; die Änderung der Kraft eine Änderung der Auslenkung x; die Änderung der Auslenkung eine Änderung der Kapazität C und schließlich die Änderung der Kapazität eine Änderung der Ausgangsspannung oder verallgemeinert Ausgangssignal). Für das Testsignal gilt nahezu das gleiche, nur dass die eingespeiste Kraft jetzt von der angelegten Spannung (genauer: dem Quadrat des Spannung) zwischen den Elektroden U_T^2 abhängig ist.

$$\frac{dU_a}{dU_T^2} = \frac{dU}{dC}\frac{dC}{dx}\frac{dx}{dF}\frac{dF}{dU_T^2} \tag{13.3}$$

Werden beide Gleichungen dividiert, so ergibt sich

$$\frac{\frac{dU_a}{da}}{\frac{dU_a}{dU_T^2}} = \frac{\frac{dF}{da}}{\frac{dF}{dU_T^2}} \tag{13.4}$$

oder umgeformt

$$\frac{dU}{da} = \frac{\frac{dF}{da}}{\frac{dF}{dU_T^2}} \frac{dU_a}{dU_T^2} = k\frac{dU_a}{dU_T^2} \tag{13.5}$$

wobei $k = (\frac{dF}{da})/(\frac{dF}{dU_T^2})$. Werden am Ende des Herstellungsprozesses sowohl die Empfindlichkeit des Sensors ($\frac{dU_a}{da}$) auf den zu messenden Stimulus und die „Testsignalempfindlichkeit" ($\frac{dU_a}{dU_T^2}$) gemessen, so kann die für den individuellen Sensor gültige Konstante k bestimmt werden. Sollte sich nun im Betrieb des Sensors eine Änderung der verschiedenen Parameter in der Signalkette (13.2) bzw. (13.3) ergeben, kann über den Vergleich mit dem ursprünglichen Testsignal die aktuelle (geänderte) Empfindlichkeit neu bestimmt werden. Dies ist dann möglich, ohne den Sensor erneut formal auf die Reaktion auf den eigentlichen physikalischen Stimulus zu testen. Damit wird einerseits eine recht präzise Funktionsüberprüfung im Feld möglich oder auch eine Neukalibrierung.

14 Funktionsintegration und Schnittstellen

Sind die Rohdaten des Sensors so weit aufbereitet, dass keine weiteren Störungen zu berücksichtigen sind, kann der Messwert entweder ausgegeben oder noch weiter verarbeitet werden, um höherwertige Informationen zu generieren. Je nach Komplexität des Sensorsystems, können verschiedene Stufen der **vertikalen Integration** unterschieden werden.

- Sensorelement mit minimaler elektronischer Signalkonditionierung und analoger Ausgabe
- Sensorelement mit anpassbarer Signalkonditionierung (Verstärkungsfaktoren und Offsets) und analoger Ausgabe
- Sensor mit digitalem Interface für Ausgabe und Einstellung von Sensorparametern
- Sensor mit zusätzlichen (frei) programmierbaren Ressourcen für die Gewinnung von aggregierter Information

14.1 Schnittstellen

Der vollständige Sensor wurde in Abschn. 1.2 als Verbindung aus einem Sensorelement und einer Auswerteschaltung definiert. Die Auswerteschaltung oder der darin enthaltene komplexere Mikrocontroller stellt die Information schließlich für die nächste Systemebene bereit. Für die Darstellung und Übermittlung der Information stehen unterschiedliche Schnittstellen bereit, die in den nächsten Abschnitten kurz vorgestellt werden sollen.

M. Hattaß, *Sensorik*,
https://doi.org/10.1007/978-3-662-73845-0_14

14.1.1 Analoge Spannung

Die wohl einfachste Darstellungsform der erhaltenen Information ist die Ausgabe als analoge Spannung. Typischerweise wird der Messbereich des Sensors in diesem Fall auf ein Spannungsintervall (etwa 0 . . . 5 V) linear abgebildet. Das bietet sich insbesondere an, wenn die Information direkt in anderen analogen Systemen weiterverarbeitet wird. Dies kann ein Regelkreis mit Operationsverstärkern sein, ein einfacher Schwellwertschalter oder auch ein analoges Anzeigeinstrument. Soll dennoch eine digitale Weiterverarbeitung stattfinden, muss sich eine passende Analog-Digital-Wandlung anschließen. Für eine robuste Auslegung des Systems aus Sensor und ADC ist es notwendig, sich mit dem Aufbau des konkreten Sensors genauer zu beschäftigen. Handelt es sich bei dem Sensor um einen **ratiometrischen Sensor**, hat die Versorgungsspannung des Sensors eine direkte Auswirkung auf den Ausgabebereich der analogen Spannung. Der einfachste Fall ist die Ausgabe der Spannung eines Spannungsteilers oder einer Messbrücke. Wird die Referenzspannung des ADC aus einer unabhängigen Quelle abgeleitet, so erscheinen die auf den physikalischen Eingang bezogenen Messwerte abweichend. Daher ist es meistens notwendig, einen analogen Sensor und die nachfolgende Analog-Digital-Wandlung auf das gleiche Referenzpotenzial zu beziehen. Selbstverständlich können ähnliche Schwierigkeiten auch bei der analogen Weiterverarbeitung auftreten. Des weiteren können große Leitungslängen oder Lasten ein Problem darstellen. Oft besitzen die analogen Spannungsausgänge eines Sensors eine recht hohe **Ausgangsimpedanz** (eine reale Spannungsquelle mit hohem Innenwiderstand). Müssen lange Leitungen (d. h. Lastkapazitäten und weitere Serienwiderstände) damit getrieben werden, kommt es zu einem ungewollten Tiefpassverhalten (RC-Zeitkonstante). Ein weiterer Nachteil der Übertragung des Signals als analoge Spannung ist die Störempfindlichkeit durch äußere Hochfrequenzsignale. Insbesondere bei großen Leitungslängen kann dies problematisch sein.

14.1.2 Strom

Die Störsicherheit der Schnittstelle wird für sicherheitsrelevante Systeme erhöht, indem statt einer analogen Spannung als Signalträger ein Strom verwendet wird. Der Sensor agiert hier als Stromsenke, wobei die Information in der Stromstärke kodiert wird. Das abfragende System stellt dafür eine ausreichend hohe Spannung (z. B. 24 V) bereit und der Sensor moduliert als gesteuerte Stromquelle entsprechend der Information die Stromstärke. Diese muss auf der Empfängerseite allerdings wieder mit einer Strommessung dekodiert werden. Neben der verbesserten **Störsicherheit** ergibt sich der zusätzliche Vorteil, dass nur zwei Leitungen zum Sensor verlegt werden müssen, da die Signalleitung gleichzeitig die Energieversorgung darstellen kann.

Analoge Stromschnittstelle

Die beschriebene Stromschnittstelle wird als analoge Schnittstelle oft in **sicherheitsrelevanten Systemen** wie Brandmeldeanlagen oder Gassensoren verwendet. Hier ist sie als **4–20 mA-Schnittstelle** bekannt. Das Messsignal wird dabei auf den Strom-Bereich von 4–20 mA abgebildet. Neben dem geringem Verdrahtungsaufwand für entfernt liegende Messplätze kommt hinzu, dass eine unterbrochene Signalverbindung zum Sensor durch die fehlende Stromaufnahme auffällt.

Digitale Stromschnittstelle

In ähnlicher Weise können auch digitale Signale übertragen werden. Entsprechend muss der Messwert noch auf Sensorseite digitalisiert und mit einer geeigneten Schaltung in eine Stromaufnahme übersetzt werden. Ein Beispiel für diese Schnittstelle ist die **PSI5-Schnittstelle (Peripheral Sensor Interface 5)**. Diese wird im Automotive Bereich für Sensoren verwendet, die entfernt vom kontrollierenden zentralen Steuergerät liegen (Crash-Sensoren im Stoßfänger).

14.1.3 I^{2}C- und I3C-Bus

Eine der am häufigsten angebotenen digitalen Schnittstellen in der Sensorik ist die des **Inter-Integrated Circuit** oder I^{2}C („I-squared-C“). Diese kommt insbesondere bei vielen **Embedded Systemen** und Mikrocontrollern zum Einsatz und ermöglichst die Kommunikation zwischen mehreren Geräten über ein **Bussystem.** Der Vorteil ist die Umsetzung mit nur zwei Leitungen: SDA (Serial Data, Daten) und SCL (Serial Clock, Takt) (Abb. 14.1). Das Übertragungsprotokoll basiert auf einer **Controller/Target**-Architektur[1], wobei der Controller (meist ein zentraler Mikrocontroller) über eine Adresse in der gesendeten Nachricht mit einem Target (dem Sensor) Daten austauscht. Die Rollen können aber auch gewechselt werden, so dass grundsätzlich alle ICs miteinander Daten auf dem gleichen Bus austauschen können. Voraussetzung für die sichere Kommunikation ist aber, dass jede Adresse nur einmal auf dem Bus vertreten ist und nur ein Sender gleichzeitig aktiv ist. Um mehrere gleichartige Bauteile an einem Bus betreiben zu können, sind Target-Geräte daher oft in Varianten mit unterschiedlichen oder konfigurierbaren I^{2}C-Adressen erhältlich.

Das Schalten der digitalen Signale erfolgt mit einem **Open-Drain**-Ausgang (oder **Open-Collector**) der beteiligten Geräte. Dafür wird die Daten- und Taktleitung mit Hilfe eines **Pull-up-Widerstandes** zunächst auf den High-Pegel gezogen (typischerweise die Versorgungsspannung). Wird eine logische 0 gesendet, schaltet der Ausgang des Gerätes diesen für die Dauer des Bits auf Masse. Bedingt durch diese passive Ansteuerung der Leitung (RC-Zeitkonstanten über Pull-ups und Leitungskapazitäten), sind die erreichbaren Übertragungsraten begrenzt. Es existieren verschiedene Modi für Übertragungsraten von 100 kbit/s

[1] Der früher verbreitete Begriff *Master/Slave* wird in den letzten Jahren zunehmend durch Begriffe wie *Client/Server* oder *Controller/Target* ersetzt.

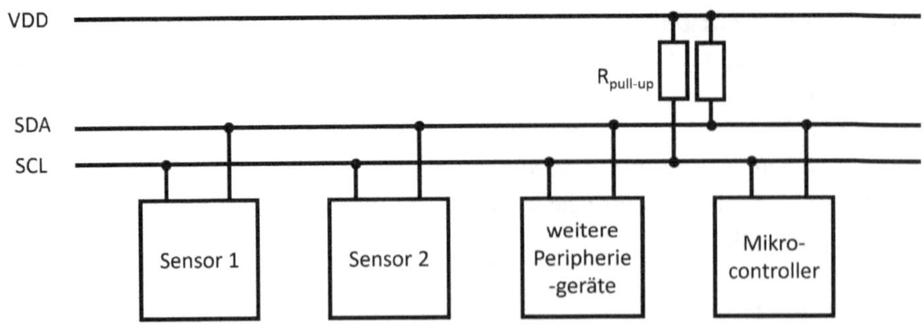

Abb. 14.1 Aufbau eines I2C Bus-Systems. Alle Bauteile greifen auf die SDA (Daten) und SCL (Takt) Leitungen zu. Da die Bauteile den Bus nicht aktiv treiben können, werden die Daten übermittelt indem die entsprechende Leitung auf Masse gelegt. Für ein positive Schaltflanke, wird diese wieder getrennt und die Leitung wird über die Pull-up-Widerstände auf die Versorgungsspannung gezogen. Die Rollen der beteiligten Geräte können auch wechseln. Grundsätzlich kann jedes Bauteil Controller oder Target sein

(im Standard Modus) bis wenigen Mbit/s in speziellen High-Speed-Modi. I^2C ist nur für relativ kurze Übertragungsstrecken (höchstens einige 10 Zentimeter) geeignet.

Es existiert eine Weiterentwicklung der Schnittstelle zu **Improved Inter-Integrated Circuit** (I3C). Diese besitzt neben weiteren Funktionen, wie beispielsweise eine dynamische Adressvergabe und Push-Pull-Ausgänge, die die Leitung aktiv treiben können. Damit werden deutlich höhere Übertragungsraten erreicht. Standardmäßig sind 12,5 Mbit/s, in weiteren Modi bis zu 100 Mbit/s möglich. Das I3C-Interface ist weitgehend abwärtskompatibel, so dass I^2C- und I3C-Geräte auf dem gleichen Bus betrieben werden können.

14.1.4 SPI-Bus

Ebenfalls weit verbreitet ist das **Serial Peripheral Interface** (SPI). Auch dieses Bussystem beruht auf einer *Controller/Target*-Architektur, wobei aber hier die Rollen nicht getauscht werden können. Das Interface benötigt vier Leitungen: zwei Datenleitungen (MOSI/MISO oder SDO/SDI bezeichnet), eine Taktleitung (SCK, **Serial Clock**) und eine Leitung zur Auswahl des anzusprechenden ICs (CS, **Chip Select**). Die ersten drei bilden dabei das eigentliche Bussystem und werden von allen beteiligten Geräten verwendet. Der Chip Select ist jedoch zumeist sternförmig mit dem zentralen Controller verbunden. Die erreichbaren Übertragungsraten liegen bei 20 Mbit/s, wobei dies auch auf Reichweiten von wenigen Zentimeter begrenzt ist. SPI wird oft für den Datenaustausch von Sensoren mit einem zentralen Mikrocontroller innerhalb eines Steuergerätes verwendet (Abb. 14.2).

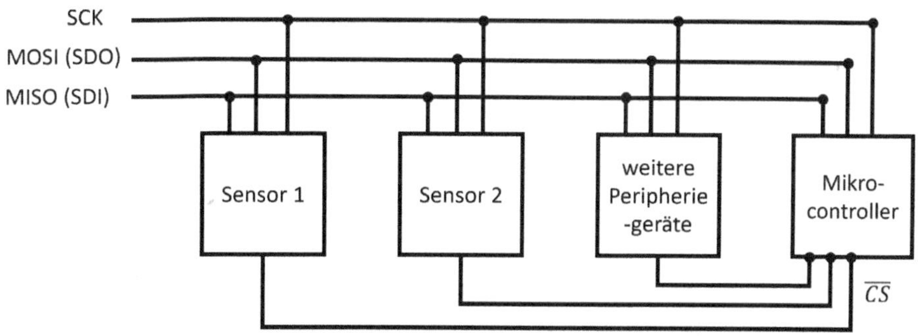

Abb. 14.2 Typischer Aufbau eines SPI Bus-Systems. Der zentrale Controller wählt über den Pegel der *Chip Select* (CS) Leitung (invertiert) den anzuprechenden IC aus und gibt über die *Serial Clock* Leitung (SCK) den Takt vor. Es ist nur eine vom Controller initiierte Kommunikation möglich

14.1.5 Feldbus-Systeme

Unter einem Feldbus-System versteht man im Allgemeinen ein Bussystem, das größere Geräteeinheiten verbindet. Im Gegensatz dazu werden die Bussysteme I^2C und SPI nur für die Kommunikation *innerhalb* eines (Steuer-)Gerätes, typischerweise auf der gleichen Leiterplatte, verwendet.

CAN Bus

Der **Controller Area Network**-Bus (CAN) ist ein wichtiges Bussystem in der Automobil-Technik (ISO11898). Die Besonderheit ist hier, dass keine zentrale Einheit erforderlich ist (Abb. 14.3). Alle Busteilnehmer können Daten senden, wobei die Nachrichten mit einem **Identifier** versehen sind, so dass die Teilnehmer selbst entscheiden können, ob die Information für Sie relevant ist. Es ist möglich den Nachrichten Prioritäten zu vergeben, so dass sichergestellt wird, dass wichtige Nachrichten ohne Verzögerung oder Datenverlust ankommen. Das System ist zusätzlich mit verschiedenen Fehlersicherheitsmechanismen versehen. Damit eignet sich der Bus insbesondere für sicherheitskritische Systeme. Auf der physischen Seite besteht der Bus aus zwei differenziellen Leitungen, die invertiert das gleiche Signal übertragen. Damit wird eine zusätzliche Redundanz erreicht, sollte eine Leitung ausfallen. Die erreichbare Datenübertragungsrate liegt bei 1 Mbit/s auf 40 m. Mit einer Reduktion der Datenrate sind auch Reichweiten bis 500 m möglich.

Anders als bei anderen Bussystemen (I^2C und SPI) muss die Datenrate aber bereits schon in allen Teilnehmern fest voreingestellt sein, da keine weitere Taktleitung vorhanden ist. Jedes Gerät benötigt daher einen eigenen Referenz-Oszillator. Die Synchronisation findet über Signalflanken statt. Um diese stabil zu halten, wird ein **Bit Stuffing** Verfahren verwendet. Sollten 5 gleiche Bits gesendet worden sein, so dass keine Flanke vorhanden war, wird ein (invertiertes) Zusatzbit geschickt wird, so dass wieder eine Flanke entsteht.

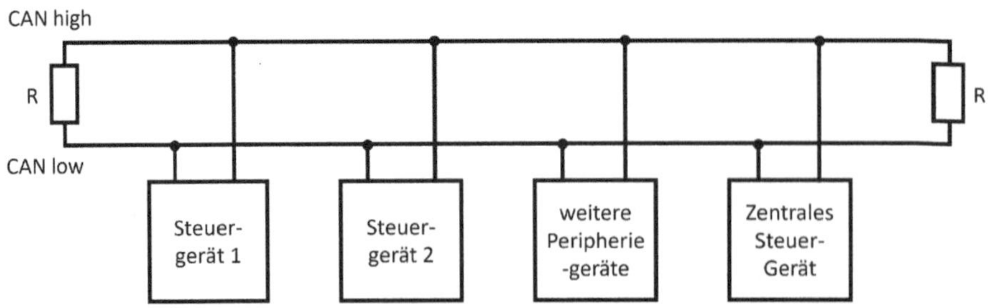

Abb. 14.3 Topologie eines CAN Bus-Systems. Alle Teilnehmer sind gleichberechtigt. Zur Vermeidung von Reflexionen benötigt der Bus einen Abschlusswiderstand an beiden Enden

Profibus

Eher in der Automatisierungs- und Fertigungstechnik findet sich der **Profibus** (Process Field Bus) (IEC 61158-2). Dieser arbeitet wie der CAN Bus mit differenziellen Leitungen. Er ist jedoch wieder auf einer Controller/Target-Architektur aufgebaut, wobei die einzelnen Geräte mit eindeutigen Adressen (7 bit) angesprochen werden. Es lassen sich Datenraten bis 12 Mbit/s auf einer Strecke von 1 km erreichen.

14.1.6 Drahtlose Sensornetzwerke und Cloud-Anbindung

In der Gebäudeautomatisierung (**Home Automation**) oder bei mobiler Sensorik in der Consumer-Elektronik, insbesondere tragbaren **(Wearables)** wie Smartwatches oder Kopfhörern, lassen sich die Sensordaten oft nur mittels drahtloser Netzwerke übertragen. Da die Teilnehmer typischerweise batteriebetrieben sind, steht besonders die möglichst geringe Leistungsaufnahme im Vordergrund. Ein wichtiger Funkstandard, auf dem die Verbindung von Sensor zu den höheren Systemebenen beruht, ist **IEE 802.15.4.** Auf diesem setzt das **ZigBee**-Protokoll auf. Dieses erlaubt den Aufbau von **Mesh**-Netzwerken innerhalb eines Gebäudes. Über einen **ZigBee-Coordinator** besteht die Anbindung an äußere IP-Netzwerke **(Internet Protocol, IP)** und schließlich an Cloud-Services. Ein ebenfalls verwendetes Protokoll ist das **Message Queueing Telemetry Transport** (MQTT), das insbesondere in IoT-Anwendungen zum Einsatz kommt. Mit dem Ziel eine bessere Interoperabilität zu erreichen und die Sensor-Ebene näher an die IP-Ebene zu rücken, etabliert sich derzeit das **Thread**-Protokoll. Thread basiert ebenfalls auf IEEE 802.15.4, verwendet jedoch ein natives IPv6-basiertes Netzwerk und ermöglicht damit eine direkte IP-Adressierung der Endgeräte. Die Anbindung an bestehende IP-Netzwerke erfolgt über sogenannte **Border Router,** welche im Gegensatz zu klassischen Gateways keine Protokollübersetzung, sondern lediglich IP-Routing übernehmen. Aufbauend auf Thread definiert der Anwendungsstandard **Matter** ein herstellerübergreifendes, IP-basiertes Gerätemodell für die Heim- und Gebäudeautomation. Matter standardisiert dabei sowohl die Gerätefunktionen als auch deren Interaktion auf

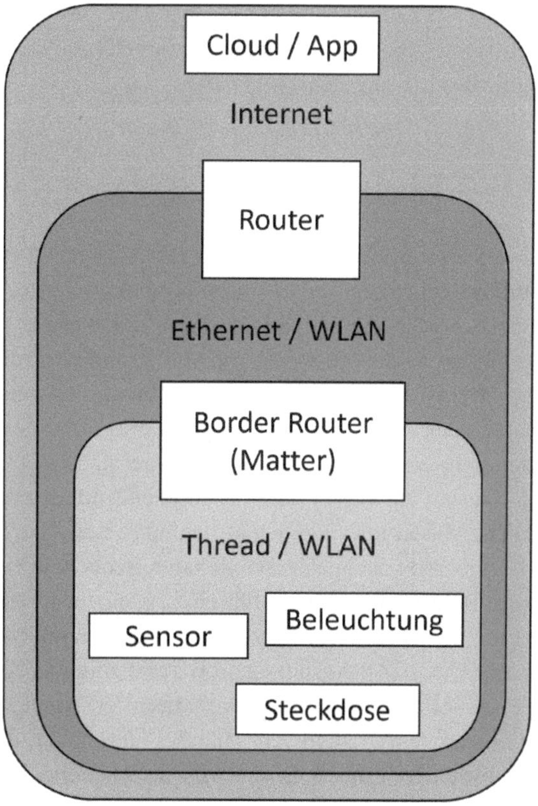

Abb. 14.4 Schematischer Aufbau eines wireless Sensornetzwerks mit *Matter* und *Thread*. Die Sensoren und Endgeräte („smarte"Steckdosen, Leuchtmittel etc.) bilden untereinander ein Netzwerk auf Basis des *Thread* Funkstandards und können Daten auch ohne direkten Kontakt zu einer zentralen Steuereinheit weiterleiten. Um das Netzwerk zu verlassen ist ein *border router* notwendig. Dieser verwendet den Standard *Matter*, der dafür sorgt, dass die Geräte direkt von außen ansprechbar sind oder selbst direkt ohne weitere Übersetzungen nach außen verbunden werden

Anwendungsebene und ermöglicht so eine interoperable Kommunikation zwischen Geräten unterschiedlicher Hersteller. Die Steuerung kann lokal innerhalb des Netzwerks erfolgen, während eine Anbindung an Cloud-Services optional bleibt (Abb. 14.4).

14.2 Anbindung und Funktionsintegration

14.2.1 Internet of Things

Unter dem Begriff des „Internet der Dinge" oder **Internet of Things** (IoT) wird die Gesamtheit der vernetzten Sensoren und „smarten" Geräten verstanden, die über das Internet Daten austauschen und durch diese Vernetzung neue Funktionen und Dienste anbieten können. Dies kann ein digitaler Stromzähler sein, der neue Abrechnungsmodelle ermöglicht, ein Temperatursensor für eine Heizungssteuerung oder -regelung, ein Bewegungsmelder für ein Sicherheitssystem oder Werkstücke sein, die ihren Bearbeitungsstand an eine zentrale Einheit melden. Wesentlich dabei ist, dass die finale Bewertung der Daten an einem vom

Sensor oder Gerät getrennten, aber über das Internet erreichbaren Rechner, durchgeführt wird. Auch Smartphones oder Fahrzeuge (mit hoch-automatisierten Funktionen) können als Teile des IoT angesehen werden.

14.2.2 Edge computing und Edge AI

Die Sensoren des IoT sammeln zunächst nur Daten, ohne unbedingt eine höhere Aggregationsdichte zu erreichen. Ein Temperatursensor könnte beispielsweise einfach nur seine Messwerte in eine Cloud schicken, um diese dort bewerten zu lassen. Sofern die Messgröße aber sehr oft abgetastet werden muss, erfordert dies eine Netzwerkkommunikation pro Messwert. Typischerweise geschieht dies mit einer drahtlosen Verbindung über Bluetooth oder direkt einem WiFi-Netzwerk. Für einen batteriebetrieben Sensor kann dies eine deutliche Verkürzung der Einsatzdauer nach sich ziehen. Um die Datenlast zu reduzieren, könnte nur ein Messwert bei deutlichen Änderungen gesendet werden oder auch wenn spezifische Muster im zeitlichen Verlauf auftreten. Hierfür sind aber Algorithmen im Sensor oder dessen direkt nachgelagerten lokalen Recheneinheit notwendig. Die Fähigkeit hier komplexere Berechnungen durchführen zu können, werden unter dem Begriff **Edge Computing** zusammengefasst. Ein gutes Beispiel ist ein im Sensor selbst integrierter Schrittzähler (siehe auch Abb. 1.14). Anstatt einen Beschleunigungssensor einzelne Messwerte laufend an den Prozessor eines Smartphones schicken zu lassen, werden die Daten direkt im Sensor ausgewertet. Dieser zählt selbstständig und meldet anschließend nur noch die Schritte an die nächsthöhere Einheit. Damit wird der Datenbus deutlich entlastet und gleichzeitig der Prozessor des Smartphones oder der Smartwatch nicht mit den Rechnungen beschäftigt. Dies verlängert wiederum die Akkulaufzeit des gesamten Systems.

Voraussetzung für diese Fähigkeit ist offensichtlich, dass am Sensor ausreichende Ressourcen für die Umsetzung der Algorithmen zur Verfügung stehen. Typischerweise wird der Sensor daher für diesen Zweck mit einem eigenen Mikrocontroller ausgestattet sein. Die Algorithmen können möglicherweise anfangs auch noch schlecht parametrisiert sein. Daher kann eine Anpassung auf einen konkreten Einsatzzweck oder Nutzer notwendig sein. Ein Beispiel ist das Anlernen von passenden Parametern für die personalisierte Auswertung von Bewegungsformen (Laufen, Schwimmen, Radfahren) oder die Auswertung von Vibrationsdaten einer Maschine. Damit beginnt der fließende Übergang zu **Edge AI,** die auch noch in der Anwendung eine Adaption ermöglicht.

15 Prüfungsfragen und Aufgaben zur Klausurvorbereitung

15.1 Verständnisfragen zur Klausurvorbereitung

Die folgenden Fragen sind zur Selbstkontrolle vor zum Beispiel einer mündlichen Prüfung gedacht. Eine Musterlösung wird hierfür nicht gegeben. Bei Unsicherheiten sollten die entsprechenden Kapitel noch einmal konsultiert werden.

- Aus welchen zwei wesentlichen Teilen besteht ein Sensor?
- Welche sind die wesentlichen Parameter einer Sensorkennlinie?
- Erklären Sie den Unterschied zwischen Mess- und Dynamikbereich?
- Was bedeutet TKO und TKE?
- Was ist der Unterschied zwischen „weißem" Rauschen und „rosa" Rauschen?
- Bei welchen Sensoren ist „Schrotrauschen" häufig anzutreffen?
- Welche Information kann aus der Bias Stability abgeleitet werden?
- Erklären Sie die Einflussfaktoren auf die Ansprechzeit eines Temperatursensors.
- Was ist eine Vollbrücke?
- Welche Nachteile hat eine (resistive) Viertelbrücke und wie könnte man diesen in einer alternativen Schaltung beheben ?
- Welchen Vorteil hat ein differenzielles Messprinzip?
- Was versteht man unter Querempfindlichkeit?
- Was ist ein PTC/NTC?
- Welche Sensiereffekte für Magnetfelder kennen Sie?
- Wie funktioniert ein Drehwinkelsensor mit magnetoresistivem Sensorelement?
- Erläutern sie kurz anhand einer Skizze das Funktionsprinzip eines Drehzahlfühlers.
- Wie muss ein Drehzahlfühler aufgebaut sein, um auch die Dreh*richtung* messen zu können.
- Skizzieren Sie ein Anwendungsbeispiel für Dehnmessstreifen.
- Skizzieren Sie das Funktionsprinzip eines kapazitiven Beschleunigungssensors.

M. Hattaß, *Sensorik*,
https://doi.org/10.1007/978-3-662-73845-0_15

- Skizzieren Sie das Messprinzip eines piezoelektrischen Beschleunigungssensors.
- Skizzieren Sie das Messprinzip eines LVDT.
- Skizzieren Sie das Messprinzip eines induktiven Schichtdickensensors.
- Wie funktioniert ein piezoresistiver Drucksensor?
- Wofür wird der Seebeck-Effekt genutzt?
- Was ist die Besonderheit einer SPAD im Vergleich zu einer PIN Diode?
- Erklären Sie die Funktionsweise eines Hall-Sensors.
- Wie funktioniert eine Quarz-Mikrowaage.
- Was ist der Gray-Code und wo wird er eingesetzt?
- Was ist ein Inertialsensor und was ist/sind die Messgrößen?
- Wie entsteht der Messeffekt in einem Drehratesensor?
- Wo werden Drehratesensoren eingesetzt?
- Wofür steht die Abkürzung MEMS?
- Was sind die Vor-/Nachteile eines piezoelektrischen Beschleunigungssensors im Vergleich zu einem kapazitiven?
- Skizzieren Sie das Funktionsprinzip eines Regensensors.
- Was ist ein Blaze-Gitter?
- Was ist ein Active Pixel Sensor?
- Was ist der rolling shutter Effekt?
- Was ist ein Mikrobolometer?
- Warum ist die Lufttemperatur von Relevanz für eine Abstandmessung mit Ultraschall?
- Welche Methoden zur Abstandsmessung mit Licht kennen Sie und wie funktionieren diese?
- Wofür steht FMCW Radar und was ist das Funktionsprinzip?
- Nennen Sie zwei Möglichkeiten zu Messung eines Füllstands (mit kleiner Skizze) und beschreiben Sie das Funktionsprinzip?
- Worauf basiert das Messprinzip einer thermischen Infrarotkamera ?
- Worin besteht der Unterschied in der Messmethode einer Sprunglambdasonde im Vergleich zu einer Breitband-Lambdasonde?
- Nennen Sie je ein Beispiel für ein resistives, kapazitives oder induktives Sensorelement bzw. Messverfahren.
- Was sind die Gemeinsamkeiten und Unterschiede zwischen einem indirect-ToF LiDAR und einem FMCW Radar?
- Woher stammt die Nichtlinearität einer 1/4-Brückenschaltung und mit welcher Schaltung könnte man diese verbessern?
- Was versteht man unter einem trägerfrequenten Auswerteverfahren und was sind die Vorteile?
- Hat ein Multimeter eher einen Dual Slope Analog Digital Wandler oder einen Flash-ADC?
- Was versteht man unter einem Abgleich?
- Zeichnen Sie einen SPI und einen I^2C Bus.

15.2 Übungsaufgaben zur Klausurvorbereitung

Die nachfolgenden Aufgaben sind einerseits zur Vorbereitung auf typische Klausuraufgaben gedacht, teilweise gehen die Fragen aber auch darüber hinaus. Damit soll eine gewisse Vernetzung der Themenfelder erreicht und auch gelegentlich Fragestellungen aus der Praxis adressiert werden.

15.2.1 Kennlinienparameter

Temperatursensor 1
Aufgabe: Ein Temperatursensor liefert bei einer Referenzmessung die folgenden Messwerte:

Referenztemperatur [°C]	Ausgabe Sensor [°C]
10	11,5
20	22,0
30	32,5

- Berechnen Sie den Empfindlichkeitsfehler (in %) des Sensors und den Offset zum wahren Wert bei 0 °C.

Lösung: Die Empfindlichkeit ergibt sich aus der Steigung, z. B. $S = (32{,}5\,°\mathrm{C} - 11{,}5\,°\mathrm{C})/(30\,°\mathrm{C} - 10\,°\mathrm{C}) = 1{,}05$, Fehler ist also 5 %. Der Ausgabewert (Offset) bei 0 °C kann aus Extrapolation aus dem Wert bei 10 °C berechnet werden: $11{,}5\,°\mathrm{C} - 10\,°\mathrm{C} \cdot S = 1\,°\mathrm{C}$

Temperatursensor 2
Aufgabe: Ein analoger Temperatursensor hat laut Datenblatt einen Ausgabewert von 2,5 V bei 20°C. Die nominale Empfindlichkeit ist $50\,\mathrm{mV\,K^{-1}}$. Der spezifizierte maximale Fehler der Empfindlichkeit liegt bei ±5 % und der Offsetfehler bei max. ±1 K. Der Sensor wird bei 0 °C und 40 °C in einer (richtig kalibrierten) Klimakammer vermessen. Es ergeben sich die Messwerte 1,58 V und 3,62 V.

- Liegt der Sensor noch innerhalb seiner Spezifikation bzw. wo gibt es Abweichungen?
- Können Sie mit den Messwerten eine Aussage über die Linearität des Sensors machen?

Lösung: Empfindlichkeit aus Messwerten über Differenzenquotient $S = (3{,}62\,\mathrm{V} - 1{,}58\,\mathrm{V})/(40° - 0°) = 0{,}051\,\mathrm{mV\,K^{-1}}$. Abweichung zu $50\,\mathrm{mV\,K^{-1}}$ ist 2 %. Berechnung des erwarteten Messwertes bei 20 °C: $1.58\,\mathrm{V} + 0{,}051\,\mathrm{mV\,K} \cdot 20° = 2{,}6\,\mathrm{V}$. Mit der (nominalen)

Empfindlichkeit umgerechnet ergibt sich $(2{,}6 - 2{,}5)/0{,}05 = 2\,\mathrm{K}$. Empfindlichkeit ist also innerhalb der Spezifikation, Offset nicht.

Über die Linearität kann keine Aussage getroffen werden, da dafür mindestens 3 Messwerte erforderlich sind.

Drucksensor 1

Aufgabe: Laut Datenblatt bewegt sich der Ausgang eines analogen Drucksensors für einen (nominalen) Messbereich von 300 mbar bis 1300 mbar zwischen 0 V und 5 V. Sie können von einer linearen Kennlinie ausgehen.

- Berechnen Sie die nominale Empfindlichkeit des Sensors in $\mathrm{mV\,mbar^{-1}}$.

Sie haben einen solchen Sensor gekauft und vermessen den Sensor unter einem Druck von 800 mbar und 1100 mbar und erhalten 3,07 V und 4,6 V.

- Wie groß ist der Empfindlichkeitsfehler in Prozent ?

Lösung: Die nominale Empfindlichkeit beträgt:
$S_{nom} = (5\,\mathrm{V} - 0\,\mathrm{V})/(1300\,\mathrm{mbar} - 300\,\mathrm{mbar}) = 5\,\mathrm{mV\,mbar^{-1}}$. Mit den Messwerten ergibt sich $S_{real} = (4{,}59\,\mathrm{V} - 3{,}06\,\mathrm{V})/(1100\,\mathrm{mbar} - 800\,\mathrm{mbar}) = 5{,}1\,\mathrm{mV\,bar^{-1}} \Rightarrow 2\,\%$ Fehler in der Empfindlichkeit. Der reale Messbereich ist:
Obere Grenze: $1100\,\mathrm{mbar} + (5\,\mathrm{V} - 4{,}6\,\mathrm{V})/5{,}1\,\mathrm{mV\,mbar^{-1}} = 1178\,\mathrm{mbar}$,
untere Grenze: $1100\,\mathrm{mbar} + (0\,\mathrm{V} - 4{,}6\,\mathrm{V})/5{,}1\,\mathrm{mV\,mbar^{-1}} = 198\,\mathrm{mbar}$.

15.2.2 Auflösung, Rauschen und Sensor-Fehler

Beschleunigungssensor Rauschen

Aufgabe: Ein digitaler Beschleunigungssensor für einen Messbereich von +/− 10 g hat ein RMS-Rauschen von 20 mg.

- Welche Bitbreite sollte der Sensor mindestens haben?
- Wie groß ist der Dynamikbereich in dB?
- Angenommen, der Sensor hat eine Bitbreite von 12 Bit für den vollen Messbereich: Welche Empfindlichkeit hat der Sensor dann in LSB/g.

Lösung: Der Messbereich lässt sich in $(10\,\mathrm{g} - (-10\,\mathrm{g}))/0{,}02\,\mathrm{g} = 1000$ Stufen aufteilen, es werden also $log_2 1000 \approx 10$ Bit benötigt. Der Dynamikbereich ist $20 \cdot log_1 01000 = 60\,\mathrm{dB}$. Bei 12 Bit hat der Sensor eine Empfindlichkeit von $2^1 2/20\,\mathrm{g} = 204{,}8$ LSB/g.

Temperatursensor Fehler

Aufgabe: Ein Temperatursensor hat im Datenblatt einen Offset von ±0,5 K (bei 20 °C) und einen Empfindlichkeitsfehler von ±2 % angegeben. In welchem Wertebereich kann die ausgegebene Temperatur liegen, wenn tatsächlich exakt 100 °C anliegen?

Lösung: Berechnung Extremwerte:

$$\begin{aligned} T_{\min} &= 20\,°\mathrm{C} + (100\,°\mathrm{C} - 20\,°\mathrm{C}) \cdot 0{,}98 - 0.5K &= 97.9\,°\mathrm{C} \\ T_{\max} &= 20\,°\mathrm{C} + (100\,°\mathrm{C} - 20\,°\mathrm{C}) \cdot 1{,}02 + 0.5K &= 102.1\,°\mathrm{C} \end{aligned} \tag{15.1}$$

Beschleunigungssensor Auflösung

Aufgabe: Ein Beschleunigungssensor mit Messbereich ±2 g und RMS Rauschen von 0,07 mg soll über eine digitale Schnittstelle kommunizieren. Welche Bitbreite ist für ein Datenwort sinnvollerweise erforderlich?

Lösung: Der gesamte Messbereich umfasst 4 g. Bei einem Rauschwert von 0,07 mg kann dieser in realistisch trennbare $4/(0{,}06 \cdot 10^{-}3) = 57143$ Wertebereiche aufgeteilt werden. Diese sind mit $\log_2 57143 \geq 15{,}8$bit $\approx$ 16bit darstellbar.

Aufgabe: Der Offset eines Beschleunigungssensors soll kalibriert und dafür möglichst genau bestimmt werden. Hierfür wird der Ausgang ohne anliegende Beschleunigung vermessen. Der Sensor hat ein Rauschen (RMS) am Ausgang von $\sigma = 10$ mg. Wie viele Messwerte brauchen Sie mindesten, damit der Offset auf weniger als 1 mg genau bekannt ist?

Lösung: Die Unsicherheit des Mittelwertes $\sigma_{\bar{x}}$ skaliert mit $\sigma_{\bar{x}} = \sigma/\sqrt{n}$. Es sind also 100 Messwerte notwendig.

Drucksensor Auflösung für Höhenmessung

Aufgabe: Welche Auflösung benötigt ein barometrischer Drucksensor, um Höhenunterschiede von 1 m auflösen zu können (siehe barometrische Höhenformel (5.1))? Gehen Sie von einem Startdruck von 1013 mbar aus. **Lösung**: Um eine etwas handlicherer Formel zu erhalten, wird die Höhenformel bis zur ersten Ordnung entwickelt: $p(h) \approx p_0(1-h/H)$ oder $\Delta p = p(h) - p_0 = -p_0 h/H$. Es ergibt sich mit $H = 8$ km $\Delta p = 0{,}127$ mbar $= 12{,}7$ Pa.

15.2.2.1 Fullscale Fehler

Aufgabe: Die Sensorgleichung eines Wegaufnehmers wird mit $y_{lin} = Sx$ angeben ($S = 2\,\mathrm{V\,m^{-1}}$ (Messbereich 0 – 1 m). Die reale Kennlinie wird durch eine Funktion der Form $y_{real} = S_{lin}x + S_{quad}x^2$ beschrieben ($S_{lin} = 2{,}2\,\mathrm{V\,m^{-1}}$, $S_{quad} = -0{,}2\,\mathrm{V/m^2}$). Geben Sie den maximalen Fullscale Fehler in Prozent an.

Lösung: Am Ende des Messbereichs sollte der Sensor 2 V ausgeben, real aber nur 1,9 V, d. h. Fullscale Fehler 0,1 V/2 V = 0,05 = 5 %.

15.2.3 Ansprechverhalten

Temperatursensor
Ein Sensor befindet sich auf einer Temperatur von 300 K und wird „instantan" in Kontakt mit einem Wasserfluss (350 K) gebracht. Der thermische Widerstand zwischen Bauteil und Umgebung liegt bei $100\,\mathrm{K\,W^{-1}}$. Die Wärmekapazität des Sensors beträgt $0{,}05\,\mathrm{J\,K^{-1}}$.

1. Berechnen Sie die Zeitkonstante für die Ansprechzeit, wann ist die Abweichung zur wahren Wassertemperatur $\leq 0{,}5\,\mathrm{K}$? Tipp: Erstellen Sie ein elektrisches Ersatzschaltbild des thermischen Systems.
2. Welche (qualitative) Änderung der Ansprechzeit erwarten Sie, wenn der Sensor in einen Luftstrom statt einen Flüssigkeitsstrom gehalten wird?

Lösung: Das thermische Verhalten kann durch ein RC-Glied modelliert werden mit Wärmeleitwiderstand $R_{th} = 100\,\mathrm{kW^{-1}}$ und Wärmekapazität $C = 0{,}05\,\mathrm{J\,K^{-1}}$, $\tau = R_{th}C = 100\,\mathrm{K\,W^{-1}}0{,}05\,\mathrm{J\,K^{-1}} = 5\,\mathrm{s}$.

Der Temperaturverlauf des Sensors folgt: $T(t) = T_{\text{Wasser}} - (T_{\text{Wasser}} - T_0)\,e^{\left(-\frac{t}{\tau}\right)}$ (Lösung der linearen, inhomogenen DGL 1.Ordnung). Gesucht: $T(t) = 349{,}5\,\mathrm{K}$, also Abweichung $\leq 0{,}5\,\mathrm{K}$. Auflösen nach t ergibt mit Zahlenwerten $t \approx 23\,\mathrm{s}$.

Im Luftstrom ist der Wärmeübergang schlechter als im Flüssigkeitsstrom, daher steigt der thermische Widerstand R_{th} und somit die Zeitkonstante τ. Die Ansprechzeit wird also länger.

Vibrationssensor
Aufgabe: Ein piezoelektrischer Beschleunigungssensor ist zu Erfassung von Vibrationen an einer Fertigungsanlage mit einem (nicht besonders geeignetem) Klebepad befestigt. Dessen Übertragungsfunktion wird durch einen Tiefpass 1. Ordnung mit Grenzfrequenz $f_g = 2\,\mathrm{kHz}$ beschrieben ($|G\omega| = 1/\sqrt{1 + (\omega/\omega_g)^2}$). Wie groß ist die Dämpfung auf Schwingungen bei $f = 3\,\mathrm{kHz}$ in dB?
Lösung: Einsetzen der Zahlenwerte ergibt $|G(\omega)| \approx 0{,}555 = -5{,}12\,\mathrm{dB}$.

15.2.4 Fehlerfortpflanzung

Beschleunigtes Objekt
Aufgabe: Ein Objekt beschleunigt mit a $= 1\,\mathrm{m/s^2}$ für die Zeitspanne Zeit t=2 s, Der Fehler in Beschleunigung beträgt $\Delta a = 0{,}1\,\mathrm{m/s^2}$, der Fehler in Zeitmessung beträgt $\Delta t = \pm 0{,}1\,\mathrm{s}$. Bestimmen Sie den Fehler in der zurückgelegten Strecke.
Lösung: Die zurückgelegte Strecke berechnet sich nach $s = at^2$. Der relative Fehler ist $\Delta s/s = \sqrt{(\Delta a/a)^2 + 2(\Delta t/t)^2} = 0{,}12255$.

Oszillatorfrequenz

Aufgabe: Die Frequenz eines mikromechanischen Oszillators ist durch $f = 1/(2\pi)\sqrt{k/m}$ gegeben. Nominal ist $k = 1N/m$ und $m = 1 \cdot 10^{-8}$ kg. Die Unsicherheit in der Masse beträgt $\Delta m = 10 \cdot 10^{-9}$ kg in der Federkonstante $\Delta k = \pm 0{,}05\,\mathrm{N\,m^{-1}}$. Bestimmen Sie den Fehler in der Frequenz.

Lösung: Zuerst Berechnung der Teilbeiträge:

$$\begin{aligned} \frac{\partial f}{\partial k}\Delta k &= \frac{1}{4\pi}\frac{1}{\sqrt{km}}\Delta k = 39{,}8\,\mathrm{Hz} \\ \frac{\partial f}{\partial m}\Delta m &= \frac{1}{4\pi}\sqrt{\frac{k}{m^3}}\Delta m = 79{,}57\,\mathrm{Hz} \\ &\text{und damit} \\ \Delta f &= \sqrt{\left(\frac{\partial f}{\partial k}\Delta k\right)^2 + \left(\frac{\partial f}{\partial m}\Delta m\right)^2} \approx 88{,}9\,\mathrm{Hz} \end{aligned} \tag{15.2}$$

Alternativ kann auch erst der relative Fehler berechnet werden und darüber wieder der absolute.

15.2.5 Brückenschaltungen

Pt1000-Viertelbrücke

Aufgabe Ein Pt1000-Widerstand ($R = 1000\,\Omega$ bei 0 °C) wird mit drei weiteren 1 kΩ-Widerständen einer Viertelbrücke aufgebaut (Versorgungsspannung 5 V). Der Pt1000 bildet einen der vier Brückenwiderstände (Annahme: linker Brückenzweig unten), die drei übrigen sind temperaturunabhängige 1 kΩ-Widerstände. Der mittlere Temperaturkoeffizient des Pt1000 beträgt $\alpha = 3{,}85 \cdot 10^{-3}\,\mathrm{K}^{-1}$.

Berechnen Sie:

1. die *lineare* Empfindlichkeit des Sensors um 0 °C, in VK^{-1} bzw. $\mathrm{V°C}^{-1}$,
2. den Nichtlinearitätsfehler bei 150° (% Abweichung von der linearen Fortsetzung der Empfindlichkeitsgeraden).
3. Wie könnte die Linearität der *Schaltung* verbessert werden (Schaltungsalternativen)?

Lösung: Die Empfindlichkeit der Viertelbrücke ist durch $S \approx U_0/4\alpha$ gegeben, hier also $S = 4{,}81\,\mathrm{mV\,K^{-1}}$. Bei 150 °C ergibt sich linear berechnet $U_{aus} = U_0/4\alpha\Delta T = 722\,\mathrm{mV}$. Mit der vollständigen Gleichung für die Viertelbrücke ergibt sich $U_{aus} = 560\,\mathrm{mV}$. Die Abweichung von der Linearität ist damit $(0{,}721\,\mathrm{V} - 0{,}560\,\mathrm{V})/(0{,}721\,\mathrm{V}) \approx 22{,}3\,\%$. Ursache der NL ist die konstant *Spannung* an der Brücke. Linearität verbessern mit Konstant*strom*quelle, da dann wegen $U = RI$ Ausgangsspannung linear mit Widerstand (und damit der Temperatur, sofern NL des *Widerstands* vernachlässigbar ist).

„Doppel-Viertelbrücke“

Aufgabe: Häufig lassen sich nicht zwei Widerstände finden, die ein gegensätzliches Verhalten für den physikalischen Stimulus zeigen. Daher kann keine „normale“Vollbrücke oder Halbbrücke aufgebaut werden, bei der in einem Arm beide veränderlichen Widerstände auftreten. Alternativ kann aber eine Brückenschaltung aufgebaut werden, in der in jedem Arm nur ein veränderlicher Widerstand auftritt (jeweils einmal oberhalb und unterhalb des Abgriffs). Die Schaltung wird auch oft Halbbrücke genannt, ist aber eigentlich eine „Doppel-Viertelbrücke“. Leiten Sie die linear genäherte Empfindlichkeit (erste Ordnung des Taylor-Reihe) dieser Brückenschaltung her.

Lösung: Die Ausgangsspannung U_a ist (zwei Spannungsteiler)

$$\begin{aligned} U_a &= U_0 \left(\frac{R_0 + R_0 \alpha x}{2R_0 + R_0 \alpha x} - \frac{R_0}{2R_0 + R0_\alpha x} \right) \\ &= U_0 \left(\frac{1 + \alpha x}{2 + \alpha x} - \frac{1}{2 + \alpha x} \right) \end{aligned} \tag{15.3}$$

Die erste Ableitung ist

$$\frac{dU_a}{d\varepsilon} = U_0 \frac{2 + 2\alpha x}{(2 + \alpha x)^2} \tag{15.4}$$

Um den Entwicklungspunkt $x = 0$ ergibt sich damit für den ersten Term der Taylor-Reihe

$$U_a \approx \frac{U_0}{2} \alpha x \tag{15.5}$$

Es wird also wieder näherungsweise die Empfindlichkeit der Halbbrücke erreicht. Allerdings treten hier, wie auch in der Viertelbrücke, Korrekturterme höherer Ordnungen auf.

15.2.6 Temperatursensorik

NTC-Widerstand

Aufgabe: Gegeben ist ein NTC-Widerstand mit den Parametern $R_{25} = 1000\,\Omega$ bei 25 °C und $B = 3000\,\text{K}$. Es wird ein Widerstandswert von 1100 Ω gemessen.

1. Welche Temperatur hat der NTC-Widerstand?
2. Bestimmen Sie den linearen Temperaturkoeffizienten dieses NTC-Widerstandes um 25 °C bzw. 0 °C, so dass der Widerstand näherungsweise als

$$R(\Delta T) = R_{0\,^\circ\text{C}} \left(1 + \alpha_{0\,^\circ\text{C}}\, \Delta T\right) \quad \text{bzw.} \quad R(\Delta T) = R_{25\,^\circ\text{C}} \left(1 + \alpha_{25\,^\circ\text{C}}\, \Delta T\right) \tag{15.6}$$

   geschrieben werden kann.

Lösung: Für einen NTC mit B-Parameter gilt näherungsweise

$$R(T) = R_{25} \exp\left[B\left(\frac{1}{T} - \frac{1}{T_{25}}\right)\right], \tag{15.7}$$

wobei T und T_{25} in K einzusetzen sind. Umstellen und Einsetzen ergibt $T \approx 295{,}35\,\mathrm{K}$ bzw. $T_C = T - 273\,\mathrm{K} \approx 22.2\,°\mathrm{C}$.

Für den linearer Temperaturkoeffizient um 25 °C und 0 °C wird die Gleichung für den NTC-Widerstand um den jeweiligen Temperaturpunkt entwickelt. Man erhält die Ableitung

$$\frac{\partial R}{\partial T} = R(T) \cdot \left(-\frac{B}{T^2}\right). \tag{15.8}$$

Der (lokale) lineare Temperaturkoeffizient um eine Referenztemperatur T_{ref} ist damit:

$$\alpha_{ref} = \left.\frac{1}{R(T)} \frac{\partial R}{\partial T}\right|_{T=T_{ref}} \tag{15.9}$$

Es ergibt sich

$$\alpha_{25\,°\mathrm{C}} \approx -3{,}38 \cdot 10^{-2}\,\mathrm{K}^{-1}, \qquad \alpha_{0\,°\mathrm{C}} \approx -1{,}01 \cdot 10^{-1}\,\mathrm{K}^{-1}. \tag{15.10}$$

15.2.7 Dehnmessstreifen und Piezoresistive Sensoren

Kraftmessung

Aufgabe: Ein Stab (Aluminium, Elastizitätsmodul $E = 70\,\mathrm{kN/mm^2}$) mit Querschnitt $A = 3\,\mathrm{cm} \times 3\,\mathrm{cm}$ und Länge $L = 30\,\mathrm{cm}$ wird mit einer Kraft

$$F = mg, \quad g = 9{,}81\,\mathrm{m/s^2} \tag{15.11}$$

in axialer Richtung gedehnt.

Hinweis:

$$\sigma = \frac{F}{A}, \quad \varepsilon = \frac{\Delta L}{L} = \frac{\sigma}{E}. \tag{15.12}$$

Es werden vier Dehnmessstreifen mit $R_0 = 500\,\Omega$ und K-Faktor $k \approx 2$ aufgeklebt.

- Wie müssen die Dehnmessstreifen angeordnet und verschaltet werden, damit sich eine sinnvolle Kraftmessung (bzw. eine Messung des Gewichts) ergibt?
- Warum ist hier keine „richtige" Vollbrücke mit Zug- und Druckstreifen möglich?
- Welche Empfindlichkeit in V/kg hat der Sensor, wenn die Brücke mit 10 V gespeist wird?

Lösung: Schritt 1: Geometrie und Material: Zunächst werden alle Größen in SI-Einheiten umgerechnet:

$$E = 70\,\mathrm{kN/mm^2} = 70\,\mathrm{GPa}. \tag{15.13}$$

Der Querschnitt:

$$A = 9 \cdot 10^{-4}\,\mathrm{m}^2. \tag{15.14}$$

Die Zugspannung bei einer Kraft $F = mg$ lautet

$$\sigma = \frac{F}{A} = \frac{mg}{A}. \tag{15.15}$$

Die Dehnung ergibt sich zu

$$\varepsilon = \frac{\sigma}{E} = \frac{mg}{AE}. \tag{15.16}$$

Für eine Masse von 1 kg entsteht eine Dehnung von:

$$\varepsilon_{1\,\mathrm{kg}} = \frac{1\,\mathrm{kg} \cdot 9{,}81\,\mathrm{m/s}^2}{9 \cdot 10^{-4}\,\mathrm{m}^2 \cdot 70 \cdot 10^9\,\mathrm{N/m}^2} \approx 1{,}56 \cdot 10^{-7}. \tag{15.17}$$

Anordnung und Verschaltung der Dehnmessstreifen: Da der Stab nur axial auf Zug belastet wird, treten praktisch überall im Stab Zugdehnungen in Längsrichtung auf. Daher kann keine Geometrie gewählt werden, bei der ein Messstreifen gedehnt und ein anderen gleichzeitig gestaucht wird. Ausweg: Verschaltung als Halbbrücke mit je einem auf Dehnung belasteten Messstreifen in Zugrichtung und zwei weiteren, die unter 90° angeordnet sind. Letztere erzeugen praktisch kein Signal. Durch diese Anordnung kann zumindest eine Temperaturkompensation erreicht werden.

Empfindlichkeit in V/kg **bei** 10 V **Speisespannung** Für einen Dehnmessstreifen mit K-Faktor k gilt:

$$\frac{\Delta R}{R_0} = k\,\varepsilon. \tag{15.18}$$

Halbbrücke mit zwei aktiven DMS:

In einer ideal symmetrischen Halbbrücke mit zwei identischen, aktiv gedehnten DMS (in benachbarten Armen) ergibt sich für kleine Änderungen näherungsweise:

$$\Delta U \approx \frac{\Delta R}{R_0} \cdot \frac{V_\mathrm{B}}{2}, \tag{15.19}$$

wobei U_B die Versorgungsspannung der Brücke ist. Setzt man $\Delta R/R_0 = k\varepsilon$, erhält man

$$\Delta U \approx k\varepsilon \cdot \frac{V_\mathrm{B}}{2}. \tag{15.20}$$

Für eine Masse m ist $\varepsilon = \dfrac{mg}{AE}$, also

$$\Delta U(m) \approx k\frac{mg}{AE} \cdot \frac{V_\mathrm{B}}{2}. \tag{15.21}$$

Damit ist die Empfindlichkeit in V/kg:

$$S = \frac{\Delta U}{m} \approx k\frac{g}{AE} \cdot \frac{V_\mathrm{B}}{2}. \tag{15.22}$$

Einsetzen der Zahlenwerte:

$$k \approx 2, \quad g = 9{,}81\,\mathrm{m/s^2}, \quad A = 9 \cdot 10^{-4}\,\mathrm{m^2}, \quad E = 70 \cdot 10^9\,\mathrm{N/m^2}, \quad V_\mathrm{B} = 10\,\mathrm{V}. \tag{15.23}$$

Zunächst:

$$\frac{g}{AE} = \frac{9{,}81\,\mathrm{m/s^2}}{9 \cdot 10^{-4}\,\mathrm{m^2} \cdot 70 \cdot 10^9\,\mathrm{N/m^2}} \approx 1{,}56 \cdot 10^{-7} \quad \text{(pro kg)}. \tag{15.24}$$

Die Empfindlichkeit ist damit:

$$S \approx 2 \cdot 1{,}56 \cdot 10^{-7} \cdot \frac{10\,\mathrm{V}}{2} = 1{,}56 \cdot 10^{-6}\,\mathrm{V\,kg^{-1}}. \tag{15.25}$$

Piezoresistiver Drucksensor

Aufgabe: Ein Drucksensor ist in Form einer piezoresistiven Vollbrücke umgesetzt. Es entsteht eine relative Widerstandsänderung der Widerstände von $\alpha = 0{,}7 \cdot 10^{-6}$ pro 1 Pa Druckdifferenz zwischen dem Referenzvolumen und der Außenluft. Die Versorgungsspannung der Brücke ist 3,3 V.

- Berechnen Sie die Empfindlichkeit der Brücke in $\mathrm{V\,Pa^{-1}}$.
- Der verwendete Verstärker hat eine Rauschleistungsdichte für das Eingangssignal von $n_d = 100\,\mathrm{nV}/\sqrt{\mathrm{Hz}}$. Berechnen Sie das eingangsbezogene RMS-Rauschen am Ausgang bei einer Bandbreite von 10 Hz.
- Aufgrund der Schwankungen der Herstellungsprozesse variiert der (unbelastete) nominale Wert der einzelnen Widerstände statistisch um $\pm 2\,\%$. Mit bis zu welchem Offset (bei Differenzdruck „0“) in Pa muss man rechnen?

Lösung: Die Empfindlichkeit der Vollbrücke beträgt $\partial U/\partial p = U_0\alpha = 2{,}31\,\mathrm{V\,Pa^{-1}}$. Das RMS-Spannungsrauschen des Verstärkers beträgt bei 10 Hz $\sigma = n_d\sqrt{BW} \approx 316{,}2\,\mathrm{nV}$. Bezogen auf den Eingang ergibt sich $\sigma/(\partial U/\partial p) \approx 0{,}137\,\mathrm{Pa}$. Die ungünstigste Kombination für die Widerstandstoleranzen ergibt sich, wenn die Minimal- oder Maximalwerte in beiden Brückenzweigen gerade vertauscht auftreten. Dann ergibt sich als Ausgangsspannung der Vollbrücke $\Delta U = U_0 \Delta R/R = 0{,}066\,\mathrm{V}$. Umgerechnet auf die physikalische Eingangsgröße sind das $\Delta U/(\partial U/\partial p) \approx 28{,}57 \cdot 10^3\,\mathrm{Pa}$.

15.2.8 Drehzahl

Seilwinde und Drehzahlfühler

Aufgabe: Eine Seilwinde mit Trommeldurchmesser $D = 20\,\mathrm{cm}$ wird mit einem Drehzahlfühler überwacht, der mit einem Hall-Sensor, Permanentmagnet und einem ferromagnetischen Inkrementenrad ($n = 192$ Zähne) realisiert ist.

- Wie schnell wird ein Gegenstand herabgelassen, wenn der Drehzahlfühler Pulse mit $f = 30{,}55\,\text{Hz}$ ausgibt?
- Welche Torzeit ist notwendig, um bei einer mittleren Geschwindigkeit des Gegenstandes von $0{,}5\,\text{m}\,\text{s}^{-1}$ diese auf $0{,}01\,\text{m}\,\text{s}^{-1}$ genau bestimmen zu können?

Lösung: Bei einer gemessenen Frequenz von 30,55 Hz entspricht dies einer Drehfrequenz der Trommel von $f_t = f/n = 0{,}1591\,\text{Hz}$. Wird das Seil vom Trommelumfang abgewickelt, ergibt sich eine Geschwindigkeit von $v = \pi D f_t = 0{,}1\,\text{m}\,\text{s}^{-1}$. Bei einer Geschwindigkeit von $v = 0{,}5\,\text{m}\,\text{s}^{-1}$ ergibt sich eine Pulsfrequenz von $f_p = v/(\pi D) \cdot n \approx 152{,}8\,\text{Hz}$. Die Frequenz muss auf $\Delta v/v = 2\,\%$ genau bestimmt werden. Es werden daher mindestens 50 Pulse benötigt (bei maximalem Zählfehler von 1). Um diese zu erhalten dauert es $50\,\text{Pulse}/152{,}8\,\text{Hz} \approx 327\,\text{ms}$.

15.2.9 Inertialsensoren und Navigation

kapazitiver Beschleunigungssensor
Ein Beschleunigungssensor besteht im Wesentlichen aus zwei Kapazitäten $C_{1,2} = \varepsilon_0 A/(d \pm x)$, die sich durch Bewegung einer gemeinsamen Elektrode wechselseitig vergrößern oder verkleinern. Zeigen Sie durch Rechnung, dass durch Messung der Größe $\Delta C/\Sigma C = (C_1 - C_2)/(C_1 + C_2)$ das Signal nur von der relativen Abstandsänderung x/d abhängig ist.

Beschleunigungssensor Kennlinie
Sie erhalten einen Beschleunigungssensor als Rückläufer von einem Kunden. Der Sensor hat eine digitale Schnittstelle und sollte laut Spezifikation eine Empfindlichkeit 8192 LSB/g betragen mit einer Toleranz von $\pm 2\,\%$. Der Offset (bei 0 g) sollte maximal $\pm 0{,}05$ g betragen.

1. Prüfen den Sensor und erhalten als Messwerte -7529 LSB (-1 g) und 9019 LSB (+1 g). Liegt der Sensor innerhalb seiner Spezifikation? Wenn nein, wo treten Abweichungen auf?
2. Können Sie aus diesen Messwerten auch eine Aussage über die Nichtlinearität des Sensors treffen? Begründen Sie Ihre Antwort.
3. Der Sensor hat insgesamt eine Ausgabe von 16 Bit für den Beschleunigungswert. Welchen (nominalen) Messbereich hat der Sensor?

Lösung: Die Empfindlichkeit ist $S = (9019 - (-7529))(2\,\text{g}) \approx 8274$ LSB/g (1 % Fehler, liegt in der Toleranz), der Offset ist $9019 - 8274 = 745$ LSB, d. h. 0,091 g, außerhalb der Toleranz. Eine Aussage über die Nichtlinearität ist mit zwei Punkten nicht möglich. Der gesamte Messbereich beträgt $2^1 6/ \pm 8192 = \pm 8$ g.

Anwendung Drehratesensor
Aufgabe: Schätzen Sie die Drehrate in °/s

- um die vertikale Fahrzeugachse bei der Abfahrt von der Autobahn (90° Kreuzung) mit ca. $40\,\mathrm{km\,h^{-1}}$ (Kurvenradius 50 m).
- Ihre Drehrate, während Sie aus 10 m Entfernung versuchen mit der Kamera einem Radfahrer mit 50 km/h zu folgen.

Lösung: Für die Kurvenfahrt: Eine 90° Kurve hat die Bogenlänge $\pi/2R$, diese wird bei $v = 40\,\mathrm{km\,h^{-1}} = 11{,}11\,\mathrm{m\,s^{-1}}$ durchfahren. Dies ergibt $90°/(R\pi/2)v = 12{,}7°/\mathrm{s}$. Für die Drehgeschwindigkeit beim Verfolgen des Radfahres kann ebenfalls von einer „Kreisfahrt“ ausgegangen werden: $v/(2\pi R) \cdot 360° \approx 79{,}6°/\mathrm{s}$.

Offsetspezifikation
Aufgabe: Die Satellitennavigation eines mit $120\,\mathrm{km\,h^{-1}}$ autonom fahrenden Fahrzeugs ist ausgefallen und die Position muss kurzfristig über die Inertialsensorik übernommen werden. Wie groß darf der Offsetfehler des Drehratesensors maximal sein, damit die Querabweichung der geschätzten Position noch innerhalb $\pm 0{,}25\,\mathrm{m}$ liegt (siehe Abb. 15.1)?
Lösung: Zunächst muss ein Zusammenhang zwischen der Querabweichung h und der Drehrate Ω gefunden werden. Hierfür wird verwendet, dass bei einer konstanten Drehrate das Fahrzeug auf einer Kreisbahn fährt. Bei einer gegebenen Geschwindigkeit v ist die Drehrate bei Kurvenradius R: $\Omega = 2\pi/(2\pi R/v) = v/R$. Der Kurvenradius ist also $R = v/\Omega$. Den Zusammenhang zwischen R und h erkennt man am besten in der Abb. 15.2. Es ist $h = R - R\cos\varphi \approx 1/2R\varphi^2$, wobei im letzten Schritt der cos bis zur zweiten Ordnung entwickelt wurde. Mit $\varphi = \Omega t$ ergibt sich nach Einsetzen und Auflösen $\Omega = 2h/(vt^2)$. Mit Zahlenwerten ergibt sich $\Omega = 1{,}5 \cdot 10^{-4}\,\mathrm{rad\,s^{-1}} = 8{,}6 \cdot 10^{-3}°/\mathrm{s}$.

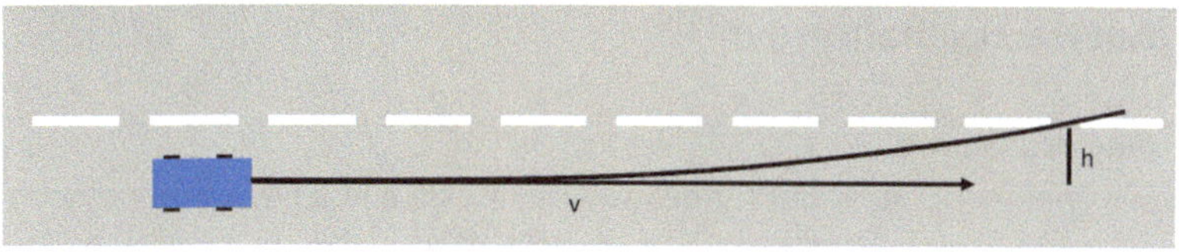

Abb. 15.1 Zur Aufgabenstellung 21

Abb. 15.2 Zur Lösung von 21

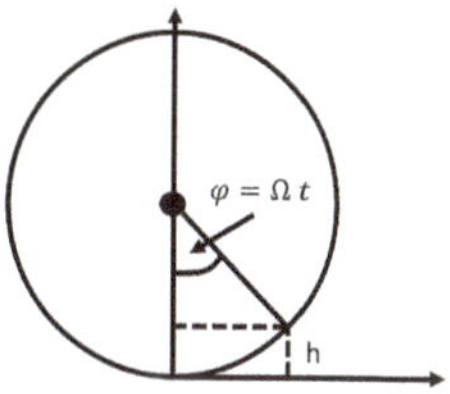

Odometrie
Aufgabe: Sie wollen eine Schätzung für die zurückgelegte Strecke eines Fahrzeugs über den Drehzahlfühler durchführen („Odometrie"). Als Information haben Sie die Pulsfrequenz f, wobei der Drehzahlfühler $n = 32$ Pulse pro Umdrehung erzeugt und eine Zeitmessung t. Das Rad hat den Durchmesser D. Stellen Sie einen analytischen Zusammenhang zwischen der Pulsfrequenz und der zurückgelegten Wegstrecke auf. Welche Strecke hat das Fahrzeug für folgende Parameter zurückgelegt:

- Raddurchmesser: $D = 60$ cm
- Frequenz Drehzahlfühler: $f = 255$ Hz
- Fahrzeit: $t = 5$s

Die Frequenzmessung hat einen statistischen Fehler $\Delta f/f$ von 0,5 % und aufgrund des Reifenabriebs besteht eine Unsicherheit von $\Delta D = 5$ mm auf den Reifendurchmesser (kann als statistischer Fehler angenommen werden).

- Berechnen Sie die notwendige Torzeit für die Frequenzmessung.
- Berechnen Sie den Fehlerbereich für die Positionsschätzung (jeweils für den oben angenommenen Arbeitspunkt).

Lösung: Die zurückgelegte Strecke ergibt sich aus $s = vt$. Die Geschwindigkeit aus der Drehzahl des Rades und dem Reifenumfang: $s = \pi Df/n = 75{,}1$ m. Zu Berechnung der Torzeit kann man von max. 1 Puls Fehler ausgehen. Dann ist $1/0{,}005 = 200$ Pulse erforderlich. Bei der angegebenen Frequenz bedeutet das eine Torzeit von $200/255\text{ Hz} = 0{,}784$ s. Mit der *Gaußschen*-Fehlerfortpflanzung für einfaches Produkt ergibt sich der relativer Fehler $\Delta s/s = \sqrt{(\Delta f/f)^2 + (\Delta D/D)^2} = 0{,}0097$, absolut $\Delta s = \pm 0{,}7298$ m.

15.2.10 Auswerteschaltungen

Analoger Sensorausgang
Aufgabe: Ein analoger Sensor mit (unbelastetem) Ausgabewert 2,5 V hat einen Ausgangswiderstand (Innenwiderstand) von $R_{aus} = 500\,\text{k}\Omega$. Wie groß muss der Eingangswiderstand einer Verstärkerschaltung R_{ein} mindestens sein, damit der Messwert um höchstens 5 mV verfälscht wird?
Lösung: Der Spannungsabfall am Innenwiderstand darf max. $\Delta U = R_{aus} I_{Last} = R_{aus} U_{aus} / (R_{aus} + R_{ein})$. Umstellen ergibt: $R_{ein} = R_{aus}(U_{aus-\Delta U})/\Delta U \approx 24{,}5\,\text{M}\Omega$.

Vermessung variabler Widerstand mit nicht-invertierender OPV Schaltung
Die abgebildete Schaltung (Abb. 15.3) wird verwendet, um den Widerstandswert von R_x auf einen Eingangsspannungsbereich eines ADCs zu skalieren. Dabei soll $R_{min} = 1\,\text{k}\Omega$ und

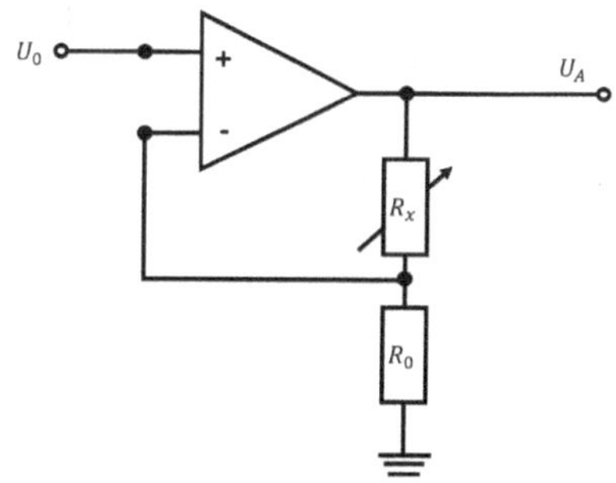

Abb. 15.3 Nicht-invertierende OPV Schaltung zur Übersetzung des Widerstandswerts R_x in eine Ausgangsspannung

$R_{max} = 10\,\text{k}\Omega$ auf die Spannungen $U_{min} = 0{,}5\,\text{V}$ und $U_{max} = 4{,}5\,\text{V}$ abgebildet werden. Berechnen Sie U_0 und R_0, so dass dies erreicht wird.

Lösung Aus der Formel für die Verstärkung der nicht-invertierenden OPV Schaltung (11.6) lassen sich die beiden Gleichungen

$$\begin{aligned} U_{min} &= U_0 \left(1 + \frac{R_{min}}{R_0}\right) \\ U_{max} &= U_0 \left(1 + \frac{R_{max}}{R_0}\right) \end{aligned} \tag{15.26}$$

aufstellen. Zur Lösung wird entweder sukzessive eine Gleichung nach R_0 umgestellt und in die andere eingesetzt. Etwas eleganter lässt sich das Gleichungssystem auch als Matrixgleichung schreiben:

$$\begin{pmatrix} 1 & R_{min} \\ 1 & R_{max} \end{pmatrix} \begin{pmatrix} U_0 \\ \frac{U_0}{R_0} \end{pmatrix} = \begin{pmatrix} U_{min} \\ U_{max} \end{pmatrix} \tag{15.27}$$

Als Lösungen ergibt sich $U_0 = 0{,}0556\,\text{mV}$ und $R_0 = 125\,\Omega$.

Audiosignal digitalisieren

Aufgabe: Ein Audiosignal eines Mikrofons mit max. $\pm 100\,\text{mV}$ Amplitude bei 880 Hz soll mit einem ADC aufgezeichnet werden (Messbereich 0–5 V). Bestimmen Sie die Widerstände in der abgebildeten Schaltung, damit das Ausgangssignal den Messbereich des ADCs möglichst gut ausnutzt. (Hinweis: der Kondensator kann als beliebig groß angesehen werden. Im ersten Schritt sind nur die Verhältnisse von $R_{a,b}$ und $R_{1,2}$ wesentlich, nicht die Absolutwerte. Angenommen $R_{a,b}$ und C sind endlich groß: Was müssen Sie beachten (Abb. 15.4)?

Lösung: Damit der ADC das Signal unverzerrt aufzeichnen kann, muss es symmetrisch um 2,5 V herum liegen. Es wird also eine Verstärkung von $2{,}5/0{,}1 = 25$ benötigt. Mit der Verstärkung eines nicht-invertierender Verstärkers ergibt sich $V = (1 + R2/R1)$, d. h. $R2/R1 = 24$. Um R_a, b zu bestimmen wird rückwärts gerechnet: der Mittelwert liegt am Ausgang bei 2,5 V daher muss der Mittelwert am Eingangsknoten bei $2{,}5\,\text{V}/25 = 0{,}1\,\text{V}$ liegen. Das wird erreicht, wenn der Spannungsteiler von $R_{a,b}$ gerade ein $1/50$ der

Abb. 15.4 Zur Aufgabenstellung von 16.2.10

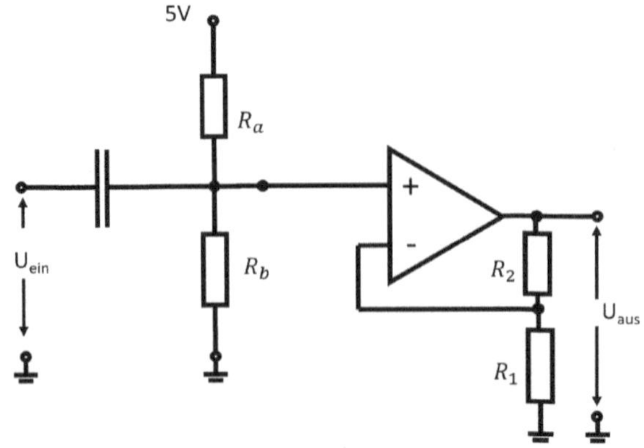

Versorgungsspannung ausgibt, also $R_b/R_a = 49$. Sofern die Absolutwerte relevant sind, muss der Wechselstrom-Eingangswiderstand für das Signal beachtet werden $R_i = R_a||R_b$ bzw. die untere Grenzfrequenz $f = 1/(2\pi R_i C)$.

Belastete Quelle mit invertierender OPV-Schaltung
Eine Spannungsquelle mit Innenwiderstand $R_i = 2\,\text{k}\Omega$ soll mit einer invertierenden OPV-Schaltung vermessen werden. Die Spannung variiert zwischen $\pm 20\,\text{mV}$ und soll auf $\pm 3\,\text{V}$ verstärkt werden.

a) Berechnen Sie den notwendigen Verstärkungsfaktor (ohne Berücksichtigung des Innenwiderstands).
b) Das Ausgabe-Signal darf maximal um 1 % vom wahren Wert abweichen aufgrund der Belastung der Quelle. Berechnen Sie die Widerstände R_1 und R_2 der Schaltung.

Lösung Der Verstärkungsfaktor beträgt $3\,\text{V}/0{,}2\,\text{V} = 150$. Der Eingangswiderstand der Schaltung ist identisch mit R_1 (siehe Abschn. 12.2.1). R_i und R_1 bilden einen Spannungsteiler, der durch $R_1/(R_i + R_1) = (1 - 0{,}01) = 0{,}99$ bestimmt wird. Umstellen und Auflösen ergibt $R_1 = 198\,\text{k}\Omega$ und damit $R_2 = 150 R_1 = 29{,}7\,\text{M}\Omega$.

Brückenschaltung Temperaturwiderstand mit ADC
Aufgabe: Ein Temperaturwiderstand ($R_{20\,°\text{C}} = 1\,\text{k}\Omega$, Temperaturkoeffizient $\alpha_{20\,°\text{C}} = 3{,}85 \cdot 10^{-3}\,\text{K}^{-1}$ wird in einer Viertelbrücke mit drei weiteren $1\,\text{k}\Omega$ Widerständen betrieben. Die Brücke wird mit 5 V versorgt und ist bei 20 °C abgeglichen.

- Welche (näherungsweise) Empfindlichkeit in V/K hat die Brückenschaltung?
- Die Querspannung der Brücke wird mit einem mit einer einfachen invertierenden OPV Schaltung vorverarbeitet und auf einen Analog-Digital-Wandler mit einer digitalen Auflösung von 8 bit (Eingangsspannungsbereich 0–5V) gegeben (Schaltung siehe

Abschn. 11.2.3. Bestimmen Sie die Widerstände so, so dass die Bücke mit 100 μA belastet wird und der Messbereich nach der Analog-Digitalwandlung von −10 °C bis 50 °C reicht.

Lösung: Die Schaltung ist eine Viertelbrücke mit $S \approx U_0\alpha/4 = 4{,}81\,\mathrm{mV\,K^{-1}}$. Der Innenwiderstand des Brückenzweigs mit dem Temperaturwiderstand ist (im abgeglichenen Zustand) $R_i = 1\,\mathrm{k\Omega}||1\,\mathrm{k\Omega} = 500\,\Omega$. Damit der Laststrom $I_L = 100\,\mu\mathrm{A}$ beträgt muss der gesamte wirksame Lastwiderstand, der sich aus der Reihenschaltung von Innenwiderstand der Brücke und Eingangswiderstand der OPV-Schaltung ergibt, $R_L = 2{,}5\,\mathrm{V}/I_L = 25\,\mathrm{k\Omega}$ betragen. Daher ist $R_1 = R_L - R_i = 24{,}5\,\mathrm{k\Omega}$. Die Brücke gibt am oberen Rand des Messbereichs ca. $S \cdot 30\,°\mathrm{C} = 144\,\mathrm{mV}$ aus. Um diese bis auf 5 V zu schieben ist eine Verstärkung von $V = 2{,}5\,\mathrm{V}/0{,}144\,\mathrm{V} \approx 17{,}32$ notwendig. Zusammen mit dem Innenwiderstand der Brücke ist also ein Rückkoppelwiderstand $R_2 = 17{,}32 \cdot R_L \approx 433\,\mathrm{k\Omega}$ erforderlich.

Füllstandssensor

Aufgabe: Eine Füllstandsmessung (Wasser, $\varepsilon_r = 81$) soll mit einem kapazitiven Messelement aufgebaut werden. Vereinfacht kann das Messelement als Plattenkondensator mit Höhe (=Füllstandshöhe) 30 cm, Breite 1 cm und Plattenabstand 1 mm angesehen werden. Für die Auswertung der Kapazität verwenden Sie einen RC-Messoszillator ($R = R_1 = R_2$, siehe Abschn. 11.4.1, Periodendauer $T = 2ln(3)RC$). Damit der angeschlossene Mikrocontroller die Frequenz gut messen kann, sollte die Maximalfrequenz nicht höher als 100 kHz sein. Entwerfen Sie die restlichen Bauteile.

- Welche Frequenz ergibt sich dann bei halbem Füllstand?
- Wie groß darf der Fehler in der Kapazitätsmessung sein, damit der Füllstand auf 0,3 mm Füllhöhe genau bestimmt wird?
- Wie genau muss dann die Frequenz bestimmt werden (Arbeitspunkt halbe Füllhöhe)?
- Die Schaltung muss aufgrund der Umgebungsbedingungen in größerem Abstand vom Messelement (dem „C") montiert werden. Welche systematischen Fehlerquellen könnten auftreten?

Lösung: Für die Kapazitäten ergibt sich

$$\begin{aligned} C &= \epsilon_0\epsilon_r\frac{hb}{d} + \epsilon_0\epsilon_r\frac{(L-h)b}{d} \\ C_{\text{voll}} &= 2{,}15 \cdot 10^{-9}\,\mathrm{F} \\ C_{\text{leer}} &= 2{,}655 \cdot 10^{-11}\,\mathrm{F} \\ C_{\text{halb}} &= 1{,}0885 \cdot 10^{-9}\,\mathrm{F} \end{aligned} \tag{15.28}$$

Ladewiderstand des Messoszillators:

$$
\begin{aligned}
R &= \frac{1}{2\ln(3) f C_{leer}} = 171{,}4\,\mathrm{k}\Omega \\
f_{\text{halb}} &= 2{,}439\,\mathrm{kHz} \\
f_{\text{voll}} &= 1{,}239\,\mathrm{kHz}
\end{aligned} \tag{15.29}
$$

Fehlerfortpflanzung

$$
\begin{aligned}
\Delta h &= 0{,}3 \cdot 10^{-3}\,\mathrm{m} \\
\Delta C &= \sqrt{\left(\frac{\partial C}{\partial h}\Delta h\right)^2} = \left(\epsilon_0(\epsilon_r - 1)\frac{b}{d}\right)\Delta h = 2{,}12 \cdot 10^{-12}\,\mathrm{F}
\end{aligned} \tag{15.30}
$$

Fehlerfortpflanzung, Arbeitspunkt halber Füllstand:

$$
\Delta f = \sqrt{\left(\left.\frac{\partial f}{\partial C}\right|_{C=C_{\text{halb}}} \Delta C\right)^2} = \frac{1}{2\ln(3)\, R\, C_{\text{halb}}^2}\Delta C = 4{,}76\,\mathrm{Hz} \tag{15.31}
$$

Leitung hat Parasitärkapazitäten (und -Widerstände, eher weniger relevant). Daher entsteht ein Frequenzoffset der zusätzlich empfindlich auf Kabelbewegungen etc. sein kann.

15.2.11 Umfeldsensorik

Ultraschall: Triangulation

Aufgabe Zwei Ultraschallsensoren im Stoßfänger sind im Abstand von $d = 2\,\mathrm{m}$ montiert. Der linke Sensor empfängt ein Echo nach $t_1 = 10\,\mathrm{ms}$, der rechte nach $t_2 = 6{,}66\,\mathrm{ms}$. Wo befindet sich das (als klein angenommene) Objekt?

Lösung: Das erste Echo muss aus dem Abstand $R_1 = ct_1/2 =$ und das zweite aus $R_2 = ct_2/2 =$ kommen. Zur Berechnung werden die Schnittpunkte zweier Kreise mit den jeweiligen Sensoren im Mittelpunkt bestimmt. Die beiden Kreise werden beschrieben durch die beiden impliziten Funktionen

$$
R_1^2 = x^2 + y^2 R_2^2 \quad = (x-d)^2 + y^2 \tag{15.32}
$$

Am Objekt schneiden sich beide Kreise. Es gilt dort

$$
\begin{aligned}
R_1^2 - x^2 &= R_2^2 - d^2 + 2dx - x^2 \\
\Rightarrow x &= \frac{R_1^2 - R_2^2 + d^2}{2d}
\end{aligned} \tag{15.33}
$$

Mit Zahlenwerten ergibt sich $x = 1{,}409\,\mathrm{m}$ und (nach Auflösen und Einsetzen in eine der ersten Gleichungen) $y = 0{,}977\,\mathrm{m}$.

Ultraschall: Tankfüllstand

Aufgabe: Ein Ultraschallsensor wird zur Überwachung der Füllstandshöhe in einem zylindrischen Vorratstank verwendet. Der Tank hat einen Durchmesser von $D = 2\,\text{m}$. Der Sensor ist im Deckel in $H = 5\,\text{m}$ (Höhe des gesamten Tanks) platziert (Schallgeschwindigkeit $c = 343\,\text{m}\,\text{s}^{-1}$.

- Welches Volumen hat die Flüssigkeitsmenge, wenn die Echos nach $t = 15{,}5\,\text{ms}$ eintreffen?
- Welche Unsicherheit in der Volumenmessung entsteht, wenn die Temperatur im Bereich $-20\,°\text{C}$ und $40\,°\text{C}$ liegen kann?

Lösung: Abstands zur Flüssigkeitsoberfläche $d = ct/2 \approx 2{,}66\,\text{m}$, Füllhöhe h also $h = H - d \approx 2{,}34\,\text{m}$. Volumen $V = \pi(D/2)^2 h \approx 7{,}35\,\text{m}$. Die Temperaturabhängigkeit der Schallgeschwindigkeit ist $c \sim \sqrt{T}$, daher kann c bei den Ecktemperaturen durch Skalierung leicht berechnet werden: $c_{1,2} = c_0\sqrt{T_{1,2}/T_0}$, $c(-20\,°\text{C}) \approx 318{,}7\,\text{m}\,\text{s}^{-1}$ und $c(40\,°\text{C}) \approx 354{,}5\,\text{m}\,\text{s}^{-1}$. Der Fehler in der Abstandsmessung ist dann $\Delta d = \Delta c t/2 \approx 0{,}278\,\text{m}$ und damit in der Volumenmessung $\Delta V \approx 0{,}872\,\text{m}^3$.

Ultraschall: Temperaturmessung mal anders

Aufgabe: Die mittlere Lufttemperatur in einem großen Raum (10 m Abstand zwischen den Wänden) soll gemessen werden. Da Sie leider gerade keinen anderen geeigneten Temperatursensor haben, soll dies über eine Laufzeitmessung mit einem Ultraschallsensor (kombinierter Sender & Empfänger) erfolgen. Wie groß darf der Fehler in der Laufzeitmessung maximal sein, damit die Temperatur auf 1 K genau bestimmt werden könnte? Tipp: Nehmen Sie $c = 343\,\text{m}\,\text{s}^{-1}$ bei $20\,°\text{C}$ als Referenzpunkt.

Lösung: Die Laufzeit ist $t = 2d/c(T) = t_0\sqrt{T_0/(T_0 + \Delta T)}$ mit $t_0 = 2d/c_0$. Um die Abhängigkeit von ΔT zu erhalten, wird die Ableitung bei $\Delta T = 0$ gebildet und die Fehlerfortpflanzung betrachtet. Es ist $\Delta t \approx \partial t/\partial \Delta T|_{\Delta T=0} \Delta T = t_0 \Delta T/T_0 \approx 200\,\mu\text{s}$.

Kamera: Spezifikation

Aufgabe: Sie sollen die Spezifikation einer Kamera hinsichtlich der Nutzbarkeit für ein Fahrerassistenzsystem überprüfen. Die Pixel des Imagerchips (1280 (horizontal) × 960 (vertikal)) haben eine Kantenlänge *(pixel pitch)* von $a = 2{,}2\,\mu\text{m}$, die (auf „unendlich“ eingestellte) Optik eine Brennweite von $f = 15\,\text{mm}$.

- Für den Spurhalteassistent soll der Mittelstreifen (Breite $b = 10\,\text{cm}$) in $d = 100\,\text{m}$ Entfernung noch auf mindestens 3 Pixel horizontal abgebildet werden. Ist das mit der Kamera möglich? Begründen Sie Ihre Antwort mit einer kurzen Rechnung.
- Um den Verkehr auf den Nachbarspuren überwachen zu können, soll das Field-Of-View horizontal 60° betragen. Ist das mit der gleichen Kamera möglich? Begründen Sie Ihre Antwort mit einer kurzen Rechnung.

- Mit dem Imager wird mit einer Framerate von 20 Hz ein RGB-Video mit 8 Bit pro Farbe erstellt. Welche Datenrate in Mbit/s hat der unkomprimierte Datenstrom?

Lösung: Die Projektion der Breite des Fahrstreifens ergibt sich aus $b/d \cdot f = 15\,\mu\text{m} > 6$ Pixel, passt also. Das horizontale FoV ist $2\arctan(1280a/2) \approx 10{,}7°$ reicht aber definitiv nicht. Die Datenrate liegt bei 3 Farben $\cdot$ 8 Bit $\cdots$ 1280 $\cdots$ 960 $\cdot$ 20 Hz $\approx$ 590 MBit/s.

Kamera: Hintergrundlicht und Belichtungszeit
Aufgabe: Ein Active Pixel Sensor mit Kantenlänge $a = 3\,\mu\text{m}$ und Quanteneffizenz von 50 % hat eine **Full Well Capacity** von 10^4 Elektronen. Die Kameraoptik hat eine Brennweite von $f = 20\,\text{mm}$, Apertur $D = 5\,\text{mm}$ und ist auf unendlich eingestellt. Die Kamera blickt eine sehr große weiße Wand (Reflektivität 100 %), die mit $E_{phot} = 10\text{klux} \approx 100\,\text{W/m}^2$ beleuchtet wird.

- Zeigen Sie, dass die Leistung auf dem Pixel nicht vom Abstand d der Wand abhängt.
- Nehmen Sie an, dass das Licht nur bei der Wellenlänge $\lambda = 550\,\text{nm}$ strahlt. Wie lange ist die maximale Belichtungszeit?

Lösung: Die Größe der auf das Pixel abgebildeten Wandfläche A wächst mit $A = (da/f)^2 \sim d^2$. Die Leistung am Pixel ergibt sich aus

$$P = \frac{E_{phot}}{\pi} A \frac{\pi (D/2)^2}{d^2} = E_{phot} \left(\frac{a}{f} \frac{D}{2} \right)^2 \tag{15.34}$$

und ist unabhängig vom Abstand d! Die Leistung am Pixel ist $P \approx 1{,}4 \cdot 10^{-11}\,\text{W}$. Unter der Annahme von monochromatischem Licht ist das eine Photonenrate von $P/(hc/\lambda) \approx 3{,}89 \cdot 10^7\,\text{s}^{-1}$. Die *full well capacity* ist damit nach ca. $10^4 e^- / (0{,}5 \cdot 3{,}89 \cdot 10^7 e^-/\text{s}) \approx 513\,\mu\text{s}$ aufgebraucht.

LiDAR: Direct Time-of-Flight System
Aufgabe: Ein TDC *(Time-to-Digital Converter)* hat eine maximale Aufnahmezeit von 2 µs und wird zur Flugzeitmessung eines LiDAR-Systems verwendet.

- Welche maximale Reichweite hat das LiDAR System?
- Was passiert, wenn ein Target in noch größerer Entfernung steht ?
- Was könnte die Ursache für eine minimale Reichweite sein?
- Es handelt sich um ein spiegelbasiertes LiDAR System, das den Strahl durch Ablenkung über die Szene bewegt. Um welchen Winkel hat sich der Spiegel weiterbewegt, wenn die Umdrehungsrate 10 Hz beträgt und der Puls eines 120 m entfernten Objekts am Empfänger eintrifft?
- Wie viele Bildpunkte können bis zur maximalen Flugzeit sequentiell vermessen werden, wenn eine Framerate von 10 Hz verwendet wird?

Lösung: Die maximale Reichweite ergibt sich aus $d = ct/2 = 300\,\text{m}$. Sollte das Objekt stark genug reflektieren, scheint es bei der Distanz $d_{scheinbar} = d_{real} - 300\,\text{m}$ zu sein. Eine untere Grenze ergibt sich aus der Totzeit des Systems, die beispielsweise entsteht, wenn es eine leicht Überkopplung des Sende- zum Empfangspfad gibt. Der Spiegel hat sich innerhalb der Flugzeit $t = 2d/c = 800\,\mu\text{s}$ um $360° \cdot 10\,\text{Hz} \cdot 800\,\mu\text{s} = 2{,}88 \cdot 10^{-3}°$. Bei einer Framerate von 10 Hz bleiben $T = 0{,}1$ s für die Messungen. Das sind $T/t_{max} = 33{,}3 \cdot 10^3$ Bildpunkte.

LiDAR: indirect Time-of-Flight System
Aufgabe: Ein indirect Time-of-Flight (iToF) LiDAR System nutzt eine Modulationsfrequenz von 10 MHz.

- Wie groß ist der Eindeutigkeitsbereich für die Abstandsmessung?
- Berechnen Sie die Entfernungsauflösung, wenn die Phase auf $\Delta\varphi = 0{,}1°$ genau gemessen werden kann.

Lösung: Der Eindeutigkeitsbereich ist erreicht, wenn die Phasendifferenz zwischen gesendetem und empfangenem Strahl bei 2π ist. Die Phasenverschiebung ist $\varphi = 4\pi f_{mod} d/c$. Auflösen nach d ergibt mit $\varphi = 2\pi$ $d = 15\,\text{m}$. Fehlerfortpflanzung ergibt für $\Delta d = \partial d/\partial\varphi \Delta\varphi \approx 4{,}2\,\text{mm}$.

15.2.12 Sensor Prüfen und Abgleichen

Sensor-Abgleich
Aufgabe: Ein Beschleunigungssensor hat eine Rauschleistungsdichte von $n_d = 90\,\mu\text{g}/\sqrt{Hz}$. Der Ausgang hat eine Bandbreite von $BW = 1\,\text{kHz}$.

- Wie groß ist der RMS Wert des Rauschens?
- Der Sensor wird so platziert, so dass die z-Achse nach oben parallel zum g-Vektor (Erdbeschleunigung) und die x- und y-Achse in der Ebene liegen. Wie genau müsste der Sensor ausgerichtet werden (Verkippung), so dass der Offset in x- und y- Achse auf $< 10\,\text{mg}$ bestimmt werden kann?
- Wie viele Messwerte werden für die Mittelwertbildung benötigt, damit die Messung die Messsystemanalyse (MSA) nach Verfahren 1 erfüllen kann? Die Spezifikation erfordert eine Grenze für den Offset von $\pm 20\,\text{mg}$.

Lösung: Das RMS-Rauschen beträgt $\sigma = n_d\sqrt{BW} \approx 2{,}8\,\text{mg}$. Liegen die Messrichtungen für x und y in der Horizontalen, ändert sich das Signal mit dem Verkippungswinkel α $x(\alpha) = g \sin\alpha$. Müsste die Ausrichtung der Achsen bei der Prüfung besser als $\alpha = \arcsin \Delta x/g \approx 0{,}573°$ sein. Das MSA Verfahren 1 erfordert $1{,}33 \geq 0{,}2|x_{OG} - x_{UG}|/6\sigma_x$. Hierfür muss die

Standardabweichung des Mittelwerts der samples bei $\sigma_x \approx 1$ mg. Da $\sigma_x = \sigma/\sqrt{N}$ werden ca. 8 samples benötigt, um die ausreichend statistische Sicherheit zu erhalten.

Temperaturkompensation im Sensorpfad

Aufgabe: Ein Sensor zeigt einen Einfluss der Temperatur auf die Empfindlichkeit der Sensors. Das Temperaturverhalten lässt sich aufgrund der physikalischen Ursache durch

$$S(T) = S_0 \sqrt{\frac{T - T_0}{T_0}} = S_0 \sqrt{1 + \frac{\Delta T}{T_0}} \tag{15.35}$$

beschreiben (absolute Temperaturen, $T_0 = 25\,°\mathrm{C} = 298\,\mathrm{K}$. Diese bekannte Abweichung soll schon im Signalpfad korrigiert werden durch eine Ausgleichsfunktion. Wie groß ist der relative (Rest-)Fehler der Empfindlichkeit bei 85 °C, wenn eine lineare oder quadratische Ausgleichsfunktion gewählt wird.

Lösung: Die lineare und quadratische Näherung an den Arbeitspunkt ergibt sich aus der Taylor-Entwicklung des Temperaturverhaltens:

$$\begin{aligned} S_{lin}(\Delta T) &= S_0 \left(1 + \frac{1}{2}\frac{\Delta T}{T_0}\right) \\ S_{quad}(\Delta T) &= S_0 \left(1 + \frac{1}{2}\frac{\Delta T}{T_0} + \frac{1}{8}\left(\frac{\Delta T}{T_0}\right)^2\right). \end{aligned} \tag{15.36}$$

Ohne Kompensation würde die Empfindlichkeit bei 85 °C um 9,61 % abweichen. Mit linearer Korrektur bleiben $\approx$ 0,46 % und bei quadratischer Korrektur $\approx$ 454 ppm Fehler.

Anhang A

A.1 Taylor-Reihe

Viele der Messfunktionen für Sensoren sind nichtlinear. Ein einfaches Beispiel ist bereits die Kapazität eines Plattenkondensators in Abhängigkeit vom Plattenabstand. Jedoch interessiert oft nur das Verhalten des Sensors um einen bestimmten Arbeitspunkt. Dafür kann die Funktion in eine Potenzreihe entwickelt werden.

$$
\begin{aligned}
f(x, x_0) &= \sum_n = 0^\infty \frac{f^(n)(x_0)}{n!}(x - x_0)^n \\
&= f(x_0) + f'(x_0)(x - x_0) + \frac{1}{2} f''(x_0)(x - x_0)^2 + \frac{1}{6} f'''(x_0)(x - x_0)^3 + \ldots
\end{aligned}
\tag{A.1}
$$

Diese Reihe wird **Taylor-Reihe** genannt. Die ersten beiden Terme sind die Gleichung der Tangente an die Funktion im Arbeitspunkt. Alle weiteren Terme sind zusätzliche Korrekturen der Krümmung, die die Funktion auch über einen weiteren Bereich approximieren. Jedoch ist die Konvergenz der Reihe nicht immer gegeben, wenn der Berechnungspunkt x zu weit weg vom Arbeitspunkt x_0 liegt (**Konvergenzradius**).

In der Praxis ist es oft hilfreich, die zu entwickelnde Funktion etwas umzuformen, um auf eine leicht zu behandelnde Darstellung zu kommen. Für das oben erwähnte Beispiel eines Plattenkondensators mit variablem Abstand $d - x$

$$
C(x) = \varepsilon_0 \frac{A}{d - x} = \varepsilon_0 \frac{A}{d(1 - x/d)} = C_0 \frac{1}{1 - x/d} \tag{A.2}
$$

kann die Funktion so mit der Substitution $x/d = \alpha$ recht aufgeräumt und ohne Einheiten $(1/(1 - \alpha))$ behandelt werden. Es sind für den Entwicklungspunkt $\alpha = x/d = 0$

M. Hattaß, *Sensorik*,
https://doi.org/10.1007/978-3-662-73845-0

$$\begin{aligned}
C(0) &= C_0 \\
C'(0) &= C_0 \frac{1}{(1-\alpha)^2} = C_0 \\
C''(0) &= 2C_0 \frac{1}{(1-\alpha)^3} = C_0 \\
&\vdots
\end{aligned} \tag{A.3}$$

Und mit Rücksubstitution

$$C(x) = \varepsilon_0 \frac{A}{d} \left(1 + \frac{x}{d} + \left(\frac{x}{d}\right)^2 + \ldots\right) \tag{A.4}$$

Die Taylor-Reihenentwicklung bietet sich an vielen Stellen in der Modellierung eines Sensorpfades an, wenn der Gültigkeitsbereich beachtet wird. Neben der einfachen Linearisierung ist auch oft die Berücksichtigung der höheren Glieder nützlich, um erste Aussagen zur Nichtlinearität treffen zu können.

A.2 Fehlerfortpflanzung

Bei der Auslegung und Anwendung von Sensoren ist oft zu berücksichtigen, dass Werte mit Fehlern behaftet sein können. Deren Wirkung muss vom Entstehungspunkt bis zum finalen Ausgabewert nachverfolgt werden, um eine abgesicherte Aussage über die eigentlich Messung machen zu können. Wichtigstes Hilfsmittel hierfür ist die **Gaußsche-Fehlerfort pflanzung**. Hier soll auf den in der Praxis häufigsten Anwendungsfall der unabhängigen fehlerbehafteten Größen eingegangen werden. Der Fehler Δy einer Größe die von verschiedenen Eingangswerten abhängig ist ($y = f(x_1, x_2, \ldots)$) ergibt sich zu

$$\Delta y = \sqrt{\left(\left.\frac{\partial f}{\partial x_1}\right|_{AP} \Delta x_1\right)^2 + \left(\left.\frac{\partial f}{\partial x_2}\right|_{AP} \Delta x_2\right)^2 + \ldots} \tag{A.5}$$

Dabei ist $\Delta x_{1,2}$ der Fehler in der Eingangsgröße $x_{1,2}$ und $\left.\frac{\partial f}{\partial x_{1,2}}\right|_{AP}$ die Ableitung der Funktion f an der Stelle des Nominalwertes von $x_{1,2}$. Kern des Verfahrens ist also die Betrachtung der Einzelunsicherheiten und deren quadratische Summation. Für viele Anwendungsfälle wird der Fehler auch als relative Größe angegeben:

$$\frac{\Delta y}{y} = \frac{1}{y}\sqrt{\left(\left.\frac{\partial f}{\partial x_1}\right|_{AP} \Delta x_1\right)^2 + \left(\left.\frac{\partial f}{\partial x_2}\right|_{AP} \Delta x_2\right)^2 + \ldots} \tag{A.6}$$

Die Struktur bestimmter Messfunktionen ermöglicht eine recht schnelle Berechnung. Insbesondere, wenn die Funktion alle Größen als Produkt verknüpft. In diesem Fall ist der Berechnungsweg über den relativen Fehler oft schneller.

- $y = x_1 + x_2 \quad \Delta y = \sqrt{\Delta x_1 + \Delta x_2}$
- $y = x_1 x_2 \quad \frac{\Delta y}{y} = \sqrt{\left(\frac{\Delta x_1}{x_1}\right)^2 + \left(\frac{\Delta x_2}{x_2}\right)^2}$
- $y = \frac{x_1}{x_2} \quad \frac{\Delta y}{y} = \sqrt{\left(\frac{\Delta x_1}{x_1}\right)^2 + \left(\frac{\Delta x_2}{x_2}\right)^2}$
- $y = x_1^n x_2^m \quad \frac{\Delta y}{y} = \sqrt{\left(n\frac{\Delta x_1}{x_1}\right)^2 + \left(m\frac{\Delta x_2}{x_2}\right)^2}$

A.3 Lambertscher Strahler und Reflektor

Ein **Lambertscher Strahler** spielt bei verschiedenen Sensorsystemen, die Strahlungsflüsse auswerten, eine wichtige Rolle. Seine Eigenschaft ist gerade, dass er ein idealer diffuser Strahler ist. Das bedeutet, dass die **Strahldichte** L aus allen Richtungen des Halbraums denselben Wert hat. Er erscheint also unabhängig vom Beobachtungswinkel gleich hell. Der Lambertsche Strahler ist zwar ein idealisiertes Modellsystem, kann aber für viele Zwecke näherungsweise gut verwendet werden. Ein einfaches Beispiel eines solchen Strahlers ist ein weißes Blatt Papier, das aus unterschiedlichen Richtungen immer gleich hell erscheint. Das bedeutet, dass das Objekt unter allen Beobachtungsrichtungen die gleiche Helligkeit pro beobachteter Fläche besitzt. In die messbare **Strahlausgangsdichte** M (Gesamtleistung pro Fläche) geht dann nur die Projektion der Fläche auf die Beobachtungsrichtung ein. Die **Strahldichte** eines lambertschen Strahlers ist somit richtungsunabhängig und die von der Fläche in Richtung θ abgestrahlte Leistung pro Raumwinkelelement ergibt sich mit dem Kosinusgesetz von Lambert:

$$\mathrm{d}M(\theta) = L \cos\theta \,\mathrm{d}\Omega. \tag{A.7}$$

In der Praxis tritt der lambertsche Strahler beispielsweise bei thermischen Emittern (Wärmeabstrahlung einer Oberfläche) auf oder auch als diffuser Reflektor bei der Beleuchtung mit einem Lichtstrahl (Laserstrahl eines LiDAR-Systems) auf. Oft ist dabei die *Gesamtleistung*, die insgesamt in den Halbraum abgestrahlt wird, beziehungsweise die daraus resultierende Strahlausgangsdichte M bekannt (etwa aus dem Planckschen Strahlungsgesetz oder aus der ausgesendeten Laserleistung). Für die spätere Berechnung der Strahldichte L benötigt man den Zusammenhang zwischen M und L (Abb. A.1).

Ausgehend von einer konstanten Strahldichte L_0 eines lambertschen Strahlers ergibt sich die Strahlausgangsdichte durch Integration über den Halbraum:

$$M = \int_{\Omega=2\pi} L_0 \cos\theta \,\mathrm{d}\Omega = \int_0^{2\pi} \int_0^{\pi/2} L_0 \cos\theta \sin\theta \,\mathrm{d}\theta \,\mathrm{d}\phi. \tag{A.8}$$

Das äußere Integral über ϕ ergibt 2π, während das innere unter Verwendung von trigonometrischen Relationen $\left(\cos\theta \sin\theta = \frac{1}{2}\sin 2\theta\right)$ recht einfach gelöst werden kann. Damit folgt

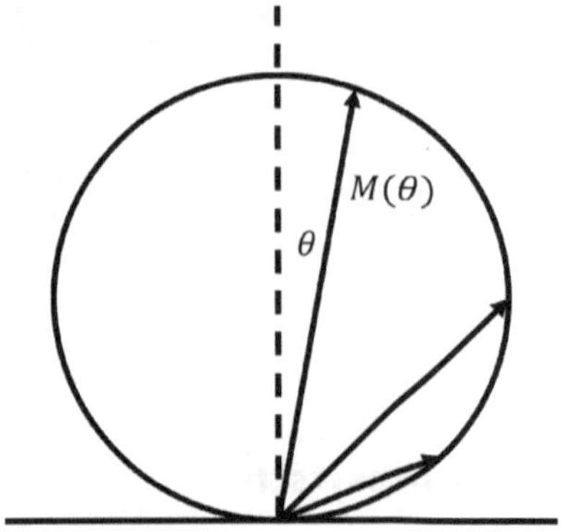

Abb. A.1 Geometrie zum Lambertschen Strahler. Die Strahlausgangsdichte ist vom Cosinus des Beobachtungswinkels abhängig

$$\begin{aligned} M &= \int_0^{2\pi} \int_0^{\pi/2} L_0 \cos\theta \sin\theta \, \mathrm{d}\theta \, \mathrm{d}\phi \\ &= 2\pi \int_0^{\pi/2} L_0 \cos\theta \sin\theta \, \mathrm{d}\theta \\ &= 2\pi \int_0^{\pi/2} L_0 \tfrac{1}{2} \sin 2\theta \, \mathrm{d}\theta \\ &= 2\pi L_0 \cdot \frac{1}{2} = \pi L_0. \end{aligned} \tag{A.9}$$

Für viele Situationen ist die Strahldichte in Normalrichtung relevant (ein Objekt wird frontal beobachtet). Die maximale Strahldichte in Normalrichtung ($\theta = 0°$) ist daher

$$L(0°) = L_0 = \frac{M}{\pi}. \tag{A.10}$$

Die „maximale Intensität" (im Sinne der Strahldichte in Normalrichtung) ist also gleich der Strahlausgangsdichte dividiert durch π.

Als Modellsystem spielt es zunächst keine Rolle, ob die Gesamtleistung, die abgestrahlt werden kann aus externer Beleuchtung oder interner Wärme(strahlung) stammt. Um realem Verhalten näher zu kommen, werden aber noch Korrekturfaktoren berücksichtigt. Für Wärmestrahler wird die (einheitenlose) **Emissivität** ε (oder **Emissionsgrad**) verwendet, die die Emission relativ zu einem idealisierten **schwarzen Strahler** beschreibt. Diese liegt stets zwischen 0 und 1.

Für Reflektoren im optischen oder nah-infraroten Bereich wird die **Reflektivität** R verwendet. Diese Größe beschreibt, wie viel der aufgebrachten Leistung tatsächlich ideal diffus (nach dem Lambertschen-Strahler) reflektiert wird. Für diffuse Reflektoren liegt auch dieser Wert zwischen 0 und 1. Jedoch treten in der Praxis häufig nicht ideal diffus reflektierende Oberflächen auf. Dies können spekular reflektierende Oberflächen sein (Spiegel), die bei Schrägstellung des Objekts relativ zum Beobachter gar kein Licht mehr direkt zurück werfen. Im anderen Extremfall handelt es sich um ein einen **Retroreflektor** (Straßenschilder), die

die Strahlung gerichtet zum Ausgangspunkt zurückwerfen. Diese haben im Bezug auf einen idealen diffusen Reflektor Reflektivitäten von scheinbar ≥ 1. Ein reales Objekt wird durch eine Kombination aus allen Effekten beschrieben (**Bidirectional Reflectance Distribution Function,** BRDF).

Literatur

1. W.F. Barrett, Nature **17**, 510 (1878). Published 25 April 1878
2. S. Palmisano, R. Allison, J. Kim, **1** (2020). https://doi.org/10.3389/frvir.2020.587698
3. J.P. Stauffert, F. Niebling, M.E. Latoschik, Frontiers in Virtual Reality **1** (2020). https://doi.org/10.3389/frvir.2020.582204
4. NXP. Kty81 series. Datasheet (2008)
5. P. Grünberg, R. Schreiber, Y. Pang, M.B. Brodsky, H. Sower, Physical Review Letters **57**, 2442 (1986). https://doi.org/10.1103/PhysRevLett.57.2442
6. G. Binasch, P. Grünberg, F. Saurenbach, W. Zinn, Physical Review B **39**, 4828 (1989). https://doi.org/10.1103/PhysRevB.39.4828
7. M.N. Baibich, J.M. Broto, A. Fert, V.D. Nguyen, F. Petroff, P. Etienne, G. Creuset, A. Friedrich, J. Chazelas, Physical Review Letters **61**, 2472 (1988). https://doi.org/10.1103/PhysRevLett.61.2472
8. P. Grünberg. Magnetfeldsensor mit ferromagnetischer dünner schicht. Patent P 3820475 (1988)
9. M. Julliere, Physics Letters A **54**(3), 225 (1975). https://doi.org/10.1016/0375-9601(75)90174-7
10. B.P. Thomas Pyttel, *Technische Mechanik – erweiterte Formelsammlung*, 2nd edn. (Springer Vieweg, Wiesbaden, 2019)
11. F. Völklein, T. Zetterer, *Praxiswissen Mikrosystemtechnik*, 2nd edn. Vieweg Praxiswissen (Vieweg+Teubner Verlag, Wiesbaden, 2006). https://doi.org/10.1007/978-3-8348-9105-1
12. R. Whatmore, S.J. Ward, Journal of Applied Physics (2023). https://doi.org/10.1063/5.0141044
13. G. Sauerbrey, Zeitschrift für Physik **155**(2), 206 (1959). https://doi.org/10.1007/BF01337937
14. G. Hagmann, *Grundlagen der Elektrotechnik*, 17th edn. (Aula Verlag, Wiebelsheim, 2017)
15. R. Neul, U.M. Gomez, K. Kehr, W. Bauer, J. Classen, C. Doring, E. Esch, S. Gotz, J. Hauer, B. Kuhlmann, C. Lang, M. Veith, R. Willig, IEEE Sensors Journal **7**(2), 302 (2007). https://doi.org/10.1109/JSEN.2006.888610
16. F. Laermer, A. Urban, Plasma Processes and Polymers **16**(9), 1800207 (2019). https://doi.org/10.1002/ppap.201800207
17. M. Glueck, A. Buhmann, Y. Manoli, in *2012 IEEE International Instrumentation and Measurement Technology Conference Proceedings* (2012), pp. 1788–1793. https://doi.org/10.1109/I2MTC.2012.6229157
18. K.S.u.L.D. Thorsten Baunach, Physik Journal **5**, 33 (2006)

M. Hattaß, *Sensorik*,
https://doi.org/10.1007/978-3-662-73845-0

19. G. Giuliani, M. Norgia, S. Donati, T. Bosch, Journal of Optics **4** (2002). https://doi.org/10.1088/1464-4258/4/6/371
20. N. Dittrich, F. Fischer, R. Schnitzer, G. Pilard. Partikelsensorvorrichtung und verfahren zum erfassen von partikeln. Patent DE102015207289A1 (2015)
21. P. Nipkow. Elektrisches teleskop. Patent DE30105C (1884)
22. A. Dickinson, B. Ackland, E.S. Eid, D. Inglis, E. Fossum, in *Proceedings Sixteenth Conference on Advanced Research in VLSI* (1995), pp. 214–224. https://doi.org/10.1109/ARVLSI.1995.515622
23. E.A. Johnson. Touch displays. US Patent US3482241A (1969)
24. G.S. Hurst, J.E. Parks. Electrographic input system for a computer. US Patent US3662105A (1972). Filed May 21, 1970. Assigned to University of Kentucky Research Foundation.
25. D.S.U.D. of Energy (DOE) / NLR / ALLIANCE. Standard tables for reference solar spectral irradiance at air mass 1.5: Direct normal and hemispherical for a 37 degree tilted surface. https://www.nlr.gov/grid/solar-resource/spectra-am1.5
26. A. Wehr, U. Lohr, ISPRS Journal of Photogrammetry and Remote Sensing **54**(2), 68 (1999). https://doi.org/10.1016/S0924-2716(99)00011-8
27. C. Puech, S. Durrieu, J.S. Bailly, Revue Francaise de Photogrammetrie et de Teledetection pp. 54–68 (2012). https://doi.org/10.52638/rfpt.2012.62
28. W. Bi, Y. Meng, Y. Wang, Y. Liu, H. Yin, H. Wu, H. Liu, Optics Express **32**, 4709 (2024). https://doi.org/10.1364/OE.515728
29. L. Rondin, J.P. Tetienne, T. Hingant, J.F. Roch, P. Maletinsky, V. Jacques, Reports on Progress in Physics **77**(5), 056503 (2014). https://doi.org/10.1088/0034-4885/77/5/056503
30. J. Barry, M. Steinecker, S.T. Alsid, J. Majumder, L. Pham, M.F. O'Keeffe, D. Braje, Physical Review Applied (2023). https://doi.org/10.1103/physrevapplied.22.044069
31. O. Jagutzki, A. Cerezo, A. Czasch, R. Dorner, M. Hattas, M. Huang, V. Mergel, U. Spillmann, K. Ullmann-Pfleger, T. Weber, H. Schmidt-Bocking, G. Smith, IEEE Transactions on Nuclear Science **49**(5), 2477 (2002). https://doi.org/10.1109/TNS.2002.803889
32. J. Lotters, W. Olthuis, P. Veltink, P. Bergveld, IEEE Transactions on Instrumentation and Measurement **48**(1), 89 (1999). https://doi.org/10.1109/19.755066
33. C. Ezekwe, Readout techniques for high-q micromachined vibratory rate gyroscopes. Dissertation, University of California, Berkeley (2007). https://www2.eecs.berkeley.edu/Pubs/TechRpts/2007/EECS-2007-176.pdf

Stichwortverzeichnis

M. Hattaß, *Sensorik*,
https://doi.org/10.1007/978-3-662-73845-0

MIX
Papier | Fördert gute Waldnutzung
FSC® C083411

Zeitfracht Medien GmbH
Ferdinand-Jühlke-Straße 7
99095 Erfurt, Deutschland
produktsicherheit@kolibri360.de